普通高等教育"十三五"规划教材
公共基础课精品系列

经 济 数 学 基 础 之 二

总主编 朱弘毅

线性代数

（第二版）

上海高校《经济数学基础》编写组 编

立信会计出版社
LIXIN ACCOUNTING PUBLISHING HOUSE

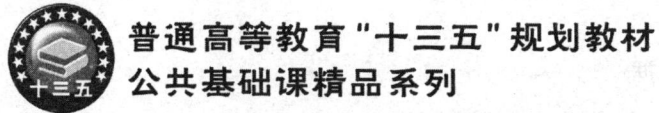

图书在版编目(CIP)数据

线性代数 / 上海高校《经济数学基础》编写组编. —2 版.
—上海：立信会计出版社，2017.8
普通高等教育“十三五”规划教材. 公共基础课精品系列/朱弘毅主编
ISBN 978 - 7 - 5429 - 5559 - 3

Ⅰ. ①线…　Ⅱ. ①上…　Ⅲ. ①线性代数—高等学校—教材　Ⅳ. ①O151.2

中国版本图书馆 CIP 数据核字(2017)第 208279 号

策划编辑　蔡莉萍
责任编辑　蔡莉萍

线性代数(第二版)
Xianxing Daishu

出版发行　立信会计出版社
地　　址　上海市中山西路 2230 号　　邮政编码　200235
电　　话　(021)64411389　　传　　真　(021)64411325
网　　址　www.lixinaph.com　　电子邮箱　lxaph@sh163.net
网上书店　www.shlx.net　　电　　话　(021)64411071
经　　销　各地新华书店

印　　刷　上海肖华印务有限公司
开　　本　710 毫米×960 毫米　1/16
印　　张　12.75
字　　数　267 千字
版　　次　2017 年 8 月第 2 版
印　　次　2017 年 8 月第 1 次
印　　数　1—3100
书　　号　ISBN 978 - 7 - 5429 - 5559 - 3/O
定　　价　28.00 元

《经济数学基础》编写组

总 主 编 朱弘毅(上海应用技术大学)

编　　委 (按姓氏笔画排列)

王洁明　车荣强　付春红　朱玉芳　朱建忠
朱弘毅　庄海根　许建强　孙海云　李潇潇
吴　珞　张　峰　张满生　罗　琳　罗　纯
周伟良　周家华　居环龙　查婷婷　赵斯泓
桂胜华　徐　洁　陈春宝　龚秀芳

主　　审 陈启宏(上海财经大学)

审 稿 组 (按姓氏笔画排列)

王培康(上海大学)　　许伯生(上海工程技术大学)
朱德通(上海师范大学)　　沙荣方(上海海洋大学)
束金龙(上海市教委)　　苏文悌(上海理工大学)
陈启宏(上海财经大学)

第二册《线性代数》(第二版)

主　编 车荣强　罗　琳　周伟良

副主编 吴　珞　桂胜华　徐　洁

第二版前言

经济数学是经济管理类各专业的一门基础课，其目的在于将数学应用于经济学，为经济分析服务为适应高等教育的发展和教学改革的需要，在《经济数学基础》(第一版)基础上，组建了《经济数学基础》(第二版)编写组，进行《经济数学基础》(第二版)的编写工作。

本教材在第一版的基础上，按照经济管理类数学课程教学基本要求，结合教学改革成果，力求使《经济数学基础》(第二版)满足应用型人才培养的要求。

《经济数学基础》(第二版)共分三册。第一册《微积分》，内容包括函数、极限与连续，导数与微分，微分中值定理与导数的应用，不定积分，定积分及其应用，多元函数微积分，微分方程及其应用，无穷级数，MATLAB 软件的应用共九章；第二册《线性代数》，内容包括行列式，矩阵，线性方程组，线性规划，特征值、特征向量及二次型，MATLAB 软件的应用共六章；第三册《概率论与数理统计》，内容包括随机事件及其概率，随机变量及其分布，二维随机变量及其分布，随机变量的数字特征与极限定理，数理统计的基本概念，参数估计，假设检验，方差分析与回归分析，MATLAB 软件的在概念统计中的应用共十章。

为了让学生掌握数学知识的实质及所含的数学思想，本教材详细介绍了基本概念的实际背景，让学生掌握处理问题、解决问题的方法；注意加紧基本运算方法的训练、计算能力和应用能力的培养；不追求过分复杂的计算，始终贯彻理论联系实际和启发式教学原则。

为了将计算机融入高等数学，本教材简单介绍国际上最流行的 MATLAB 数学软件的操作及其在高等数学中的应用。

本教材每节后面配有习题，每章后配有复习题。

为便于学习，由立信会计出版社另行出版本教材的同步学习辅导书。

《经济数学基础》(第二版)由朱弘毅任总主编,参加编写的有(按姓氏笔画为序),王洁明、车荣强、付春红、朱玉芬、朱建忠、朱弘毅、庄海根、许建强、孙海云、李潇潇、吴珞、张峰、张满生、罗琳、罗纯、周伟良、周家华、居环龙、查婷婷、赵斯泓、桂胜华、徐洁、陈春宝、龚秀芳。

《经济数学基础》(第二版)由上海财经大学教授陈启宏主审,参加审稿的(按姓氏笔画为序)有:王培康(上海大学)、许伯生(上海工程技术大学)、朱德通(上海师范大学)、沙荣方(上海海洋大学)、束金龙(上海市教委)、苏文悌(上海理工大学)、陈启宏(上海财经大学)。各位专家认真审阅原稿,并提出了许多宝贵的意见。本书在编写和出版过程中得到立信会计出版社领导以及蔡莉萍编辑的支持和帮助,在此表示衷心的感谢。

限于编者的水平和时间的仓促,对于书中所存在的未发现的不妥之处,恳请广大教师和学生提出批评指正。

朱弘毅于香歌丽园

2017年仲夏

初版前言

为适应高等教育的发展，在上海市教委的组织和领导下组成上海高校《经济数学基础》编写组。为培养德、智、体、美等方面全面发展的高等应用型人才，我们编写了一套具有特色的经济类和管理类专业的教材。

《经济数学基础》共分三册，第一册《微积分》，内容包括函数、极限与连续、导数与微分、微分中值定理与导数应用、不定积分、定积分及其应用、二元函数微积分、微分方程与级数；第二册《线性代数》，内容包括行列式、矩阵、向量及线性相关性、线性方程组、投入产出模型、线性规划问题；第三册《概率论与数理统计》，内容包括随机事件与概率、随机变量及其分布、二维随机变量、随机变量的数字特征、数理统计的基本概念、参数估计、假设检验、方差分析与回归分析。

这套教材，以"理解基本概念、掌握运算方法及应用"为依据，按照《经济数学基础课程教学基本要求》，结合数学教学改革的实际经验编写。这套教材注意从实际问题中引入概念；注意把握好理论推导证明的深度；注重基本运算能力、分析问题和解决问题能力的培养；贯彻理论联系实际和启发式教学原则；深入浅出，通俗易懂，便于教师讲授和读者自学。本教材中每节后面配有习题，每章后面配有复习题。

《经济数学基础》由朱弘毅任总主编，参加编写的有(按姓氏笔画为序)：车荣强、朱弘毅、刘志石、李树冬、余敏、沈昕、张福康、周伟良、居环龙、赵斯泓、施国锋、费伟劲、桂胜华、钱锦、龚秀芳。

《经济数学基础》由上海交通大学教授李重华主审，参加审稿的还有：邱慈江(上海应用技术学院)、冯珍珍(上海第二工业大学)、姚力民(上海商学院)、俞国胜(上海大学)、罗爱芳(上海城市管理学院)。他们认真审阅原稿,提出了许多宝贵的意见。本教材在编写和出版过程中得到了上海市教委高等教育办公室徐国良副主任、立信会计出版社孙时平总编辑、蔡莉萍编辑的支持和帮助,在此一并表示衷心感谢。

在编写过程中,因作者水平有限,疏漏之处在所难免,恳请同仁和读者不吝指正。

朱弘毅于秀枫翠谷

2000年暮春

目　　录

第一章 行 列 式

行列式是线性代数中一个重要概念。行列式是在讨论线性方程组的解法中产生的。本章在给出 n 阶行列式的递归定义后讨论了 n 阶行列式的性质和计算方法。本章最后介绍了应用行列式求解线性方程组的克莱姆法则。

第一节 行列式的概念

一、二阶行列式与三阶行列式

对两个未知量的线性方程组：

$$\begin{cases} a_{11}x_1 + a_{12}x_2 = b_1 \\ a_{21}x_1 + a_{22}x_2 = b_2 \end{cases} \tag{1-1}$$

用消元法进行求解。为消去未知量 x_2，以 a_{22} 与 a_{12} 分别乘方程组(1-1)的两个方程的两端，然后将两个方程相减，得

$$(a_{11}a_{22} - a_{12}a_{21})x_1 = b_1a_{22} - a_{12}b_2$$

类似地，我们消去 x_1，得

$$(a_{11}a_{22} - a_{12}a_{21})x_2 = a_{11}b_2 - b_1a_{21}$$

当 $a_{11}a_{22} - a_{12}a_{21} \neq 0$ 时，得线性方程组(1-1)的解为

$$\begin{cases} x_1 = \dfrac{b_1a_{22} - a_{12}b_2}{a_{11}a_{22} - a_{12}a_{21}} \\ x_2 = \dfrac{a_{11}b_2 - b_1a_{21}}{a_{11}a_{22} - a_{12}a_{21}} \end{cases} \tag{1-2}$$

在(1-2)式中，分子、分母都是四个数，分两对相乘再相减而得。由此，引进二阶行列式概念。

定义 1 用 2^2 个数组成的符号

$$\begin{vmatrix} a_{11} & a_{12} \\ a_{21} & a_{22} \end{vmatrix}$$

称为**二阶行列式**，表示数值 $a_{11}a_{22}-a_{12}a_{21}$，即

$$\begin{vmatrix} a_{11} & a_{12} \\ a_{21} & a_{22} \end{vmatrix} = a_{11}a_{22}-a_{12}a_{21}$$

其中，a_{11}，a_{12}，a_{21}，a_{22} 称为行列式的**元素**。横排称**行**，竖排称**列**。

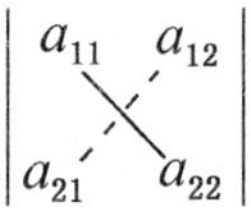

图 1-1
对角线法则

二阶行列式表示的代数和，可用图 1-1 所表示的对角线法则来记忆，即代数和等于其中实线连接的两个元素的乘积减去虚线连接的两个元素的乘积。

根据二阶行列式的定义，(1-2)中的分子也可以写成二阶行列式，即

$$b_1a_{22}-a_{12}b_2 = \begin{vmatrix} b_1 & a_{12} \\ b_2 & a_{22} \end{vmatrix}, \quad a_{11}b_2-b_1a_{21} = \begin{vmatrix} a_{11} & b_1 \\ a_{21} & b_2 \end{vmatrix}$$

若记

$$D = \begin{vmatrix} a_{11} & a_{12} \\ a_{21} & a_{22} \end{vmatrix}, \quad D_1 = \begin{vmatrix} b_1 & a_{12} \\ b_2 & a_{22} \end{vmatrix}, \quad D_2 = \begin{vmatrix} a_{11} & b_1 \\ a_{21} & b_2 \end{vmatrix}$$

那么(1-2)式可写成

$$x_1 = \frac{D_1}{D} = \frac{\begin{vmatrix} b_1 & a_{12} \\ b_2 & a_{22} \end{vmatrix}}{\begin{vmatrix} a_{11} & a_{12} \\ a_{21} & a_{22} \end{vmatrix}}, \quad x_2 = \frac{D_2}{D} = \frac{\begin{vmatrix} a_{11} & b_1 \\ a_{21} & b_2 \end{vmatrix}}{\begin{vmatrix} a_{11} & a_{12} \\ a_{21} & a_{22} \end{vmatrix}}$$

行列式 D 是由方程组(1-1)式的系数所构成的，称为方程组(1-1)式的**系数行列式**，行列式 D_1 与 D_2 则分别是用方程组(1-1)式的常数项 b_1，b_2 替代其系数行列式 D 中 x_1 与 x_2 的系数列后所构成的。当系数行列式 $D\neq 0$ 时，方程组(1-1)式一定有上述公式给出的唯一解。

【例 1】 计算二阶行列式 $\begin{vmatrix} 2 & 5 \\ 3 & 7 \end{vmatrix}$。

解 由对角线法则，得

$$\begin{vmatrix} 2 & 5 \\ 3 & 7 \end{vmatrix} = 2 \times 7 - 5 \times 3 = -1$$

【例 2】 解线性方程组$\begin{cases} 2x_1 + 3x_2 = 8 \\ x_1 - 2x_2 = -3 \end{cases}$。

解 因为$D = \begin{vmatrix} 2 & 3 \\ 1 & -2 \end{vmatrix} = 2 \times (-2) - 3 \times 1 = -7$

$$D_1 = \begin{vmatrix} 8 & 3 \\ -3 & -2 \end{vmatrix} = 8 \times (-2) - 3 \times (-3) = -7$$

$$D_2 = \begin{vmatrix} 2 & 8 \\ 1 & -3 \end{vmatrix} = 2 \times (-3) - 8 \times 1 = -14$$

又 $D = -7 \neq 0$，故所给方程组有唯一解。

$$x_1 = \frac{D_1}{D} = \frac{-7}{-7} = 1,\ x_2 = \frac{D_2}{D} = \frac{-14}{-7} = 2$$

同样地，为便于求解三个未知量的线性方程组：

$$\begin{cases} a_{11}x_1 + a_{12}x_2 + a_{13}x_3 = b_1 \\ a_{21}x_1 + a_{22}x_2 + a_{23}x_3 = b_2 \\ a_{31}x_1 + a_{32}x_2 + a_{33}x_3 = b_3 \end{cases}$$

我们引入三阶行列式。

定义 2 由 3^2 个数组成的符号

$$\begin{vmatrix} a_{11} & a_{12} & a_{13} \\ a_{21} & a_{22} & a_{23} \\ a_{31} & a_{32} & a_{33} \end{vmatrix}$$

称为**三阶行列式**，表示数值

$$(-1)^{1+1} \cdot a_{11} \cdot \begin{vmatrix} a_{22} & a_{23} \\ a_{32} & a_{33} \end{vmatrix} + (-1)^{1+2} \cdot a_{12} \cdot \begin{vmatrix} a_{21} & a_{23} \\ a_{31} & a_{33} \end{vmatrix}$$
$$+ (-1)^{1+3} \cdot a_{13} \cdot \begin{vmatrix} a_{21} & a_{22} \\ a_{31} & a_{32} \end{vmatrix}$$

即

$$\begin{vmatrix} a_{11} & a_{12} & a_{13} \\ a_{21} & a_{22} & a_{23} \\ a_{31} & a_{32} & a_{33} \end{vmatrix} = (-1)^{1+1} \cdot a_{11} \cdot \begin{vmatrix} a_{22} & a_{23} \\ a_{32} & a_{33} \end{vmatrix} + (-1)^{1+2} \cdot a_{12} \cdot \begin{vmatrix} a_{21} & a_{23} \\ a_{31} & a_{33} \end{vmatrix} + (-1)^{1+3} \cdot a_{13} \cdot \begin{vmatrix} a_{21} & a_{22} \\ a_{31} & a_{32} \end{vmatrix}$$

由二阶行列式的计算方法，得

$$\begin{aligned} \begin{vmatrix} a_{11} & a_{12} & a_{13} \\ a_{21} & a_{22} & a_{23} \\ a_{31} & a_{32} & a_{33} \end{vmatrix} &= a_{11}(a_{22}a_{33} - a_{23}a_{32}) - a_{12}(a_{21}a_{33} - a_{23}a_{31}) + a_{13}(a_{21}a_{32} - a_{22}a_{31}) \\ &= a_{11}a_{22}a_{33} + a_{12}a_{23}a_{31} + a_{13}a_{21}a_{32} - a_{11}a_{23}a_{32} - a_{12}a_{21}a_{33} - a_{13}a_{22}a_{31} \end{aligned} \tag{1-3}$$

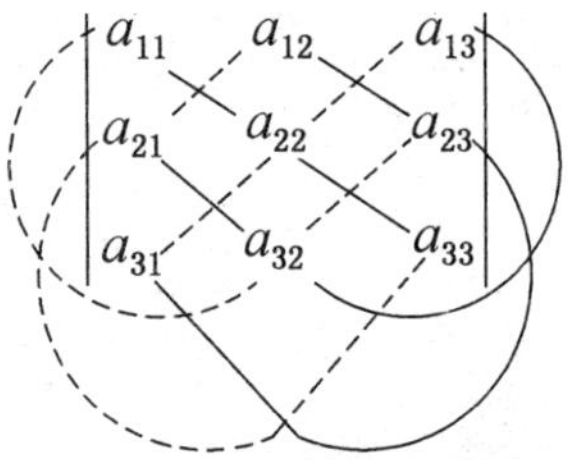

图 1-2 对角线法则

(1-3)式称为三阶行列式的**展开式**。它有如下特点：共有六项，每一项都是行列式的不同行、不同列的三个元素之积，其中三项取"＋"号，三项取"－"号。记忆方法如图 1-2 所示的对角线法则：用实线连接的三个元素之积取正号，用虚线连接的三个元素之积取负号。

【例 3】 计算三阶行列式 $D = \begin{vmatrix} 1 & 2 & -4 \\ -2 & 2 & 1 \\ -3 & 4 & -2 \end{vmatrix}$。

解 按对角线法则，有

$$\begin{aligned} D &= 1 \times 2 \times (-2) + 2 \times 1 \times (-3) + (-4) \times (-2) \times 4 \\ &\quad - (-4) \times 2 \times (-3) - 1 \times 1 \times 4 - 2 \times (-2) \times (-2) = -14 \end{aligned}$$

【例 4】 求解方程 $D = \begin{vmatrix} 1 & 1 & 1 \\ 2 & 3 & x \\ 4 & 9 & x^2 \end{vmatrix} = 0$。

解 方程左端

$$D = 3x^2 + 4x + 18 - 12 - 9x - 2x^2 = x^2 - 5x + 6$$

由 $x^2 - 5x + 6 = 0$，解得 $x = 2$ 或 $x = 3$。

二、n 阶行列式

按照三阶行列式的定义，我们可用三阶行列式定义四阶行列式。

定义 3 用 4^2 个数组成的符号

$$\begin{vmatrix} a_{11} & a_{12} & a_{13} & a_{14} \\ a_{21} & a_{22} & a_{23} & a_{24} \\ a_{31} & a_{32} & a_{33} & a_{34} \\ a_{41} & a_{42} & a_{43} & a_{44} \end{vmatrix}$$

称为**四阶行列式**，表示数值

$$(-1)^{1+1}\cdot a_{11}\cdot\begin{vmatrix} a_{22} & a_{23} & a_{24} \\ a_{32} & a_{33} & a_{34} \\ a_{42} & a_{43} & a_{44} \end{vmatrix}+(-1)^{1+2}\cdot a_{12}\cdot\begin{vmatrix} a_{21} & a_{23} & a_{24} \\ a_{31} & a_{33} & a_{34} \\ a_{41} & a_{43} & a_{44} \end{vmatrix}$$
$$+(-1)^{1+3}\cdot a_{13}\cdot\begin{vmatrix} a_{21} & a_{22} & a_{24} \\ a_{31} & a_{32} & a_{34} \\ a_{41} & a_{42} & a_{44} \end{vmatrix}+(-1)^{1+4}\cdot a_{14}\cdot\begin{vmatrix} a_{21} & a_{22} & a_{23} \\ a_{31} & a_{32} & a_{33} \\ a_{41} & a_{42} & a_{43} \end{vmatrix}$$

即

$$\begin{vmatrix} a_{11} & a_{12} & a_{13} & a_{14} \\ a_{21} & a_{22} & a_{23} & a_{24} \\ a_{31} & a_{32} & a_{33} & a_{34} \\ a_{41} & a_{42} & a_{43} & a_{44} \end{vmatrix}$$
$$=(-1)^{1+1}\cdot a_{11}\cdot\begin{vmatrix} a_{22} & a_{23} & a_{24} \\ a_{32} & a_{33} & a_{34} \\ a_{42} & a_{43} & a_{44} \end{vmatrix}+(-1)^{1+2}\cdot a_{12}\cdot\begin{vmatrix} a_{21} & a_{23} & a_{24} \\ a_{31} & a_{33} & a_{34} \\ a_{41} & a_{43} & a_{44} \end{vmatrix}$$
$$+(-1)^{1+3}\cdot a_{13}\cdot\begin{vmatrix} a_{21} & a_{22} & a_{24} \\ a_{31} & a_{32} & a_{34} \\ a_{41} & a_{42} & a_{44} \end{vmatrix}+(-1)^{1+4}\cdot a_{14}\cdot\begin{vmatrix} a_{21} & a_{22} & a_{23} \\ a_{31} & a_{32} & a_{33} \\ a_{41} & a_{42} & a_{43} \end{vmatrix}\tag{1-4}$$

【例 5】 计算行列式 $D=\begin{vmatrix} 4 & 5 & 2 & 3 \\ 1 & 0 & 2 & 1 \\ -1 & 2 & 1 & 0 \\ 2 & 1 & 0 & 3 \end{vmatrix}$。

解 按四阶行列式的定义(1-4)式，有

$$D=4\times(-1)^{1+1}\times\begin{vmatrix}0&2&1\\2&1&0\\1&0&3\end{vmatrix}+5\times(-1)^{1+2}\times\begin{vmatrix}1&2&1\\-1&1&0\\2&0&3\end{vmatrix}$$

$$+2\times(-1)^{1+3}\times\begin{vmatrix}1&0&1\\-1&2&0\\2&1&3\end{vmatrix}+3\times(-1)^{1+4}\times\begin{vmatrix}1&0&2\\-1&2&1\\2&1&0\end{vmatrix}$$

$$=-52-35+2+33=-52$$

按照三阶行列式、四阶行列式来定义类推，在定义了 $n-1$ 阶行列式之后，便可得 n 阶行列式的定义。

定义 4 用 n^2 个数组成的符号

$$\begin{vmatrix}a_{11}&a_{12}&\cdots&a_{1n}\\a_{21}&a_{22}&\cdots&a_{2n}\\\cdots&\cdots&\cdots&\cdots\\a_{n1}&a_{n2}&\cdots&a_{nn}\end{vmatrix}$$

称为 n **阶行列式**，表示数值

$$(-1)^{1+1}\cdot a_{11}\cdot\begin{vmatrix}a_{22}&a_{23}&\cdots&a_{2n}\\a_{32}&a_{33}&\cdots&a_{3n}\\\cdots&\cdots&\cdots&\cdots\\a_{n2}&a_{n3}&\cdots&a_{nn}\end{vmatrix}$$

$$+(-1)^{1+2}\cdot a_{12}\cdot\begin{vmatrix}a_{21}&a_{23}&\cdots&a_{2n}\\a_{31}&a_{33}&\cdots&a_{3n}\\\cdots&\cdots&\cdots&\cdots\\a_{n1}&a_{n3}&\cdots&a_{nn}\end{vmatrix}$$

$$+\cdots+(-1)^{1+n}\cdot a_{1n}\cdot\begin{vmatrix}a_{21}&a_{22}&\cdots&a_{2,n-1}\\a_{31}&a_{32}&\cdots&a_{3,n-1}\\\cdots&\cdots&\cdots&\cdots\\a_{n1}&a_{n2}&\cdots&a_{n,n-1}\end{vmatrix}$$

其中，$a_{ij}(i,j=1,2,\cdots,n)$称为 n 阶行列式 D 中第 i 行第 j 列的**元素**。

这种用低阶行列式定义高一阶行列式的方法，称为**递归定义法**。

定义 5 在 n 阶行列式 D 中划去元素 a_{ij} 所在的第 i 行和第 j 列的元素后，剩下的 $(n-1)^2$ 个元素按原来的相对位置所构成的 $(n-1)$ 阶行列式，称为 a_{ij} 的**余子式**，记为 M_{ij}，即

$$M_{ij}=\begin{vmatrix} a_{11} & \cdots & a_{1,j-1} & a_{1,j+1} & \cdots & a_{1n} \\ \cdots & \cdots & \cdots & \cdots & \cdots & \\ a_{i-1,1} & \cdots & a_{i-1,j-1} & a_{i-1,j+1} & \cdots & a_{i-1,n} \\ a_{i+1,1} & \cdots & a_{i+1,j-1} & a_{i+1,j+1} & \cdots & a_{i+1,n} \\ \cdots & \cdots & \cdots & \cdots & \cdots & \\ a_{n1} & \cdots & a_{n,j-1} & a_{n,j+1} & \cdots & a_{nn} \end{vmatrix}$$

$(-1)^{i+j}\cdot M_{ij}$ 称为 a_{ij} 的**代数余子式**，记作 A_{ij}，即

$$A_{ij}=(-1)^{i+j}\cdot M_{ij}$$

从而三阶行列式、四阶行列式、n 阶行列式可写成

$$\begin{vmatrix} a_{11} & a_{12} & a_{13} \\ a_{21} & a_{22} & a_{23} \\ a_{31} & a_{32} & a_{33} \end{vmatrix}=a_{11}A_{11}+a_{12}A_{12}+a_{13}A_{13}$$

$$\begin{vmatrix} a_{11} & a_{12} & a_{13} & a_{14} \\ a_{21} & a_{22} & a_{23} & a_{24} \\ a_{31} & a_{32} & a_{33} & a_{34} \\ a_{41} & a_{42} & a_{43} & a_{44} \end{vmatrix}=a_{11}A_{11}+a_{12}A_{12}+a_{13}A_{13}+a_{14}A_{14}$$

$$\begin{vmatrix} a_{11} & a_{12} & \cdots & a_{1n} \\ a_{21} & a_{22} & \cdots & a_{2n} \\ \cdots & \cdots & \cdots & \cdots \\ a_{n1} & a_{n2} & \cdots & a_{nn} \end{vmatrix}=a_{11}A_{11}+a_{12}A_{12}+\cdots+a_{1n}A_{1n}$$

以上各式又称为行列式按第一行的展开式。

【例 6】 已知行列式 $D=\begin{vmatrix} 1 & 2 & 4 & 0 \\ 5 & 3 & -1 & 6 \\ -3 & -4 & -2 & 7 \\ 8 & 9 & -5 & -6 \end{vmatrix}$，求 D 中元素 -4 的余子式

M_{32}及代数余子式A_{32}。

解 因为$a_{32}=-4$，所以$a_{32}=-4$的余子式是将D的第三行、第二列的元素划去，余下的元素按原来的相对位置构成的一个三阶行列式，即为a_{32}的余子式M_{32}，从而

$$M_{32}=\begin{vmatrix}1 & 4 & 0\\5 & -1 & 6\\8 & -5 & -6\end{vmatrix}=348$$

而-4的代数余子式为

$$A_{32}=(-1)^{3+2}\cdot M_{32}=-348$$

【例 7】 计算四阶行列式$D=\begin{vmatrix}0 & 7 & 1 & 4\\-1 & 2 & -1 & 1\\3 & 0 & 3 & 4\\1 & 7 & 1 & 6\end{vmatrix}$。

解 $M_{11}=\begin{vmatrix}2 & -1 & 1\\0 & 3 & 4\\7 & 1 & 6\end{vmatrix}=-21$，$M_{12}=\begin{vmatrix}-1 & -1 & 1\\3 & 3 & 4\\1 & 1 & 6\end{vmatrix}=0$

$$M_{13}=\begin{vmatrix}-1 & 2 & 1\\3 & 0 & 4\\1 & 7 & 6\end{vmatrix}=21,\ M_{14}=\begin{vmatrix}-1 & 2 & -1\\3 & 0 & 3\\1 & 7 & 1\end{vmatrix}=0$$

由四阶行列式定义(1-4)式，得

$$\begin{aligned}D&=0A_{11}+7A_{12}+A_{13}+4A_{14}\\&=0\times(-1)^{1+1}M_{11}+7\times(-1)^{1+2}M_{12}\\&\quad+(-1)^{1+3}M_{13}+4\times(-1)^{1+4}M_{14}\\&=21\end{aligned}$$

行列式中左上角到右下角的连线称为主对角线。主对角线以上的元素均为零的行列式称为**下三角行列式**；主对角线以下的元素均为零的行列式称为**上三角行列式**，上三角行列式，下三角行列式，统称为三角形行列式。

【例 8】 计算下三角行列式 $\begin{vmatrix} a_{11} & 0 & 0 & \cdots & 0 \\ a_{21} & a_{22} & 0 & \cdots & 0 \\ a_{31} & a_{32} & a_{33} & \cdots & 0 \\ \cdots & \cdots & \cdots & \cdots & \cdots \\ a_{n1} & a_{n2} & a_{n3} & \cdots & a_{nn} \end{vmatrix}$。

解 因为第一行元素中除 a_{11} 以外，其余元素都为零，因此按第一行元素展开式中只有一项，如此逐次按第一行元素展开，得

$$\begin{vmatrix} a_{11} & 0 & 0 & \cdots & 0 \\ a_{21} & a_{22} & 0 & \cdots & 0 \\ a_{31} & a_{32} & a_{33} & \cdots & 0 \\ \cdots & \cdots & \cdots & \cdots & \cdots \\ a_{n1} & a_{n2} & a_{n3} & \cdots & a_{nn} \end{vmatrix} = (-1)^{1+1} \cdot a_{11} \cdot \begin{vmatrix} a_{22} & 0 & \cdots & 0 \\ a_{32} & a_{33} & \cdots & 0 \\ \cdots & \cdots & \cdots & \cdots \\ a_{n2} & a_{n3} & \cdots & a_{nn} \end{vmatrix}$$

$$= a_{11}a_{22}(-1)^{1+1} \begin{vmatrix} a_{33} & 0 & \cdots & 0 \\ a_{43} & a_{44} & \cdots & 0 \\ \cdots & \cdots & \cdots & \cdots \\ a_{n3} & a_{n4} & \cdots & a_{nn} \end{vmatrix} = \cdots = a_{11}a_{22}\cdots a_{nn}$$

习 题 1-1

1. 计算下列二阶行列式。

(1) $\begin{vmatrix} 3 & -3 \\ 4 & -2 \end{vmatrix}$　　(2) $\begin{vmatrix} 7 & 2 \\ 2 & 4 \end{vmatrix}$

(3) $\begin{vmatrix} 7 & -1 \\ 4 & 6 \end{vmatrix}$　　(4) $\begin{vmatrix} -3 & 5 \\ 6 & -7 \end{vmatrix}$

2. 计算下列行列式中元素 a_{13}，a_{32} 的代数余子式。

(1) $\begin{vmatrix} 1 & 2 & 3 \\ 4 & 5 & 6 \\ 7 & 8 & 9 \end{vmatrix}$　　(2) $\begin{vmatrix} 1 & 2 & 0 \\ -3 & 4 & 1 \\ 4 & -2 & 5 \end{vmatrix}$

3. 计算下列行列式。

(1) $\begin{vmatrix} 2 & 0 & 8 \\ 1 & 3 & 4 \\ 5 & 6 & 0 \end{vmatrix}$　　(2) $\begin{vmatrix} 1 & 1 & 1 \\ 3 & 1 & 4 \\ 8 & 9 & 5 \end{vmatrix}$

(3) $\begin{vmatrix} 2 & 1 & 7 \\ 0 & 4 & -1 \\ 3 & 2 & 1 \end{vmatrix}$　　(4) $\begin{vmatrix} 3 & 4 & -2 \\ 7 & 0 & -4 \\ 2 & -1 & 0 \end{vmatrix}$

(5) $\begin{vmatrix} 0 & 0 & 1 & 0 \\ 0 & 1 & 0 & 0 \\ 0 & 0 & 0 & 1 \\ 1 & 0 & 0 & 0 \end{vmatrix}$　　(6) $\begin{vmatrix} 0 & -1 & 0 & 3 \\ 2 & 0 & 1 & 1 \\ 0 & -1 & 4 & 0 \\ 2 & 1 & -1 & 2 \end{vmatrix}$

(7) $\begin{vmatrix} 0 & 1 & -1 & 1 \\ 2 & -1 & 0 & 1 \\ 1 & 2 & 1 & 2 \\ -1 & 0 & 1 & -1 \end{vmatrix}$　　(8) $\begin{vmatrix} 1 & 2 & 3 & 4 \\ -1 & 0 & 1 & 2 \\ 1 & -1 & 1 & 0 \\ 1 & 0 & 1 & -1 \end{vmatrix}$

4. 已知行列式 $D = \begin{vmatrix} 0 & 0 & 0 & 1 \\ 0 & 0 & a & 0 \\ 0 & 2 & 0 & 0 \\ 3 & 0 & 0 & a \end{vmatrix} = 1$，求 D 中的元素 a 的值。

第二节　行列式的性质及行列式计算

应用行列式的定义计算行列式是一件烦闷的事儿，为此，本节讨论行列式所具有的内在性质，然后应用性质于行列式的计算。

一、行列式的性质

定义 1　将 n 阶行列式 D 中的行与列互换，所得的 n 阶行列式称为 D 的**转置行列式**，记为 D^{T}，即

$$D = \begin{vmatrix} a_{11} & a_{12} & \cdots & a_{1n} \\ a_{21} & a_{22} & \cdots & a_{2n} \\ \cdots & \cdots & \cdots & \cdots \\ a_{n1} & a_{n2} & \cdots & a_{nn} \end{vmatrix},\ D^{\mathrm{T}} = \begin{vmatrix} a_{11} & a_{21} & \cdots & a_{n1} \\ a_{12} & a_{22} & \cdots & a_{n2} \\ \cdots & \cdots & \cdots & \cdots \\ a_{1n} & a_{2n} & \cdots & a_{nn} \end{vmatrix}$$

性质 1　行列式与它的转置行列式的值相等，即 $D = D^{\mathrm{T}}$。

性质 1 表明凡是对行列式的“行”成立的性质，对“列”也同样成立；反之亦然。

【例 1】 计算上三角形行列式 $D=\begin{vmatrix} a_{11} & a_{12} & a_{13} & \cdots & a_{1n} \\ 0 & a_{22} & a_{23} & \cdots & a_{2n} \\ 0 & 0 & a_{33} & \cdots & a_{3n} \\ \cdots & \cdots & \cdots & \cdots & \cdots \\ 0 & 0 & 0 & \cdots & a_{nn} \end{vmatrix}$。

解 因为 D 的转置行列式是下三角形行列式，所以

$$D=D^{\mathrm{T}}=\begin{vmatrix} a_{11} & 0 & 0 & \cdots & 0 \\ a_{12} & a_{22} & 0 & \cdots & 0 \\ a_{13} & a_{23} & a_{33} & \cdots & 0 \\ \cdots & \cdots & \cdots & \cdots & \cdots \\ a_{1n} & a_{2n} & a_{3n} & \cdots & a_{nn} \end{vmatrix}=a_{11}a_{22}\cdots a_{nn}$$

结合第一节[例 8]，得出三角形行列式的值为主对角线上元素的乘积。

性质 2 交换行列式的任意两行(列)，行列式要改变符号。

我们用 r_i 表示行列式的第 i 行，用 c_j 表示第 j 列. 第 i 行与第 j 行互换，记作 $r_i \leftrightarrow r_j$；第 i 列与第 j 列互换，记作 $c_i \leftrightarrow c_j$。

例如：$\begin{vmatrix} 2 & 4 & -1 \\ 0 & 4 & 3 \\ -5 & 6 & 7 \end{vmatrix} \xlongequal{r_1 \leftrightarrow r_2} -\begin{vmatrix} 0 & 4 & 3 \\ 2 & 4 & -1 \\ -5 & 6 & 7 \end{vmatrix}$。

推论 1 如果行列式中有两行(列)的对应元素相等，则行列式的值等于零。

证明 交换行列式 D 中对应元素相等的两行(列)，得到的行列式仍是 D，由性质 2，得 $D=-D$，于是 $2D=0$，所以 $D=0$。

性质 3 设 n 阶行列式

$$D=\begin{vmatrix} a_{11} & a_{12} & \cdots & a_{1n} \\ a_{21} & a_{22} & \cdots & a_{2n} \\ \cdots & \cdots & \cdots & \cdots \\ a_{n1} & a_{n2} & \cdots & a_{nn} \end{vmatrix}$$

行列式 D 等于它的任意一行(列)的各元素与其对应的代数余子式乘积之和，即

$$D=a_{i1}A_{i1}+a_{i2}A_{i2}+\cdots+a_{in}A_{in}(i=1,2,3,\cdots,n) \tag{1-6}$$

或

$$D=a_{1j}A_{1j}+a_{2j}A_{2j}+\cdots+a_{nj}A_{nj}(j=1,2,3,\cdots,n) \tag{1-7}$$

(1-6)称为行列 D 按第 i 行展开式;(1-7)称为行列式 D 按第 j 列展开式，A_{ij} 是元素 a_{ij} 的代数余子式。

行列式按第 i 行(列)展开记为 $r(i)[c(i)]$。

证明 将 n 阶行列式 D 的第 i 行($i\geqslant 2$)依次与前面的 $i-1$ 行进行相邻两行的交换，行列式 D 的后 $n-i$ 行不动，经过 $i-1$ 次交换后，第 i 行变为第1行，即

$$D=(-1)^{i-1}\begin{vmatrix} a_{i1} & a_{i2} & a_{i3} & \cdots & a_{in} \\ a_{11} & a_{12} & a_{13} & \cdots & a_{1n} \\ a_{21} & a_{22} & a_{23} & \cdots & a_{2n} \\ \cdots & \cdots & \cdots & \cdots & \cdots \\ a_{i-1,1} & a_{i-1,2} & a_{i-1,3} & \cdots & a_{i-1,n} \\ a_{i+1,1} & a_{i+1,2} & a_{i+1,3} & \cdots & a_{i+1,n} \\ \cdots & \cdots & \cdots & \cdots & \cdots \\ a_{n1} & a_{n2} & a_{n3} & \cdots & a_{nn} \end{vmatrix}\begin{matrix} \\ \\ \\ \text{第 } i \text{ 行} \\ \text{第 } i+1 \text{ 行} \\ \\ \\ \\ \end{matrix}$$

注意到第 i 行元素的位置发生变化，但现在第1行元素对应的余子式分别为原行列式 D 的第 i 行元素对应的余子式，将 D 按第一行展开，得

$$\begin{aligned} D&=(-1)^{i-1}[a_{i1}(-1)^{1+1}M_{i1}+a_{i2}(-1)^{1+2}M_{i2}+\cdots+a_{in}(-1)^{1+n}M_{in}] \\ &=a_{i1}(-1)^{i+1}M_{i1}+a_{i2}(-1)^{i+2}M_{i2}+\cdots+a_{in}(-1)^{i+n}M_{in} \\ &=a_{i1}A_{i1}+a_{i2}A_{i2}+\cdots+a_{in}A_{in} \end{aligned}$$

性质3表明，用行列式按行(列)展开公式计算行列式时，选择零元素多的那一行(列)，计算简便。

推论2 行列式某一行(列)元素全为零，其值为零。

性质4 行列式某一行(列)的所有元素有公因子 k，则 k 可以提到行列式符号的外边[或者说，用数 k 乘行列式，等于用 k 乘行列式某一行(列)的所有元素]。例如：

$$D_1=\begin{vmatrix}a_{11}&a_{12}&\cdots&a_{1n}\\a_{21}&a_{22}&\cdots&a_{2n}\\\cdots&\cdots&\cdots&\cdots\\ka_{i1}&ka_{i2}&\cdots&ka_{in}\\\cdots&\cdots&\cdots&\cdots\\a_{n1}&a_{n2}&\cdots&a_{nn}\end{vmatrix}=k\begin{vmatrix}a_{11}&a_{12}&\cdots&a_{1n}\\a_{21}&a_{22}&\cdots&a_{2n}\\\cdots&\cdots&\cdots&\cdots\\a_{i1}&a_{i2}&\cdots&a_{in}\\\cdots&\cdots&\cdots&\cdots\\a_{n1}&a_{n2}&\cdots&a_{nn}\end{vmatrix}=kD$$

证明 将 D_1 按第 i 行展开，得

$$\begin{aligned}D_1&=ka_{i1}A_{i1}+ka_{i2}A_{i2}+\cdots+ka_{in}A_{in}\\&=k(a_{i1}A_{i1}+a_{i2}A_{i2}+\cdots+a_{in}A_{in})=kD\end{aligned}$$

行列式第 i 行(列)元素乘数 k，用 $kr_i(kc_i)$ 表示。

推论 3 行列式某两行(列)元素对应成比例，其值为零。

例如，$D=\begin{vmatrix}-1&2&5\\3&-7&8\\3&-6&-15\end{vmatrix}$，由于 D 的第一行和第三行对应元素成比例，所以由推论 3 知，$D=0$。

性质 5 行列式某一行(列)的所有元素均为两个数之和，则此行列式等于两个行列式之和。例如：

$$\begin{vmatrix}a_{11}&a_{12}&\cdots&a_{1n}\\a_{21}&a_{22}&\cdots&a_{2n}\\\cdots&\cdots&\cdots&\cdots\\a_{i1}+b_{i1}&a_{i2}+b_{i2}&\cdots&a_{in}+b_{in}\\\cdots&\cdots&\cdots&\cdots\\a_{n1}&a_{n2}&\cdots&a_{nn}\end{vmatrix}=\begin{vmatrix}a_{11}&a_{12}&\cdots&a_{1n}\\a_{21}&a_{22}&\cdots&a_{2n}\\\cdots&\cdots&\cdots&\cdots\\a_{i1}&a_{i2}&\cdots&a_{in}\\\cdots&\cdots&\cdots&\cdots\\a_{n1}&a_{n2}&\cdots&a_{nn}\end{vmatrix}+\begin{vmatrix}a_{11}&a_{12}&\cdots&a_{1n}\\a_{21}&a_{22}&\cdots&a_{2n}\\\cdots&\cdots&\cdots&\cdots\\b_{i1}&b_{i2}&\cdots&b_{in}\\\cdots&\cdots&\cdots&\cdots\\a_{n1}&a_{n2}&\cdots&a_{nn}\end{vmatrix}$$

性质 5 可由行列式按第 i 行展开的公式可以直接得到。

性质 6 行列式某一行(列)元素的 k 倍加到另一行(列)对应的元素上，行列式的值不变。例如：

$$\begin{vmatrix}a_{11}&a_{12}&\cdots&a_{1n}\\\cdots&\cdots&\cdots&\cdots\\a_{i1}&a_{i2}&\cdots&a_{in}\\\cdots&\cdots&\cdots&\cdots\\a_{j1}&a_{j2}&\cdots&a_{jn}\\\cdots&\cdots&\cdots&\cdots\\a_{n1}&a_{n2}&\cdots&a_{nn}\end{vmatrix}\xlongequal{r_i+kr_i}\begin{vmatrix}a_{11}&a_{12}&\cdots&a_{1n}\\\cdots&\cdots&\cdots&\cdots\\a_{i1}&a_{i2}&\cdots&a_{in}\\\cdots&\cdots&\cdots&\cdots\\a_{j1}+ka_{i1}&a_{j2}+ka_{i2}&\cdots&a_{jn}+ka_{in}\\\cdots&\cdots&\cdots&\cdots\\a_{n1}&a_{n2}&\cdots&a_{nn}\end{vmatrix}$$

其中，$r_j + kr_i(c_j + kc_i)$ 表示第 i 行(列)元素的 k 倍加到第 j 行(列)对应元素上，此时，只有第 j 行(列)元素变了，其他行(列)元素不变。

性质 6 可由性质 5 和推论 3 可以直接得到。

【例 2】 证明：$\begin{vmatrix} a_1+b_1x & a_1x+b_1 & c \\ a_2+b_2x & a_2x+b_2 & c_2 \\ a_3+b_3x & a_3x+b_3 & c_3 \end{vmatrix} = (1-x^2)\begin{vmatrix} a_1 & b_1 & c_1 \\ a_2 & b_2 & c_2 \\ a_3 & b_3 & c_3 \end{vmatrix}$。

证明 左端 $=\begin{vmatrix} a_1 & a_1x+b_1 & c_1 \\ a_2 & a_2x+b_2 & c_2 \\ a_3 & a_3x+b_3 & c_3 \end{vmatrix} + \begin{vmatrix} b_1x & a_1x+b_1 & c_1 \\ b_2x & a_2x+b_2 & c_2 \\ b_3x & b_3x+b_3 & c_3 \end{vmatrix}$

$$= \begin{vmatrix} a_1 & a_1x & c_1 \\ a_2 & a_2x & c_2 \\ a_3 & a_3x & c_3 \end{vmatrix} + \begin{vmatrix} a_1 & b_1 & c_1 \\ a_2 & b_2 & c_2 \\ a_3 & b_3 & c_3 \end{vmatrix} + x\begin{vmatrix} b_1 & a_1x & c_1 \\ b_2 & a_2x & c_2 \\ b_3 & a_3x & c_3 \end{vmatrix} + x\begin{vmatrix} b_1 & b_1 & c_1 \\ b_2 & b_2 & c_2 \\ b_3 & b_3 & c_3 \end{vmatrix}$$

$$= 0 + \begin{vmatrix} a_1 & b_1 & c_1 \\ a_2 & b_2 & c_2 \\ a_3 & b_3 & c_3 \end{vmatrix} - x^2\begin{vmatrix} a_1 & b_1 & c_1 \\ a_2 & b_2 & c_2 \\ a_3 & b_3 & c_3 \end{vmatrix} + 0 = (1-x^2)\begin{vmatrix} a_1 & b_1 & c_1 \\ a_2 & b_2 & c_2 \\ a_3 & b_3 & c_3 \end{vmatrix}$$

$=$ 右端

性质 7 行列式 D 任意一行(列)的元素与另一行(列)对应元素的代数余子式乘积之和为零。即

$$a_{i1}A_{j1} + a_{i2}A_{j2} + \cdots + a_{in}A_{jn} = 0(i \neq j) \tag{1-9}$$

$$a_{1i}A_{1j} + a_{2i}A_{2j} + \cdots + a_{ni}A_{nj} = 0(i \neq j) \tag{1-10}$$

证明 令 D_1 表示将 D 中第 j 行元素全部换成 D 的第 i 行元素，而其他行均保持不变得到的行列式，即

$$D_1 = \begin{vmatrix} a_{11} & a_{12} & \cdots & a_{1n} \\ \cdots & \cdots & \cdots & \cdots \\ a_{i1} & a_{i2} & \cdots & a_{in} \\ \cdots & \cdots & \cdots & \cdots \\ a_{i1} & a_{i2} & \cdots & a_{in} \\ \cdots & \cdots & \cdots & \cdots \\ a_{n1} & a_{n2} & \cdots & a_{nn} \end{vmatrix} \begin{matrix} \\ \\ \text{第 } i \text{ 行} \\ \\ \text{第 } j \text{ 行} \\ \\ \\ \end{matrix}$$

由于 D_1 中第 i 行元素与第 j 行元素相同，故 $D_1=0$。在 D_1 中，第 j 行第 k 列的元素 $a_{ik}(k=1, 2, \cdots, n)$ 的代数余子式与 D 中第 j 行第 k 列的元素 $a_{jk}(k=1, 2, \cdots, n)$ 的代数余子式相同。将 D_1 按第 j 行展开，有

$$D_1 = a_{i1}A_{j1} + a_{i2}A_{j2} + \cdots + a_{in}A_{jn} = 0$$

这就证明了(1-9)成立。由性质1知(1-10)成立。

二、行列式的计算举例

现在，我们讨论如何应用行列式性质简化行列式的计算。这里，首先介绍降阶法，即应用行列式按行(列)展开式，将行列式化为低一阶行列式的计算；其次，我们也可以应用行列式性质，将行列式某一行(列)的元素尽可能多地化为零，再应用降阶法，按此行(列)展开；再次，我们也可以应用性质，将行列式化为三角形行列式，直接求得行列式的值。

【例3】 计算行列式 $D=\begin{vmatrix} 3 & 1 & -1 & 0 \\ 5 & 1 & 3 & -1 \\ 2 & 0 & 0 & 1 \\ 0 & -5 & 3 & 1 \end{vmatrix}$。

解 由于行列式 D 的第三行元素中已有两个为零，我们再将另一个非零元素化为零，然后应用降阶法，按第三行展开。于是四阶行列式用一个三阶行列式来表示，如此重复降阶，得

$$D \xlongequal{c_1-2c_4} \begin{vmatrix} 3 & 1 & -1 & 0 \\ 7 & 1 & 3 & -1 \\ 0 & 0 & 0 & 1 \\ -2 & -5 & 3 & 1 \end{vmatrix} \xlongequal{r(3)} 1\times(-1)^{3+4}\begin{vmatrix} 3 & 1 & -1 \\ 7 & 1 & 3 \\ -2 & -5 & 3 \end{vmatrix}$$

$$\xlongequal[c_2+c_3]{c_1+3c_3} -\begin{vmatrix} 0 & 0 & -1 \\ 16 & 4 & 3 \\ 7 & -2 & 3 \end{vmatrix} \xlongequal{r(1)} -(-1)\times(-1)^{1+3}\begin{vmatrix} 16 & 4 \\ 7 & -2 \end{vmatrix} = -60$$

【例4】 计算行列式 $D=\begin{vmatrix} 5 & 0 & 4 & 2 \\ 1 & -1 & 2 & 1 \\ 4 & 1 & 2 & 0 \\ 1 & 1 & 1 & 1 \end{vmatrix}$。

解 行列式的第1行与第2行互换后，再将 D 化成上三角形行列式。

$$D \xlongequal{r_1 \leftrightarrow r_4} -\begin{vmatrix} 1 & 1 & 1 & 1 \\ 1 & -1 & 2 & 1 \\ 4 & 1 & 2 & 0 \\ 5 & 0 & 4 & 2 \end{vmatrix} \xlongequal[\substack{r_3 - 4r_1 \\ r_4 - 5r_1}]{r_2 - r_1} -\begin{vmatrix} 1 & 1 & 1 & 1 \\ 0 & -2 & 1 & 0 \\ 0 & -3 & -2 & -4 \\ 0 & -5 & -1 & -3 \end{vmatrix}$$

$$\xlongequal{c_2 \leftrightarrow c_3} \begin{vmatrix} 1 & 1 & 1 & 1 \\ 0 & 1 & -2 & 0 \\ 0 & -2 & -3 & -4 \\ 0 & -1 & -5 & -3 \end{vmatrix} \xlongequal[r_4 + r_2]{r_3 + 2r_2} \begin{vmatrix} 1 & 1 & 1 & 1 \\ 0 & 1 & -2 & 0 \\ 0 & 0 & -7 & -4 \\ 0 & 0 & -7 & -3 \end{vmatrix}$$

$$\xlongequal{r_4 - r_3} \begin{vmatrix} 1 & 1 & 1 & 1 \\ 0 & 1 & -2 & 0 \\ 0 & 0 & -7 & -4 \\ 0 & 0 & 0 & 1 \end{vmatrix} = -7$$

【例 5】 设 $D = \begin{vmatrix} 3 & 1 & -1 & 2 \\ -5 & 1 & 3 & -4 \\ 2 & 0 & 1 & -1 \\ 1 & -5 & 3 & -3 \end{vmatrix}$，计算 $2A_{21} + 2A_{22} + A_{23} - A_{24}$，其中 A_{21}，A_{22}，A_{23}，A_{24} 为 D 中第二行元素的代数余子式。

解 由于元素 a_{ij} 的代数余子式 A_{ij} 与 a_{ij} 无关，而 A_{21}，A_{22}，A_{23}，A_{24} 为行列式第二行元素的代数余子式，如果将行列式第二行元素换为 2，2，1，−1，所得的新行列式的值即为 $2A_{21} + 2A_{22} + A_{23} - A_{24}$，则

$$2A_{21} + 2A_{22} + A_{23} - A_{24} = \begin{vmatrix} 3 & 1 & -1 & 2 \\ 2 & 2 & 1 & -1 \\ 2 & 0 & 1 & -1 \\ 1 & -5 & 3 & -3 \end{vmatrix} \xlongequal{r_2 - r_3} \begin{vmatrix} 3 & 1 & -1 & 2 \\ 0 & 2 & 0 & 0 \\ 2 & 0 & 1 & -1 \\ 1 & -5 & 3 & -3 \end{vmatrix}$$

$$\xlongequal{r(2)} 2A_{22} = 2\begin{vmatrix} 3 & -1 & 2 \\ 2 & 1 & -1 \\ 1 & 3 & -3 \end{vmatrix} \xlongequal{r_3 - 3r_2} 2\begin{vmatrix} 3 & -1 & 2 \\ 2 & 1 & -1 \\ -5 & 0 & 0 \end{vmatrix}$$

$$= -10\begin{vmatrix} -1 & 2 \\ 1 & -1 \end{vmatrix} = 10$$

【例 6】 计算行列式 $D=\begin{vmatrix} a & 0 & 0 & \cdots & 0 & 1 \\ 0 & a & 0 & \cdots & 0 & 0 \\ 0 & 0 & a & \cdots & 0 & 0 \\ \cdots & \cdots & \cdots & \cdots & \cdots & \cdots \\ 0 & 0 & 0 & \cdots & a & 0 \\ 1 & 0 & 0 & \cdots & 0 & a \end{vmatrix}$。

解 将第 n 行乘以 $(-a)$ 加于第 1 行，然后将第 1 行与第 n 行对换，得上三角形行列式，即

$$D\xlongequal{r_1-ar_n}\begin{vmatrix} 0 & 0 & 0 & \cdots & 0 & 1-a^2 \\ 0 & a & 0 & \cdots & 0 & 0 \\ 0 & 0 & a & \cdots & 0 & 0 \\ \cdots & \cdots & \cdots & \cdots & \cdots & \cdots \\ 0 & 0 & 0 & \cdots & a & 0 \\ 1 & 0 & 0 & \cdots & 0 & a \end{vmatrix}\xlongequal{r_1\leftrightarrow r_n}-\begin{vmatrix} 1 & 0 & 0 & \cdots & 0 & a \\ 0 & a & 0 & \cdots & 0 & 0 \\ 0 & 0 & a & \cdots & 0 & 0 \\ \cdots & \cdots & \cdots & \cdots & \cdots & \cdots \\ 0 & 0 & 0 & \cdots & a & 0 \\ 0 & 0 & 0 & \cdots & 0 & 1-a^2 \end{vmatrix}$$

$$=-a^{n-2}(1-a^2)=a^{n-2}(a^2-1)$$

【例 7】 计算行列式 $D=\begin{vmatrix} x & a & a & \cdots & a \\ a & x & a & \cdots & a \\ a & a & x & \cdots & a \\ \cdots & \cdots & \cdots & \cdots & \cdots \\ a & a & a & \cdots & x \end{vmatrix}$

解 此行列式的特点为每一行(列)元素之和相等。若将第二列到第 n 列的元素都加到第一列，则可得到每一行元素之和为 $x+(n-1)a$，通过提取公因式计算该行列式，即

$$D_n\xlongequal[\substack{c_1+c_3\\ \vdots \\ c_1+c_n}]{c_1+c_2}\begin{vmatrix} x+(n-1)a & a & a & \cdots & a \\ x+(n-1)a & x & a & \cdots & a \\ x+(n-1)a & a & x & \cdots & a \\ \cdots & \cdots & \cdots & \cdots & \cdots \\ x+(n-1)a & a & a & \cdots & x \end{vmatrix}=[x+(n-1)a]\begin{vmatrix} 1 & a & a & \cdots & a \\ 1 & x & a & \cdots & a \\ 1 & a & x & \cdots & a \\ \cdots & \cdots & \cdots & \cdots & \cdots \\ 1 & a & a & \cdots & x \end{vmatrix}$$

$$\xlongequal[\substack{r_3-r_1\\ \vdots \\ r_n-r_1}]{r_2-r_1}[x+(n-1)a]\begin{vmatrix} 1 & a & a & \cdots & a \\ 0 & x-a & 0 & \cdots & 0 \\ 0 & 0 & x-a & \cdots & 0 \\ \cdots & \cdots & \cdots & \cdots & \cdots \\ 0 & 0 & 0 & \cdots & x-a \end{vmatrix}$$

$$=[x+(n-1)a](x-a)^{n-1}$$

习 题 1-2

1. 按要求计算下列行列式。

(1) $\begin{vmatrix} 3 & 2 & 0 \\ 1 & 4 & 1 \\ 5 & 0 & 2 \end{vmatrix}$（按第三列展开） (2) $\begin{vmatrix} 1 & 4 & 2 & 3 \\ 0 & 1 & 4 & 2 \\ 6 & 5 & 0 & 5 \\ 8 & 0 & 3 & 2 \end{vmatrix}$（按第三行展开）

2. 计算下列行列式。

(1) $\begin{vmatrix} 1 & 2 & 3 \\ 0 & 1 & 2 \\ 1 & 1 & 1 \end{vmatrix}$ (2) $\begin{vmatrix} 3 & 2 & 0 \\ 1 & 3 & 1 \\ 2 & 1 & 3 \end{vmatrix}$

(3) $\begin{vmatrix} x & y & x+y \\ y & x+y & x \\ x+y & x & y \end{vmatrix}$ (4) $\begin{vmatrix} 3 & 4 & -5 \\ 8 & 7 & -2 \\ 2 & 1 & 8 \end{vmatrix}$

(5) $\begin{vmatrix} 1 & 2 & 3 & 4 \\ 2 & 3 & 4 & 1 \\ 3 & 4 & 1 & 2 \\ 4 & 1 & 2 & 3 \end{vmatrix}$ (6) $\begin{vmatrix} 1 & 1 & 1 & 0 \\ 0 & 1 & 0 & 1 \\ 0 & 1 & 1 & 1 \\ 0 & 0 & 1 & 0 \end{vmatrix}$

(7) $\begin{vmatrix} 4 & 1 & 2 & 4 \\ 1 & 2 & 0 & 2 \\ 10 & 5 & 2 & 0 \\ -1 & -1 & 1 & 5 \end{vmatrix}$ (8) $\begin{vmatrix} a+b & a & a & a \\ a & a+c & a & a \\ a & a & a+d & a \\ a & a & a & a \end{vmatrix}$

3. 已知 $\begin{vmatrix} a_1 & a_2 & a_3 \\ b_1 & b_2 & b_3 \\ c_1 & c_2 & c_3 \end{vmatrix}=5$，计算行列式

$$D=\begin{vmatrix} a_2+a_3 & 3a_1+a_2 & a_1-4a_3 \\ b_2+b_3 & 3b_1+b_2 & b_1-4b_3 \\ c_2+c_3 & 3c_1+c_2 & c_1-4c_3 \end{vmatrix}。$$

4. 计算下列行列式。

(1) $\begin{vmatrix} 0 & 1 & 0 & \cdots & 0 \\ 0 & 0 & 2 & \cdots & 0 \\ \cdots & \cdots & \cdots & \cdots & \cdots \\ 0 & 0 & 0 & \cdots & n-1 \\ n & 0 & 0 & \cdots & 0 \end{vmatrix}$　(2) $D=\begin{vmatrix} x & y & 0 & \cdots & 0 & 0 \\ 0 & x & y & \cdots & 0 & 0 \\ \cdots & \cdots & \cdots & \cdots & \cdots & \cdots \\ 0 & 0 & 0 & \cdots & x & y \\ y & 0 & 0 & \cdots & 0 & x \end{vmatrix}$

(3) $D=\begin{vmatrix} -a_1 & a_1 & 0 & \cdots & 0 & 0 \\ 0 & -a_2 & a_2 & \cdots & 0 & 0 \\ \cdots & \cdots & \cdots & \cdots & \cdots & \cdots \\ 0 & 0 & 0 & \cdots & -a_n & a_n \\ 1 & 1 & 1 & \cdots & 1 & 1 \end{vmatrix}$

5. 证明

$$\begin{vmatrix} y+z & z+x & x+y \\ x+y & y+z & z+x \\ z+x & x+y & y+z \end{vmatrix}=2\begin{vmatrix} x & y & z \\ z & x & y \\ y & z & x \end{vmatrix}。$$

6. 求解方程 $D=\begin{vmatrix} 1 & 2 & 3 & 4 \\ 1 & x & 3 & 4 \\ 1 & 2 & x & 4 \\ 1 & 2 & 3 & x \end{vmatrix}=0$。

第三节　克莱姆法则

在本章第一节我们给出了用行列式解二元线性方程组的方法，现在我们将这一结果推广到 n 元线性方程组，给出求解的克莱姆法则。

含有 n 个未知量 x_1，x_2，…，x_n，n 个方程的线性方程组一般形式为

$$\begin{cases} a_{11}x_1+a_{12}x_2+\cdots+a_{1n}x_n=b_1 \\ a_{21}x_1+a_{22}x_2+\cdots+a_{2n}x_n=b_2 \\ \cdots \quad \cdots \quad \cdots \quad \cdots \quad \cdots \\ a_{n1}x_1+a_{n2}x_2+\cdots+a_{nn}x_n=b_n, \end{cases} \tag{1-11}$$

线性方程组(1-11)的系数 a_{ij} 构成的行列式称为线性方程组(1-11)的**系数行列式**，记为 D，即

$$D=\begin{vmatrix} a_{11} & a_{12} & \cdots & a_{1n} \\ a_{21} & a_{22} & \cdots & a_{2n} \\ \cdots & \cdots & \cdots & \cdots \\ a_{n1} & a_{n2} & \cdots & a_{nn} \end{vmatrix}。$$

定理 1(克莱姆法则)　如果线性方程组(1-11)的系数行列式 $D\neq 0$，则它有唯一解，且解为

$$x_1=\frac{D_1}{D},\ x_2=\frac{D_2}{D},\ \cdots,\ x_n=\frac{D_n}{D} \tag{1-12}$$

其中，$D_j(j=1, 2, \cdots, n)$ 是把 D 中第 j 列元素 a_{1j}，a_{2j}，…，a_{nj} 对应地换成常数项 b_1，b_2，…，b_n，而其余各列保持不变所得到的行列式，即

$$D_j=\begin{vmatrix} a_{11} & a_{12} & \cdots & a_{1,j-1} & b_1 & a_{1,j+1} & \cdots & a_{1n} \\ a_{21} & a_{22} & \cdots & a_{2,j-1} & b_2 & a_{2,j+1} & \cdots & a_{2n} \\ \cdots & \cdots & \cdots & \cdots & \cdots & \cdots & \cdots & \cdots \\ a_{n1} & a_{n2} & \cdots & a_{n,j-1} & b_n & a_{n,j+1} & \cdots & a_{nn} \end{vmatrix}。$$

证明　若方程组(1-11)有解，则由行列式性质，x_i 乘以行列式 D，等于 x_i 乘以行列式 D 的第 i 列的各元素，即

$$x_iD=\begin{vmatrix} a_{11} & a_{12} & \cdots & a_{1,i-1} & x_ia_{1i} & a_{1,i+1} & \cdots & a_{1n} \\ a_{21} & a_{22} & \cdots & a_{2,i-1} & x_ia_{2i} & a_{2,i+1} & \cdots & a_{2n} \\ \cdots & \cdots & \cdots & \cdots & \cdots & \cdots & \cdots & \cdots \\ a_{n1} & a_{n2} & \cdots & a_{n,i-1} & x_ia_{ni} & a_{n,i+1} & \cdots & a_{nn} \end{vmatrix}$$

$$\xlongequal[(k=1,\,2,\,\cdots,\,n;\ k\neq i)]{c_i+x_kc_k}\begin{vmatrix} a_{11} & a_{12} & \cdots & a_{1,i-1} & a_{11}x_1+a_{12}x_2+\cdots+a_{1n}x_n & a_{1,i+1} & \cdots & a_{1n} \\ a_{21} & a_{22} & \cdots & a_{2,i-1} & a_{21}x_1+a_{22}x_2+\cdots+a_{2n}x_n & a_{2,i+1} & \cdots & a_{2n} \\ \cdots & \cdots & \cdots & \cdots & \cdots & \cdots & \cdots & \cdots \\ a_{n1} & a_{n2} & \cdots & a_{n,i-1} & a_{n1}x_1+a_{n2}x_2+\cdots+a_{nn}x_n & a_{n,i+1} & \cdots & a_{nn} \end{vmatrix}$$

$$=\begin{vmatrix} a_{11} & a_{12} & \cdots & a_{1,i-1} & b_1 & a_{1,i+1} & \cdots & a_{1n} \\ a_{21} & a_{22} & \cdots & a_{2,i-1} & b_2 & a_{2,i+1} & \cdots & a_{2n} \\ \cdots & \cdots & \cdots & \cdots & \cdots & \cdots & \cdots & \cdots \\ a_{n1} & a_{n2} & \cdots & a_{n,i-1} & b_n & a_{n,i+1} & \cdots & a_{nn} \end{vmatrix}=D_i$$

即

$$x_iD = D_i(i = 1, 2, \cdots, n)$$

对于方程组

$$\begin{cases} x_1D = D_1 \\ x_2D = D_2 \\ \cdots\cdots \\ x_nD = D_n \end{cases}$$

由于 $D \neq 0$，所以得解为 $x_1 = \dfrac{D_1}{D}$，$x_2 = \dfrac{D_2}{D}$，…，$x_n = \dfrac{D_n}{D}$。于是方程组(1-11)当 $D \neq 0$ 时，有唯一解(1-12)。

另一方面可以证明：当 $D \neq 0$ 时，$x_1 = \dfrac{D_1}{D}$，$x_2 = \dfrac{D_2}{D}$，…，$x_n = \dfrac{D_n}{D}$ 是线性方程组(1-11)的解，定理得证。

当线性方程组(1-11)中的常数项 b_1，b_2，…，b_n 不全为零时，线性方程组(1-11)称为**非齐次线性方程组**；当 b_1，b_2，…，b_n 全为零时，线性方程组称为**齐次线性方程组**，即

$$\begin{cases} a_{11}x_1 + a_{12}x_2 + \cdots + a_{1n}x_n = 0 \\ a_{21}x_1 + a_{22}x_2 + \cdots + a_{2n}x_n = 0 \\ \cdots \quad \cdots \quad \cdots \quad \cdots \quad \cdots \\ a_{n1}x_1 + a_{n2}x_2 + \cdots + a_{nn}x_n = 0 \end{cases} \tag{1-13}$$

显然，$x_1 = x_2 = \cdots = x_n = 0$ 是齐次线性方程组(1-13)的解，这种全为零的解称为齐次线性方程组(1-13)的**零解**。如果一组不全为零的数是齐次线性方程组(1-13)的解，则称它为齐次线性方程组(1-13)的非零解。

根据克莱姆法则，得定理 2。

定理 2 如果齐次线性方程组(1-13)的系数行列式 $D \neq 0$，则齐次线性方程组(1-13)只有唯一的零解。

定理 2 的逆否定理为定理 2′。

定理 2′ 如果齐次线性方程组(1-13)有非零解，则它的系数行列式 $D = 0$。

定理 2 或定理 2′说明系数行列式 $D = 0$ 是齐次线性方程组有非零解的必要条件，在第三章中我们将证明它也是充分条件。

【例 1】 解线性方程组$\begin{cases} x_1+x_2+x_3=1 \\ x_1+2x_2-x_3=0 \\ 3x_1+5x_2+x_3=3 \end{cases}$。

解 线性方程组的系数行列式

$$\begin{vmatrix} 1 & 1 & 1 \\ 1 & 2 & -1 \\ 3 & 5 & 1 \end{vmatrix}=2\neq 0$$

所以此线性方程组有唯一解。

又 $D_1=\begin{vmatrix} 1 & 1 & 1 \\ 0 & 2 & -1 \\ 3 & 5 & 1 \end{vmatrix}=-2$，$D_2=\begin{vmatrix} 1 & 1 & 1 \\ 1 & 0 & -1 \\ 3 & 3 & 1 \end{vmatrix}=2$，$D_3=\begin{vmatrix} 1 & 1 & 1 \\ 1 & 2 & 0 \\ 3 & 5 & 3 \end{vmatrix}=2$

由克莱姆法则，得此方程组的解为

$$x_1=\frac{D_1}{D}=-1，x_2=\frac{D_2}{D}，x_3=\frac{D_3}{D}=1$$

【例 2】 解线性方程组$\begin{cases} x_1+x_2+x_3+x_4=3 \\ x_1+2x_2+4x_3+8x_4=4 \\ x_1+3x_2+9x_3+27x_4=3 \\ x_1+4x_2+16x_3+64x_4=-3 \end{cases}$。

解 系数行列式

$$D=\begin{vmatrix} 1 & 1 & 1 & 1 \\ 1 & 2 & 4 & 8 \\ 1 & 3 & 9 & 27 \\ 1 & 4 & 16 & 64 \end{vmatrix}=12\neq 0$$

所以此方程组有唯一解。

又 $D_1=\begin{vmatrix} 3 & 1 & 1 & 1 \\ 4 & 2 & 4 & 8 \\ 3 & 3 & 9 & 27 \\ -3 & 4 & 16 & 64 \end{vmatrix}=36$ $D_2=\begin{vmatrix} 1 & 3 & 1 & 1 \\ 1 & 4 & 4 & 8 \\ 1 & 3 & 9 & 27 \\ 1 & -3 & 16 & 64 \end{vmatrix}=-18$

$$D_3=\begin{vmatrix}1&1&3&1\\1&2&4&8\\1&3&3&27\\1&4&-3&64\end{vmatrix}=24 \quad D_4=\begin{vmatrix}1&1&1&3\\1&2&4&4\\1&3&9&3\\1&4&16&-3\end{vmatrix}=-6$$

由克莱姆法则，得此方程组的解为

$$x_1=\frac{D_1}{D}=3 \quad x_2=\frac{D_2}{D}=-\frac{3}{2} \quad x_3=\frac{D_3}{D}=2 \quad x_4=\frac{D_4}{D}=-\frac{1}{2}$$

【例 3】 问当 λ 取何值时，齐次线性方程组 $\begin{cases}\lambda x+y+z=0\\x+\lambda y-z=0\\2x-y+z=0\end{cases}$ 只有零解？

解 由定理 2 可知，如果齐次线性方程组的系数行列式 $D\neq 0$，则它只有唯一的零解。而

$$D=\begin{vmatrix}\lambda&1&1\\1&\lambda&-1\\2&-1&1\end{vmatrix}=\lambda^2-1-2-2\lambda-1-\lambda=\lambda^2-3\lambda-4$$

由 $D\neq 0$，解方程，得

$$\lambda\neq -1 \text{ 且 } \lambda\neq 4$$

所以当 $\lambda\neq -1$ 且 $\lambda\neq 4$ 时此线性方程组只有零解。

习 题 1-3

1. 用克莱姆法则解下列线性方程组。

(1) $\begin{cases}x_1+x_2-2x_3=-3\\5x_1-2x_2+7x_3=22\\2x_1-5x_2+4x_3=4\end{cases}$　　(2) $\begin{cases}3x_1+2x_2+2x_3=1\\x_1+x_2+2x_3=2\\x_1+x_2+x_3=3\end{cases}$

(3) $\begin{cases}x_1-3x_2-6x_4=9\\2x_2-x_3+2x_4=-5\\2x_1+x_2-5x_3+x_4=8\\x_1+4x_2-7x_3+6x_4=0\end{cases}$　　(4) $\begin{cases}x_1+x_2+x_3+2x_4=4\\x_1-2x_2+x_3-4x_4=-8\\2x_1-3x_2-x_3+5x_4=-2\\3x_1+x_2+2x_3+11x_4=14\end{cases}$

(5) $\begin{cases} x_1 + x_2 + 5x_3 + 7x_4 = 14 \\ 3x_1 + 5x_2 + 7x_3 + x_4 = 0 \\ 5x_1 + 7x_2 + x_3 + 3x_4 = 4 \\ 7x_1 + x_2 + 3x_3 + 5x_4 = 16 \end{cases}$ (6) $\begin{cases} x_1 + 2x_2 + 3x_3 + 4x_4 = -3 \\ x_1 + x_3 + 2x_4 = -1 \\ 3x_1 - x_2 - x_3 = 1 \\ x_1 + 2x_2 - 5x_4 = 1 \end{cases}$

2. 问当 λ 为何值时，下列齐次线性方程组只有零解？

(1) $\begin{cases} x_1 + x_2 + \lambda x_3 = 0 \\ x_1 + \lambda x_2 + x_3 = 0 \\ \lambda x_1 + x_2 + x_3 = 0 \end{cases}$ (2) $\begin{cases} \lambda x + y + z = 0 \\ x + \lambda y + z = 0 \\ 2x + y + z = 0 \end{cases}$

3. 求一个二次多项式 $f(x)$，使 $f(-1)=6$，$f(1)=0$，$f(2)=3$。

复习题一

1. 选择题。

(1) 下列行列式中不等于零的有(　　)。

A. 行列式 D 中有两行对应元素成比例

B. 行列式 D 中有两行对应元素之和均为零

C. 行列式 D 满足 $2D-3D^{\mathrm{T}}=6$

D. 行列式 D 中有一行的元素全为零

(2) 设行列式 $D=\begin{vmatrix} a_{11} & a_{12} & \cdots & a_{1n} \\ a_{21} & a_{22} & \cdots & a_{2n} \\ \cdots & \cdots & \cdots & \cdots \\ a_{n1} & a_{n2} & \cdots & a_{nn} \end{vmatrix}$，则 $\begin{vmatrix} ka_{11} & ka_{12} & \cdots & ka_{1n} \\ ka_{21} & ka_{22} & \cdots & ka_{2n} \\ \cdots & \cdots & \cdots & \cdots \\ ka_{n1} & ka_{n2} & \cdots & ka_{nn} \end{vmatrix}=$(　　)。

A. kD　　B. k^kD　　C. n^kD　　D. k^nD

(3) 问 $\begin{vmatrix} k-1 & 2 \\ 2 & k-1 \end{vmatrix} \neq 0$ 的充分必要条件是(　　)。

A. $k \neq 1$　　B. $k \neq 3$

C. $k \neq -1$ 且 $k \neq 3$　　D. $k \neq -1$ 或 $k \neq 3$

2. 填空题。

(1) 行列式 $D=\begin{vmatrix} 1 & 2 & 3 \\ -1 & 0 & 1 \\ -2 & -1 & -3 \end{vmatrix}$ 的元素 $a_{12}=2$ 的余子式 $M_{12}=$________。

(2) 设 $f(x)=\begin{vmatrix} 2 & x & -1 \\ -1 & -x & 1 \\ 3 & -2 & x \end{vmatrix}$，则 $f(x)=0$ 的解为 $x=$________。

(3) 设行列式 $D=\begin{vmatrix} 3 & 5 & 6 \\ 2 & -1 & 3 \\ -1 & 3 & 4 \end{vmatrix}$，则 $3A_{21}+5A_{22}+6A_{23}=$________。

3. 写出行列式 $\begin{vmatrix} -2 & 2 & -4 & 0 \\ 4 & -1 & 3 & 5 \\ 3 & 1 & -2 & -3 \\ 2 & 0 & 5 & 1 \end{vmatrix}$ 中元素 a_{13}，a_{32} 的代数余子式。

4. 计算下列行列式的值。

(1) $\begin{vmatrix} 3 & 4 & 1 \\ 4 & 1 & 2 \\ 1 & 2 & 3 \end{vmatrix}$

(2) $\begin{vmatrix} 1 & 1 & 1 \\ a & b & c \\ a^2-bc & b^2-ac & c^2-ab \end{vmatrix}$

(3) $\begin{vmatrix} 1 & 1 & 1 & 1 \\ 1 & 2 & 3 & 4 \\ 1 & 3 & 6 & 10 \\ 1 & 4 & 10 & 20 \end{vmatrix}$

(4) $\begin{vmatrix} 3 & 1 & -1 & 2 \\ -5 & 1 & 3 & -4 \\ 2 & 0 & 1 & -1 \\ 1 & -5 & 3 & -3 \end{vmatrix}$

(5) $\begin{vmatrix} 0 & 1 & 0 & \cdots & 0 \\ 0 & 0 & 2 & \cdots & 0 \\ \cdots & \cdots & \cdots & \cdots & \cdots \\ 0 & 0 & 0 & \cdots & n-1 \\ n & 0 & 0 & \cdots & 0 \end{vmatrix}$

(6) $\begin{vmatrix} a & b & \cdots & b \\ b & a & \cdots & b \\ \cdots & \cdots & \cdots & \cdots \\ b & b & \cdots & a \end{vmatrix}$

5. 用克莱姆法则解下列线性方程组

(1) $\begin{cases} x_1+2x_2+4x_3=31 \\ 5x_1+x_2+2x_3=29 \\ 3x_1-x_2+x_3=10 \end{cases}$

(2) $\begin{cases} x_1+x_2+x_3+x_4=5 \\ x_1+2x_2-x_3+4x_4=-2 \\ 2x_1-3x_2-x_3-5x_4=-2 \\ 3x_1+x_2+2x_3+11x_4=0 \end{cases}$

6. 问当 λ 取何值时，齐次线性方程组 $\begin{cases}\lambda x_1 + x_2 + x_3 = 0 \\ x_1 + \lambda x_2 + x_3 = 0 \\ x_1 + x_2 + x_3 = 0\end{cases}$ 只有零解？

第二章　矩　　阵

矩阵是线性代数中最重要的概念之一，矩阵这个矩形数表揭示了事物之间的内在联系，它在数学、与经济研究和经济管理中处理线性经济模型时，也是十分有效的工具。本章首先引入矩阵的概念，然后讨论矩阵的运算，矩阵的变换及矩阵的内在本质——秩。本章为第三章线性方程组求解提供理论基础。

第一节　矩阵的概念

一、矩阵的定义

先看几个实例。

【例 1】　在物资调运中，需要综合考虑产销地的物资调运量，如果某种物资有 3 个产地 A_1，A_2，A_3，5 个销地 B_1，B_2，B_3，B_4，B_5，该物资的某种调运方案如表 2 - 1所示。

表 2 - 1　物资调运方案

销地 调运量(t) 产地	B_1	B_2	B_3	B_4	B_5
A_1	4	3	4	7	5
A_2	8	2	3	6	2
A_3	5	4	2	6	6

调运方案表 2 - 1 中，产地 A_1 这一行有 5 个数字，表示产地 A_1 调运到销地 B_1，B_2，B_3，B_4，B_5 的物资分别为 4，3，4，7，5；其他的解释类同。问能否用简单的数学结构描述这个调运方案？

解　用以下矩形数表反映这个调运方案：

$$\begin{pmatrix} 4 & 3 & 4 & 7 & 5 \\ 8 & 2 & 3 & 6 & 2 \\ 5 & 4 & 2 & 6 & 6 \end{pmatrix}$$

矩形数表中，行表示产地与5个销地的联系。

【例2】 线性方程组为

$$\begin{cases} a_{11}x_1 + a_{12}x_2 + \cdots + a_{1n}x_n = b_1 \\ a_{21}x_1 + a_{22}x_2 + \cdots + a_{2n}x_n = b_2 \\ \cdots \quad \cdots \quad \cdots \quad \cdots \quad \cdots \\ a_{m1}x_1 + a_{m2}x_2 + \cdots + a_{mn}x_n = b_m \end{cases}$$

能否用简单的数学结构描述这个线性方程组?

解 我们可以用一个 m 行 n 列的矩形数表

$$\begin{pmatrix} a_{11} & a_{12} & \cdots & a_{1n} & b_1 \\ a_{21} & a_{22} & \cdots & a_{2n} & b_2 \\ \cdots & \cdots & \cdots & \cdots & \cdots \\ a_{m1} & a_{m2} & \cdots & a_{mn} & b_m \end{pmatrix}$$

来描述，其第一行是由线性方程中第一个方程未知量 x_1，x_2，…，x_n 的表数及方程右端常数构成。类似地，确定其余各行。当未知量排序为 x_1，x_2，…，x_n 后，这个矩形数表唯一的确定这样结构的线性方程组。

【例3】 某航空公司在 A，B，C，D 4个城市之间开辟了若干航线，航班情况如下:A 作为发站，B，C 作为到站有航班;B 作为发站，A，C，D 作为到站有航班;C 作为发站，A，B，D 作为到站有航班;D 作为发站，B 作为到站有航班。能否用简单的数学结构描述 A，B，C，D 四城市之间航班情况。

解 当 A 作为发站，A，B，C，D 作为到站的，只有 A 到 B 和 A 到 C 有航班。如果用数“0”“1”分别表示作为到站无航班、有航班，于是以 A 作为发站，以 A，B，C，D 作为到站，得到一个行数0，1，1，0。同理，以 B 作为发站，以 A，B，C，D 作为到站，得到一行数1，0，1，1;以 C 作为发站，以 A，B，C，D 作为到站，得到一行数1，1，0，1;以 D 作为发站，以 A，B，C，D 作为到站，得到一行数0，1，0，0。

以 A，B，C，D 顺序排列这四行数得4行4列的矩形数表

$$\begin{array}{c c} & \begin{array}{cccc} A & B & C & D \end{array} \\ \begin{array}{c} A \\ B \\ C \\ D \end{array} & \begin{pmatrix} 0 & 1 & 1 & 0 \\ 1 & 0 & 1 & 1 \\ 1 & 1 & 0 & 1 \\ 0 & 1 & 0 & 0 \end{pmatrix} \end{array}$$

它表示四城市之间航班情况。

类似这种矩形数表，在自然科学、工程技术及经济领域中常常被用到，这种矩形数表在数学上被称为矩阵。一般地，有如下定义。

定义 1 由 $m \times n$ 个数 a_{ij} $(i=1, 2, \cdots, m; j=1, 2, \cdots, n)$ 排成的一个 m 行 n 列的矩形数表

$$\begin{pmatrix} a_{11} & a_{12} & \cdots & a_{1n} \\ a_{21} & a_{22} & \cdots & a_{2n} \\ \cdots & \cdots & \cdots & \cdots \\ a_{m1} & a_{m2} & \cdots & a_{mn} \end{pmatrix} \text{或} \begin{bmatrix} a_{11} & a_{12} & \cdots & a_{1n} \\ a_{21} & a_{22} & \cdots & a_{2n} \\ \cdots & \cdots & \cdots & \cdots \\ a_{m1} & a_{m2} & \cdots & a_{mn} \end{bmatrix} \tag{2-1}$$

称为 m 行 n 列矩阵，简称为 $m \times n$ 矩阵。其中，a_{ij} 称为矩阵的第 i 行第 j 列元素。一般用大写英文字母 A，B，…表示矩阵。式(2-1)也可简记为 $A = A_{m\times n}$ 或 $A = (a_{ij})_{m\times n}$ 或 $A = (a_{ij})$。

二、几种特殊矩阵

下面介绍几种特殊矩阵。

(1) 零矩阵。所有元素均为零的 $m \times n$ 矩阵称为**零矩阵**，记为 $\boldsymbol{O}_{m\times n}$，简记为 $\boldsymbol{O}$。

(2) 行矩阵和列矩阵。$1 \times n$ 矩阵

$$\boldsymbol{A} = (a_1 a_2 \cdots a_n)$$

称为**行矩阵**，也称为 n 维行向量，简称为行向量。为避免元素间的混淆，行矩阵也可记作 $\boldsymbol{A} = (a_1, a_2, \cdots, a_n)$。

$m \times 1$ 矩阵

$$\boldsymbol{B} = \begin{pmatrix} b_1 \\ b_2 \\ \vdots \\ b_m \end{pmatrix}$$

称为列矩阵，也称为 m 维列向量，简称为列向量。

(3) 方阵。行数与列数相等的 $m\times n$ 矩阵 $\boldsymbol{A}_{m\times n}$，即 $m=n$，称为 n 阶矩阵或 n 阶方阵。简记为 $\boldsymbol{A}_n$。

(4) 对角阵。在 n 阶方阵 $\boldsymbol{A}$ 中，除了主对角线上的元素分别为 λ_1，λ_2，…，λ_n 外，其余的元素都等于零的方阵称为对角阵。即

$$\boldsymbol{A}=\begin{pmatrix}\lambda_1 & 0 & \cdots & 0\\ 0 & \lambda_2 & \cdots & 0\\ \cdots & \cdots & \cdots & \cdots\\ 0 & 0 & \cdots & \lambda_n\end{pmatrix}，也简记为 \boldsymbol{A}=\begin{pmatrix}\lambda_1 & & & \\ & \lambda_2 & & \\ & & \ddots & \\ & & & \lambda_n\end{pmatrix}$$

(5) 单位矩阵。主对角线上的元素都是 1 的对角阵称为**单位矩阵**。一个 n 阶单位矩阵用 $\boldsymbol{E}_n$ 表示。如不混淆，可简记为 $\boldsymbol{E}$。即

$$\boldsymbol{E}_n=\begin{pmatrix}1 & 0 & \cdots & 0\\ 0 & 1 & \cdots & 0\\ \cdots & \cdots & \cdots & \cdots\\ 0 & 0 & \cdots & 1\end{pmatrix}，也简记为 \boldsymbol{E}_n=\begin{pmatrix}1 & & & \\ & 1 & & \\ & & \ddots & \\ & & & 1\end{pmatrix}$$

定义 2 如果两个 $m\times n$ 矩阵 $\boldsymbol{A}=(a_{ij})_{m\times n}$ 与 $\boldsymbol{B}=(b_{ij})_{m\times n}$ 的对应元素均相等，即 $a_{ij}=b_{ij}(i=1,2,\cdots,m;j=1,2,\cdots,n)$，则称矩阵 $\boldsymbol{A}$ 与矩阵 $\boldsymbol{B}$ 相等，记为 $\boldsymbol{A}=\boldsymbol{B}$。

【例 4】 已知矩阵 $\boldsymbol{A}=\begin{pmatrix}2+x & 4-x\\ x+z & 7-2x\end{pmatrix}$，$\boldsymbol{B}=\begin{pmatrix}2x+y & 2y+3x\\ 1 & 2y+3\end{pmatrix}$，且 $\boldsymbol{A}=\boldsymbol{B}$，求 x，y，z。

解 因为 $\boldsymbol{A}=\boldsymbol{B}$，所以对应元素相等，得

$$\begin{cases}2+x=2x+y\\ 4-x=2y+3x\\ x+z=1\\ 7-2x=2y+3\end{cases}$$

解方程组，得 $x=0$，$y=2$，$z=1$。

习 题 2-1

1. 某超市由 A_1、A_2、A_3、A_4 四个销售商场组成。某周各商场的利润情况如表

2－2所示。

表 2-2　各商场利润情况　　(单位:万元)

星期 利润 商场	一	二	三	四	五	六	日
A_1	1.5	2	2.1	1.8	1.7	1.9	2.2
A_2	1.6	1.7	1.4	1.8	1.3	1.9	2.1
A_3	0.8	0.8	0.7	0.6	0.7	0.9	1.0
A_4	1.0	0.9	1.1	1.1	0.8	1.2	1.3

试用 4 行 7 列矩阵表示该超市该周的利润情况。

2. 有 6 名选手参加乒乓球比赛，成绩如下:选手 1 胜选手 2，4，5，6，负于 3;选手 2 胜 4，5，6，负于 1，3;选手 3 胜 1，2，4，负于 5，6;选手 4 胜 5，6，负于 1，2，3;选手 5 胜 3，6，负于 1，2，4。若胜一场得 1 分，负一场得零分，则试用矩阵表示输赢状况。

3. 设 $\begin{pmatrix} x & y \\ 2 & x-y \end{pmatrix} = \begin{pmatrix} 3 & 1 \\ 2 & z \end{pmatrix}$，求 x，y，z。

4. 设 $\begin{pmatrix} 2 & x & y \\ 3 & z & 0 \end{pmatrix} = \begin{pmatrix} \omega & x^2 & x-y \\ 3 & x+\omega & 0 \end{pmatrix}$，求 x，y，z，ω。

第二节　矩阵的运算

本节讨论矩阵的加法、数乘矩阵、矩阵与矩阵的乘法、方阵的幂与方阵的行列式、矩阵的转置等矩阵的运算。

一、矩阵的加法

例如，甲、乙两种物质从两个产地(产$_1$，产$_2$)运往三个销地(销$_1$，销$_2$，销$_3$)的调运方案分别用矩阵 $\boldsymbol{A}$ 与 $\boldsymbol{B}$ 表示(单位:t)。

$$\boldsymbol{A}=\begin{matrix} \text{销}_1 & \text{销}_2 & \text{销}_3 & \\ \end{matrix}\begin{pmatrix} 1 & 3 & 4 \\ 6 & 2 & 1 \end{pmatrix}\begin{matrix} \text{产}_1 \\ \text{产}_2 \end{matrix},\quad \boldsymbol{B}=\begin{matrix} \text{销}_1 & \text{销}_2 & \text{销}_3 & \\ \end{matrix}\begin{pmatrix} 1 & 7 & 2 \\ 1 & 2 & 4 \end{pmatrix}\begin{matrix} \text{产}_1 \\ \text{产}_2 \end{matrix}$$

那么从各产地运往各销地两种物资的总运量，就是把矩阵 $\boldsymbol{A}$ 与矩阵 $\boldsymbol{B}$ 对应的元素相

加，得

$$\begin{pmatrix} 1+1 & 3+7 & 4+2 \\ 6+1 & 2+2 & 1+4 \end{pmatrix} = \begin{pmatrix} 2 & 10 & 6 \\ 7 & 4 & 5 \end{pmatrix}$$

上面的 2×3 矩阵称为矩阵 $\boldsymbol{A}$ 与 $\boldsymbol{B}$ 的和。

一般地，有如下定义。

定义 1 设有两个 $m\times n$ 矩阵 $\boldsymbol{A}=(a_{ij})_{m\times n}$，$\boldsymbol{B}=(b_{ij})_{m\times n}$，由矩阵 $\boldsymbol{A}$ 与 $\boldsymbol{B}$ 对应元素相加构成的 $m\times n$ 矩阵称为矩阵 $\boldsymbol{A}$ 与矩阵 $\boldsymbol{B}$ 的和，记为 $\boldsymbol{A}+\boldsymbol{B}$，即

$$\boldsymbol{A}+\boldsymbol{B}=\begin{pmatrix} a_{11}+b_{11} & a_{12}+b_{12} & \cdots & a_{1n}+b_{1n} \\ a_{21}+b_{21} & a_{22}+b_{22} & \cdots & a_{2n}+b_{2n} \\ \cdots & \cdots & \cdots & \cdots \\ a_{m1}+b_{m1} & a_{m2}+b_{m2} & \cdots & a_{mn}+b_{mn} \end{pmatrix}$$

由矩阵加法的定义不难验证，矩阵的加法运算满足下面的运算规律(设矩阵 $\boldsymbol{A}$，$\boldsymbol{B}$，$\boldsymbol{C}$ 都是 $m\times n$ 矩阵，$\boldsymbol{O}$ 是 $m\times n$ 零矩阵)：

(1) $\boldsymbol{A}+\boldsymbol{B}=\boldsymbol{B}+\boldsymbol{A}$。

(2) $(\boldsymbol{A}+\boldsymbol{B})+\boldsymbol{C}=\boldsymbol{A}+(\boldsymbol{B}+\boldsymbol{C})$。

(3) $\boldsymbol{A}+\boldsymbol{O}=\boldsymbol{A}$。

二、数与矩阵相乘

上例中如果已知甲物资的单位运价是 5 万元/t，则各销地应付给各产地的费用(单位:万元)可用矩阵表示

$$\begin{pmatrix} 5\times 1 & 5\times 3 & 5\times 4 \\ 5\times 6 & 5\times 2 & 5\times 1 \end{pmatrix} = \begin{pmatrix} 5 & 15 & 20 \\ 30 & 10 & 5 \end{pmatrix}$$

上面的矩阵称为数 5 乘以矩阵 $\boldsymbol{A}$，记为 $5\boldsymbol{A}$，即

$$5\boldsymbol{A}=5\begin{pmatrix} 1 & 3 & 4 \\ 6 & 2 & 1 \end{pmatrix} = \begin{pmatrix} 5 & 15 & 20 \\ 30 & 10 & 5 \end{pmatrix}$$

一般地，有如下定义。

定义 2 设矩阵 $\boldsymbol{A}=(a_{ij})_{m\times n}$，$k$ 是一个常数，k 与矩阵 $\boldsymbol{A}$ 的每一个元素相乘，所得的矩阵称为数 k 与矩阵 $\boldsymbol{A}$ 的积，记作 $k\boldsymbol{A}$ 或 $\boldsymbol{A}k$，即

$$kA = Ak = \begin{pmatrix} ka_{11} & ka_{12} & \cdots & ka_{1n} \\ ka_{21} & ka_{22} & \cdots & ka_{2n} \\ \cdots & \cdots & \cdots & \cdots \\ ka_{m1} & ka_{m2} & \cdots & ka_{mn} \end{pmatrix}$$

由数乘矩阵的定义，我们可以定义矩阵 $\boldsymbol{A}$ 的负矩阵为 $(-1)\boldsymbol{A}$，记为 $-\boldsymbol{A}$，从而可以定义两个 $m\times n$ 矩阵 $\boldsymbol{A}$ 与 $\boldsymbol{B}$ 的减法为

$$\boldsymbol{A}-\boldsymbol{B}=\boldsymbol{A}+(-\boldsymbol{B})$$

数乘矩阵运算满足以下运算规律(其中 $\boldsymbol{A}$，$\boldsymbol{B}$ 为 $m\times n$ 矩阵，$\boldsymbol{O}$ 是 $m\times n$ 零矩阵，k，l 为数)：

(1) $k(\boldsymbol{A}+\boldsymbol{B})=k\boldsymbol{A}+k\boldsymbol{B}$。

(2) $(k+l)\boldsymbol{A}=k\boldsymbol{A}+l\boldsymbol{A}$。

(3) $k(l\boldsymbol{A})=(kl)\boldsymbol{A}=l(k\boldsymbol{A})$。

(4) $\boldsymbol{A}-\boldsymbol{A}=\boldsymbol{O}$。

(5) $1\cdot\boldsymbol{A}=\boldsymbol{A}\cdot 1=\boldsymbol{A}$。

【例 1】 设 $\boldsymbol{A}=\begin{pmatrix} 2 & 5 \\ -1 & 3 \\ 1 & 0 \end{pmatrix}$，$\boldsymbol{B}=\begin{pmatrix} -3 & 4 \\ -1 & 0 \\ 3 & 2 \end{pmatrix}$，求 $2\boldsymbol{A}+3\boldsymbol{B}$。

解 $2\boldsymbol{A}+3\boldsymbol{B}=2\begin{pmatrix} 2 & 5 \\ -1 & 3 \\ 1 & 0 \end{pmatrix}+3\begin{pmatrix} -3 & 4 \\ -1 & 0 \\ 3 & 2 \end{pmatrix}=\begin{pmatrix} 4 & 10 \\ -2 & 6 \\ 2 & 0 \end{pmatrix}+\begin{pmatrix} -9 & 12 \\ -3 & 0 \\ 9 & 6 \end{pmatrix}=\begin{pmatrix} -5 & 22 \\ -5 & 6 \\ 11 & 6 \end{pmatrix}$

【例 2】 设 $\boldsymbol{A}=\begin{pmatrix} 2 & 1 \\ 0 & 3 \\ -1 & 4 \end{pmatrix}$，$\boldsymbol{B}=\begin{pmatrix} -1 & 4 \\ 2 & 0 \\ 5 & -3 \end{pmatrix}$，且 $2\boldsymbol{A}-3\boldsymbol{X}=\boldsymbol{B}$，求矩阵 $\boldsymbol{X}$。

解 由 $2\boldsymbol{A}-3\boldsymbol{X}=\boldsymbol{B}$，得 $\boldsymbol{X}=\dfrac{2}{3}\boldsymbol{A}-\dfrac{1}{3}\boldsymbol{B}$，则

$$\boldsymbol{X}=\frac{2}{3}\begin{pmatrix} 2 & 1 \\ 0 & 3 \\ -1 & 4 \end{pmatrix}-\frac{1}{3}\begin{pmatrix} -1 & 4 \\ 2 & 0 \\ 9 & -3 \end{pmatrix}=\begin{pmatrix} \frac{5}{3} & -\frac{2}{3} \\ -\frac{2}{3} & 2 \\ -\frac{7}{3} & \frac{11}{3} \end{pmatrix}$$

三、矩阵与矩阵的乘法

矩阵与矩阵的乘法是矩阵的重要运算，先看一个实例。

例如，某公司将某物资从甲、乙两个产地运往 a，b，c 三个销地的调运方案用矩阵 $\boldsymbol{A}$ 表示(单位：t)

$$\begin{array}{c} \\ \boldsymbol{A}= \end{array}\begin{array}{c} \begin{array}{ccc} a & b & c \end{array} \\ \begin{pmatrix} 5 & 3 & 4 \\ 2 & 4 & 8 \end{pmatrix} \end{array}\begin{array}{l} \\ 甲 \\ 乙 \end{array}$$

而物资运往三个销地的运费分别为 30，40，20(单位：元/t)，物资运往三个销地的损耗费分别为 8，7，5(单位：元/t)，可用矩阵 $\boldsymbol{B}$ 表示

$$\begin{array}{cc} & \begin{array}{cc} 运费 & 损耗费 \end{array} \\ \boldsymbol{B}= & \begin{pmatrix} 30 & 8 \\ 40 & 7 \\ 20 & 5 \end{pmatrix}\begin{array}{l} a \\ b \\ c \end{array} \end{array}$$

那么甲、乙两个产地将物资运往三个销地所需的运费、损耗费可用如下矩阵 $\boldsymbol{C}$ 表示

$$\boldsymbol{C}=\begin{pmatrix} 5\times30+3\times40+4\times20 & 5\times8+3\times7+4\times5 \\ 2\times30+4\times40+8\times20 & 2\times8+4\times7+8\times5 \end{pmatrix}=\begin{array}{c} \begin{array}{cc} 运费 & 损耗费 \end{array} \\ \begin{pmatrix} 350 & 81 \\ 380 & 84 \end{pmatrix}\begin{array}{l} 甲 \\ 乙 \end{array} \end{array}$$

其中，350，81 分别为产地甲将物资运往销地所需的运费和损耗费；380，84 分别为产地乙将物资运往销地所需的运费和损耗费，我们把矩阵 $\boldsymbol{C}$ 称为矩阵 $\boldsymbol{A}$ 与 $\boldsymbol{B}$ 的**乘积**。

一般地，有如下定义。

定义 3 设 $\boldsymbol{A}=(a_{ij})_{m\times s}$ 为 $m\times s$ 矩阵，$\boldsymbol{B}=(b_{ij})_{s\times n}$ 为 $s\times n$ 矩阵，矩阵 $\boldsymbol{A}$ 与矩阵 $\boldsymbol{B}$ 的乘积是一个 $m\times n$ 矩阵 $\boldsymbol{C}$，则

$$\boldsymbol{C}=(c_{ij})_{m\times n}=\begin{pmatrix} c_{11} & c_{12} & \cdots & c_{1n} \\ c_{21} & c_{22} & \cdots & c_{2n} \\ \cdots & \cdots & \cdots & \cdots \\ c_{m1} & c_{m2} & \cdots & c_{mn} \end{pmatrix}$$

$$(c_{ij}=a_{i1}b_{1j}+a_{i2}b_{2j}+\cdots+a_{is}j_{sj},\ i=1,2,\cdots,m;j=1,2,\cdots,n)$$

记为 $\boldsymbol{C}=\boldsymbol{AB}$，记号 $\boldsymbol{AB}$ 常读作 $\boldsymbol{A}$ 左乘 $\boldsymbol{B}$，或 $\boldsymbol{B}$ 右乘 $\boldsymbol{A}$。

注：只有当矩阵 $\boldsymbol{A}$ 的列数等于矩阵 $\boldsymbol{B}$ 的行数时，矩阵 $\boldsymbol{A}$ 才能进行左乘矩阵 $\boldsymbol{B}$ 的运算。

【例 3】 已知矩阵 $\boldsymbol{A}=\begin{pmatrix}1 & 2 & 3\\ 4 & 2 & 6\end{pmatrix}$，$\boldsymbol{B}=\begin{pmatrix}1 & 4\\ -1 & 2\\ 0 & 3\end{pmatrix}$，求 $\boldsymbol{AB}$。

解 矩阵 $\boldsymbol{A}$ 的列数与矩阵 $\boldsymbol{B}$ 的行数相等，所以 $\boldsymbol{A}$ 与 $\boldsymbol{B}$ 可以相乘。

$$\begin{aligned}\boldsymbol{AB}&=\begin{pmatrix}1 & 2 & 3\\ 4 & 2 & 6\end{pmatrix}\begin{pmatrix}1 & 4\\ -1 & 2\\ 0 & 3\end{pmatrix}\\&=\begin{pmatrix}1\times1-2\times1+3\times0 & 1\times4+2\times2+3\times3\\ 4\times1-2\times1+6\times0 & 4\times4+2\times2+6\times3\end{pmatrix}=\begin{pmatrix}-1 & 17\\ 2 & 38\end{pmatrix}\end{aligned}$$

【例 4】 已知矩阵 $\boldsymbol{A}=\begin{pmatrix}1 & 1\\ -1 & -1\end{pmatrix}$，$\boldsymbol{B}=\begin{pmatrix}1 & -1\\ -1 & 1\end{pmatrix}$，求 $\boldsymbol{AB}$，$\boldsymbol{BA}$。

解 矩阵 $\boldsymbol{A}$ 的列数等于矩阵 $\boldsymbol{B}$ 的行数，所以 $\boldsymbol{A}$ 与 $\boldsymbol{B}$ 可以相乘。同理，$\boldsymbol{B}$ 与 $\boldsymbol{A}$ 也可以相乘。

$$\boldsymbol{AB}=\begin{pmatrix}1 & 1\\ -1 & -1\end{pmatrix}\begin{pmatrix}1 & -1\\ -1 & 1\end{pmatrix}=\begin{pmatrix}0 & 0\\ 0 & 0\end{pmatrix}$$

$$\boldsymbol{BA}=\begin{pmatrix}1 & -1\\ -1 & 1\end{pmatrix}\begin{pmatrix}1 & 1\\ -1 & -1\end{pmatrix}=\begin{pmatrix}2 & 2\\ -2 & -2\end{pmatrix}$$

由上例，得

(1) 两个非零矩阵的乘积可能是零矩阵，从而当 $\boldsymbol{AB}=0$ 时，一般不能推出 $\boldsymbol{A}=0$ 或 $\boldsymbol{B}=0$。

同样地，当 $\boldsymbol{AB}=\boldsymbol{AC}$ 时，即使 $\boldsymbol{A}\neq0$，也不一定有 $\boldsymbol{B}=\boldsymbol{C}$。

(2) 矩阵的乘法一般不满足交换律。

利用矩阵的乘法和矩阵相等的定义，可以把线性方程组写成矩阵形式。

对于线性方程组

$$\begin{cases}a_{11}x_1+a_{12}x_2+\cdots+a_{1n}x_n=b_1\\ a_{21}x_1+a_{22}x_2+\cdots+a_{2n}x_n=b_2\\ \cdots\quad\cdots\quad\cdots\quad\cdots\quad\cdots\\ a_{m1}x_1+a_{m2}x_2+\cdots+a_{mn}x_n=b_m\end{cases}\tag{2-2}$$

令

$$A=\begin{pmatrix} a_{11} & a_{12} & \cdots & a_{1n} \\ a_{21} & a_{22} & \cdots & a_{2n} \\ \cdots & \cdots & \cdots & \cdots \\ a_{m1} & a_{m2} & \cdots & a_{mn} \end{pmatrix},\ X=\begin{pmatrix} x_1 \\ x_2 \\ \vdots \\ x_n \end{pmatrix},\ b=\begin{pmatrix} b_1 \\ b_2 \\ \vdots \\ b_m \end{pmatrix}$$

则线性方程组(2-2)可以写成矩阵形式

$$\boldsymbol{AX}=\boldsymbol{b} \tag{2-3}$$

其中矩阵 $\boldsymbol{A}$ 称为线性方程组(2-2)的系数矩阵，$\boldsymbol{X}$ 称为未知量矩阵，$\boldsymbol{b}$ 称为常数项矩阵。

含有未知量矩阵的等式，称为矩阵方程。例如，(2-3)式，又如 $\boldsymbol{XA}=\boldsymbol{B}$，$\boldsymbol{AXB}=\boldsymbol{C}$，其中 $\boldsymbol{A}$，$\boldsymbol{B}$，$\boldsymbol{C}$ 为已知矩阵，$\boldsymbol{X}$ 为未知量矩阵。

【例 5】 解矩阵方程 $\begin{pmatrix} 2 & 1 \\ 1 & 2 \end{pmatrix}\boldsymbol{X}=\begin{pmatrix} 1 & 2 \\ -1 & 4 \end{pmatrix}$。

解 据题意，可设 $\boldsymbol{X}=\begin{pmatrix} x_{11} & x_{12} \\ x_{21} & x_{22} \end{pmatrix}$，由题设，有

$$\begin{pmatrix} 2 & 1 \\ 1 & 2 \end{pmatrix}\begin{pmatrix} x_{11} & x_{12} \\ x_{21} & x_{22} \end{pmatrix}=\begin{pmatrix} 1 & 2 \\ -1 & 4 \end{pmatrix}$$

得

$$\begin{pmatrix} 2x_{11}+x_{21} & 2x_{12}+x_{22} \\ x_{11}+2x_{21} & x_{12}+2x_{22} \end{pmatrix}=\begin{pmatrix} 1 & 2 \\ -1 & 4 \end{pmatrix}$$

即

$$\begin{cases} 2x_{11}+x_{21}=1 \\ x_{11}+2x_{21}=-1 \end{cases},\quad \begin{cases} 2x_{12}+x_{22}=2 \\ x_{12}+2x_{22}=4 \end{cases}$$

分别解上述两个方程组，得

$$x_{11}=1,\ x_{21}=-1,\ x_{12}=0,\ x_{22}=2$$

所以，$\boldsymbol{X}=\begin{pmatrix} 1 & 0 \\ -1 & 2 \end{pmatrix}$。

变量 x_1，x_2，…，x_n 与变量 y_1，y_2，…，y_m 之间的关系式

$$\begin{cases} y_1 = a_{11}x_1 + a_{12}x_2 + \cdots + a_{1n}x_n \\ y_2 = a_{21}x_1 + a_{22}x_2 + \cdots + a_{2n}x_n \\ \cdots \quad \cdots \quad \cdots \quad \cdots \quad \cdots \\ y_m = a_{m1}x_1 + a_{m2}x_2 + \cdots + a_{mn}x_n \end{cases} \tag{2-4}$$

称为从变量 x_1，x_2，…，x_n 到变量 y_1，y_2，…，y_m 的线性变换，其中 $a_{ij}(i=1, 2, \cdots, m; j=1, 2, \cdots, n)$ 为常数。线性变换(2-4)的系数 a_{ij} 构成的矩阵 $\boldsymbol{A}=(a_{ij})_{m\times n}$ 称为线性变换(2-4)的系数矩阵。

设 $\boldsymbol{A}=\begin{pmatrix} a_{11} & a_{12} & \cdots & a_{1n} \\ a_{21} & a_{22} & \cdots & a_{2n} \\ \cdots & \cdots & \cdots & \cdots \\ a_{m1} & a_{m2} & \cdots & a_{mn} \end{pmatrix}$，$\boldsymbol{X}=\begin{pmatrix} x_1 \\ x_2 \\ \vdots \\ x_n \end{pmatrix}$，$\boldsymbol{Y}=\begin{pmatrix} y_1 \\ y_2 \\ \vdots \\ y_m \end{pmatrix}$，则线性变换关系式(2-4)可表示为矩阵形式

$$\boldsymbol{Y}=\boldsymbol{A}\boldsymbol{X}$$

易见线性变换与其系数矩阵之间存在一一对应关系，因而可利用矩阵来研究线性变换，亦可利用线性变换来研究矩阵。

易知，当一线性变换的系数矩阵为单位矩阵 $\boldsymbol{E}$ 时，线性变换 $\boldsymbol{Y}=\boldsymbol{E}\boldsymbol{X}$ 称为恒等变换，因为 $\boldsymbol{E}\boldsymbol{X}=\boldsymbol{X}$。

矩阵的乘法满足下列运算规律(假定运算都是可行的)：

(1) $(\boldsymbol{AB})\boldsymbol{C}=\boldsymbol{A}(\boldsymbol{BC})$。

(2) $(\boldsymbol{A}+\boldsymbol{B})\boldsymbol{C}=\boldsymbol{AC}+\boldsymbol{BC}$。

(3) $\boldsymbol{C}(\boldsymbol{A}+\boldsymbol{B})=\boldsymbol{CA}+\boldsymbol{CB}$。

(4) $k(\boldsymbol{AB})=(k\boldsymbol{A})\boldsymbol{B}=\boldsymbol{A}(k\boldsymbol{B})$。

(5) $\boldsymbol{A}_{m\times n}\boldsymbol{E}_n=\boldsymbol{A}_{m\times n}$，$\boldsymbol{E}_m\boldsymbol{A}_{m\times n}=\boldsymbol{A}_{m\times n}$。

(6) $\boldsymbol{A}_{m\times n}\boldsymbol{O}_{n\times s}=\boldsymbol{O}_{m\times s}$，$\boldsymbol{O}_{m\times n}\boldsymbol{B}_{n\times s}=\boldsymbol{O}_{m\times s}$。

上述运算规律中的(5)式说明单位矩阵 $\boldsymbol{E}$ 在矩阵的乘法中的作用类似于数 1。

【例 6】 证明：如果 $\boldsymbol{CA}=\boldsymbol{AC}$，$\boldsymbol{CB}=\boldsymbol{BC}$，则有

$$(\boldsymbol{A}+\boldsymbol{B})\boldsymbol{C}=\boldsymbol{C}(\boldsymbol{A}+\boldsymbol{B}),\ (\boldsymbol{AB})\boldsymbol{C}=\boldsymbol{C}(\boldsymbol{AB})$$

证明 因为 $\boldsymbol{CA}=\boldsymbol{AC}$，$\boldsymbol{CB}=\boldsymbol{BC}$，所以

$$(\boldsymbol{A}+\boldsymbol{B})\boldsymbol{C}=\boldsymbol{AC}+\boldsymbol{BC}=\boldsymbol{CA}+\boldsymbol{CB}=\boldsymbol{C}(\boldsymbol{A}+\boldsymbol{B})$$
$$(\boldsymbol{AB})\boldsymbol{C}=\boldsymbol{A}(\boldsymbol{BC})=\boldsymbol{A}(\boldsymbol{CB})=(\boldsymbol{AC})\boldsymbol{B}=(\boldsymbol{CA})\boldsymbol{B}=\boldsymbol{C}(\boldsymbol{AB})$$

四、方阵的幂与方阵的行列式

定义 4 设 $\boldsymbol{A}$ 为 n 阶方阵，k 为正整数，则称

$$\underbrace{\boldsymbol{A}\cdot\boldsymbol{A}\cdot\cdots\cdot\boldsymbol{A}}_{k\text{个}\boldsymbol{A}}$$

为方阵 $\boldsymbol{A}$ 的 k 次幂，记为 $\boldsymbol{A}^k$。

当 k、l 都是正整数时，由矩阵乘法的结合律，得

(1) $\boldsymbol{A}^k\boldsymbol{A}^l=\boldsymbol{A}^{k+l}$，(2) $(\boldsymbol{A}^k)^l=\boldsymbol{A}^{kl}$。

因为矩阵的乘法一般不满足交换律，所以一般地 $(\boldsymbol{AB})^k\neq\boldsymbol{A}^k\boldsymbol{B}^k$。

对于方阵 $\boldsymbol{A}$，规定：$\boldsymbol{A}^0=\boldsymbol{E}$，$\boldsymbol{A}^1=\boldsymbol{A}$。

【例 7】 设 $\boldsymbol{A}=\begin{pmatrix}\lambda & 1 & 0\\ 0 & \lambda & 1\\ 0 & 0 & \lambda\end{pmatrix}$，求 $\boldsymbol{A}^3$。

解 $\boldsymbol{A}^2=\begin{pmatrix}\lambda & 1 & 0\\ 0 & \lambda & 1\\ 0 & 0 & \lambda\end{pmatrix}\begin{pmatrix}\lambda & 1 & 0\\ 0 & \lambda & 1\\ 0 & 0 & \lambda\end{pmatrix}=\begin{pmatrix}\lambda^2 & 2\lambda & 1\\ 0 & \lambda^2 & 2\lambda\\ 0 & 0 & \lambda^2\end{pmatrix}$

$$\boldsymbol{A}^3=\boldsymbol{A}^2\boldsymbol{A}=\begin{pmatrix}\lambda^2 & 2\lambda & 1\\ 0 & \lambda^2 & 2\lambda\\ 0 & 0 & \lambda^2\end{pmatrix}\begin{pmatrix}\lambda & 1 & 0\\ 0 & \lambda & 1\\ 0 & 0 & \lambda\end{pmatrix}=\begin{pmatrix}\lambda^3 & 3\lambda^2 & 3\lambda\\ 0 & \lambda^3 & 3\lambda^2\\ 0 & 0 & \lambda^3\end{pmatrix}$$

定义 5 由 n 阶方阵 $\boldsymbol{A}$ 的元素所构成的行列式(各元素的相对位置不变)，称为方阵 $\boldsymbol{A}$ 的行列式，记为 $|\boldsymbol{A}|$ 或 $\det\boldsymbol{A}$。

方阵与行列式是两个不同的概念，n 阶方阵是 n^2 个数按一定方式排成的数表，而 n 阶行列式是这些数按一定的运算法则所确定的一个数值。

方阵 $\boldsymbol{A}$ 的行列式 $|\boldsymbol{A}|$ 满足以下运算规律(设 $\boldsymbol{A}$，$\boldsymbol{B}$ 为 n 阶方阵，k 为常数)：

(1) $|k\boldsymbol{A}|=k^n|\boldsymbol{A}|$。

(2) $|\boldsymbol{AB}|=|\boldsymbol{A}|\cdot|\boldsymbol{B}|$。

【例 8】 设 $\boldsymbol{A}=\begin{pmatrix}1 & 0 & -1\\ 2 & 1 & 0\\ 3 & 2 & -1\end{pmatrix}$，$\boldsymbol{B}=\begin{pmatrix}-2 & 1 & 0\\ 0 & 3 & 1\\ 0 & 0 & 2\end{pmatrix}$，求 $|\boldsymbol{AB}|$。

解 因为 $\boldsymbol{AB}=\begin{pmatrix}-2 & 1 & -2\\ -4 & 5 & 1\\ -6 & 9 & 0\end{pmatrix}$，所以 $|\boldsymbol{AB}|=\begin{vmatrix}-2 & 1 & -2\\ -4 & 5 & 1\\ -6 & 9 & 0\end{vmatrix}=24$

也可如下求解：

解 因为 $|\boldsymbol{A}|=\begin{vmatrix}1&0&-1\\2&1&0\\3&2&-1\end{vmatrix}=-2$，$|\boldsymbol{B}|=\begin{vmatrix}-2&1&0\\0&3&1\\0&0&2\end{vmatrix}=-12$

得 $|\boldsymbol{AB}|=|\boldsymbol{A}|\cdot|\boldsymbol{B}|=(-2)\times(-12)=24$

五、矩阵的转置

定义 6 将 $m\times n$ 矩阵 $\boldsymbol{A}$ 的行换成同序数的列得到的 $n\times m$ 矩阵，称为 $\boldsymbol{A}$ 的**转置矩阵**，记为 $\boldsymbol{A}^{\mathrm{T}}$，即

$$\text{设 }\boldsymbol{A}=\begin{pmatrix}a_{11}&a_{12}&\cdots&a_{1n}\\a_{21}&a_{22}&\cdots&a_{2n}\\\cdots&\cdots&\cdots&\cdots\\a_{m1}&a_{m2}&\cdots&a_{mn}\end{pmatrix}\text{，则 }\boldsymbol{A}^{\mathrm{T}}=\begin{pmatrix}a_{11}&a_{21}&\cdots&a_{m1}\\a_{12}&a_{22}&\cdots&a_{m2}\\\cdots&\cdots&\cdots&\cdots\\a_{1n}&a_{2n}&\cdots&a_{mn}\end{pmatrix}$$

矩阵的转置满足以下运算规律(假设运算都是可行的)：

(1) $(\boldsymbol{A}^{\mathrm{T}})^{\mathrm{T}}=\boldsymbol{A}$。

(2) $(\boldsymbol{A}+\boldsymbol{B})^{\mathrm{T}}=\boldsymbol{A}^{\mathrm{T}}+\boldsymbol{B}^{\mathrm{T}}$。

(3) $(k\boldsymbol{A})^{\mathrm{T}}=k\boldsymbol{A}^{\mathrm{T}}$。

(4) $(\boldsymbol{AB})^{\mathrm{T}}=\boldsymbol{B}^{\mathrm{T}}\boldsymbol{A}^{\mathrm{T}}$。

【例 9】 已知 $\boldsymbol{A}=\begin{pmatrix}2&0&-1\\1&3&2\end{pmatrix}$，$\boldsymbol{B}=\begin{pmatrix}1&7&-1\\4&2&3\\2&0&1\end{pmatrix}$，求$(\boldsymbol{AB})^{\mathrm{T}}$。

解 因为 $\boldsymbol{AB}=\begin{pmatrix}2&0&-1\\1&3&2\end{pmatrix}\begin{pmatrix}1&7&-1\\4&2&3\\2&0&1\end{pmatrix}=\begin{pmatrix}0&14&-3\\17&13&10\end{pmatrix}$

所以 $(\boldsymbol{AB})^{\mathrm{T}}=\begin{pmatrix}0&17\\14&13\\-3&10\end{pmatrix}$

本例也可用矩阵转置的运算规律(4)来解。

解 $(\boldsymbol{AB})^{\mathrm{T}}=\boldsymbol{B}^{\mathrm{T}}\boldsymbol{A}^{\mathrm{T}}=\begin{pmatrix}1&4&2\\7&2&0\\-1&3&1\end{pmatrix}\begin{pmatrix}2&1\\0&3\\-1&2\end{pmatrix}=\begin{pmatrix}0&17\\14&13\\-2&10\end{pmatrix}$

应用矩阵转置的概念，我们给出在第五章将讨论的对称矩阵概念。

定义 7 设 $\boldsymbol{A}$ 为 n 阶方阵，如果 $\boldsymbol{A}^{\mathrm{T}}=\boldsymbol{A}$，则称 $\boldsymbol{A}$ 为**对称矩阵**。

显然，对称矩阵 $\boldsymbol{A}$ 的元素是关于主对角线对称。

例如，矩阵 $\begin{pmatrix} 0 & -1 \\ -1 & 0 \end{pmatrix}$，$\begin{pmatrix} 1 & -2 & 3 \\ -2 & 4 & 0 \\ 3 & 0 & 5 \end{pmatrix}$ 均为对称矩阵。

如果 $\boldsymbol{A}^{\mathrm{T}}=-\boldsymbol{A}$，则称 $\boldsymbol{A}$ 为**反对称矩阵**。

【例 10】 设 $\boldsymbol{A}$ 与 $\boldsymbol{B}$ 是两个 n 阶对称矩阵，证明：当且仅当 $\boldsymbol{AB}=\boldsymbol{BA}$ 时，$\boldsymbol{AB}$ 是对称矩阵。

证明 因为 $\boldsymbol{A}$ 与 $\boldsymbol{B}$ 是 n 阶对称矩阵，故 $\boldsymbol{A}^{\mathrm{T}}=\boldsymbol{A}$，$\boldsymbol{B}^{\mathrm{T}}=\boldsymbol{B}$；若 $\boldsymbol{AB}=\boldsymbol{BA}$，则

$$(\boldsymbol{AB})^{\mathrm{T}}=\boldsymbol{B}^{\mathrm{T}}\boldsymbol{A}^{\mathrm{T}}=\boldsymbol{BA}=\boldsymbol{AB}$$

即 $\boldsymbol{AB}$ 是对称矩阵。

反之，若 $\boldsymbol{AB}$ 是对称矩阵，即 $(\boldsymbol{AB})^{\mathrm{T}}=\boldsymbol{AB}$，则

$$\boldsymbol{AB}=(\boldsymbol{AB})^{\mathrm{T}}=\boldsymbol{B}^{\mathrm{T}}\boldsymbol{A}^{\mathrm{T}}=\boldsymbol{BA}$$

习 题 2-2

1. 设 $\boldsymbol{A}=\begin{pmatrix} 1 & 2 & 1 & 2 \\ 2 & 1 & 2 & 1 \\ 1 & 2 & 3 & 4 \end{pmatrix}$，$\boldsymbol{B}=\begin{pmatrix} 4 & 3 & 2 & 1 \\ -2 & 1 & -2 & 1 \\ 0 & -1 & 0 & -1 \end{pmatrix}$，求

(1) $3\boldsymbol{A}-\boldsymbol{B}$；(2) $2\boldsymbol{A}+3\boldsymbol{B}$。

2. 设 $\boldsymbol{A}=\begin{pmatrix} 1 & 1 & 1 \\ 1 & 1 & -1 \\ 1 & -1 & 1 \end{pmatrix}$，$\boldsymbol{B}=\begin{pmatrix} 1 & 2 & 3 \\ -1 & -2 & 4 \\ 0 & 5 & 1 \end{pmatrix}$，求 $3\boldsymbol{A}-2\boldsymbol{B}$。

3. 设 $\boldsymbol{A}=\begin{pmatrix} 1 & -2 & 3 \\ 4 & 3 & -1 \end{pmatrix}$，$\boldsymbol{B}=\begin{pmatrix} 2 & 0 & 2 \\ 3 & 1 & 4 \end{pmatrix}$，

(1) 若矩阵 $\boldsymbol{X}$ 满足 $\boldsymbol{A}+\boldsymbol{X}-2\boldsymbol{B}=\boldsymbol{0}$，求矩阵 $\boldsymbol{X}$。

(2) 若矩阵 $\boldsymbol{Y}$ 满足 $2(\boldsymbol{A}-\boldsymbol{Y})=3\boldsymbol{B}+4\boldsymbol{Y}$，求矩阵 $\boldsymbol{Y}$。

4. 计算下列各式。

(1) $(1\quad 2\quad 3)\begin{pmatrix} 4 \\ 5 \\ 6 \end{pmatrix}$　　(2) $\begin{pmatrix} 4 \\ 5 \\ 6 \end{pmatrix}(1\quad 2\quad 3)$

(3) $\begin{pmatrix} 1 & 2 & 3 \\ -2 & 1 & 2 \end{pmatrix}\begin{pmatrix} 1 & 2 & 0 \\ 0 & 1 & 1 \\ 3 & 0 & -1 \end{pmatrix}$　　(4) $\begin{pmatrix} 1 & 1 \\ 2 & 0 \end{pmatrix}\begin{pmatrix} 2 & 1 & 3 \\ 0 & 4 & 1 \end{pmatrix}$

(5) $\begin{pmatrix} 2 & 1 & 4 & 0 \\ 1 & -1 & 3 & 4 \end{pmatrix}\begin{pmatrix} 1 & 3 & 1 \\ 0 & -1 & 2 \\ 1 & -3 & 1 \\ 4 & 0 & 2 \end{pmatrix}$　　(6) $\begin{pmatrix} 3 & 1 & 0 \\ 2 & 0 & 4 \\ 0 & 2 & 3 \end{pmatrix}\begin{pmatrix} 1 & 2 \\ 2 & 1 \\ 1 & 0 \end{pmatrix}$

5. 求下列方阵的幂。

(1) $\begin{pmatrix} 1 & 0 \\ \lambda & 1 \end{pmatrix}^n$　　(2) $\begin{pmatrix} a & 0 & 0 \\ 0 & b & 0 \\ 0 & 0 & c \end{pmatrix}^n$

6. 设 $\boldsymbol{A} = \begin{pmatrix} -1 & 3 & 1 \\ 0 & 4 & 2 \end{pmatrix}$，$\boldsymbol{B} = \begin{pmatrix} 4 & 1 \\ 2 & 5 \\ 3 & 4 \end{pmatrix}$，求 $3\boldsymbol{A} - 2\boldsymbol{B}^{\mathrm{T}}$，$(\boldsymbol{AB})^{\mathrm{T}}$。

7. 设 $\boldsymbol{A} = \begin{pmatrix} 2 & 1 & -1 \\ 0 & 2 & 1 \end{pmatrix}$，$\boldsymbol{B} = \begin{pmatrix} 1 & 0 & 1 \\ 0 & 1 & -1 \end{pmatrix}$，求 $|\boldsymbol{AB}^{\mathrm{T}}|$，$|\boldsymbol{B}^{\mathrm{T}}\boldsymbol{A}|$。

8. 设 $\boldsymbol{A}$ 为三阶方阵，且已知 $|\boldsymbol{A}| = k$，求 $|-k\boldsymbol{A}|$。

9. 证明：对任意 $m \times n$ 矩阵 $\boldsymbol{A}$，$\boldsymbol{A}^{\mathrm{T}}\boldsymbol{A}$ 及 $\boldsymbol{A}\boldsymbol{A}^{\mathrm{T}}$ 都是对称矩阵。

第三节 逆 矩 阵

在数的运算中，对于数 $a \neq 0$，总存在唯一一个数 a^{-1}，使得 $a \cdot a^{-1} = a^{-1} \cdot a = 1$，数的逆 a^{-1} 在解方程中起着重要作用。例如，解一元线性方程 $ax = b$，当 $a \neq 0$ 时，其解为 $x = a^{-1}b$。

对于方阵 $\boldsymbol{A}$，是否也有 $\boldsymbol{B} = \boldsymbol{A}^{-1}$，使 $\boldsymbol{AB} = \boldsymbol{BA} = \boldsymbol{E}$，如果存在 $\boldsymbol{B}$，称矩阵 $\boldsymbol{B}$ 为方阵 $\boldsymbol{A}$ 的逆矩阵。逆矩阵是一个重要概念，本节介绍逆矩阵的概念，并讨论逆矩阵存在的条件及逆矩阵的性质，最后给出逆矩阵的初步应用。

一、逆矩阵的概念

定义 1　对于 n 阶方阵 $\boldsymbol{A}$，如果存在一个 n 阶方阵 $\boldsymbol{B}$，使得

$$\boldsymbol{AB} = \boldsymbol{BA} = \boldsymbol{E}$$

则称矩阵 $\boldsymbol{A}$ 为可逆矩阵或可逆的，且称矩阵 $\boldsymbol{B}$ 为 $\boldsymbol{A}$ 的逆矩阵。

定理 1 如果矩阵 $\boldsymbol{A}$ 是可逆矩阵，则 $\boldsymbol{A}$ 的逆矩阵是唯一的。

证明 如果 $\boldsymbol{B}$ 和 $\boldsymbol{C}$ 均为矩阵 $\boldsymbol{A}$ 的逆矩阵，则有

$$\boldsymbol{B}=\boldsymbol{BE}=\boldsymbol{B}(\boldsymbol{AC})=(\boldsymbol{BA})\boldsymbol{C}=\boldsymbol{EC}=\boldsymbol{C}\text{，故}$$

$\boldsymbol{A}$ 的逆矩阵是唯一的。

由于可逆矩阵 $\boldsymbol{A}$ 的逆矩阵是唯一确定的，我们以后就用记号 $\boldsymbol{A}^{-1}$ 来表示 $\boldsymbol{A}$ 的唯一逆矩阵。

【例 1】 设 $\boldsymbol{A}=\begin{pmatrix}1&2\\2&3\end{pmatrix}$，$\boldsymbol{B}=\begin{pmatrix}-3&2\\2&-1\end{pmatrix}$，验证 $\boldsymbol{B}$ 是否为 $\boldsymbol{A}$ 的逆矩阵。

解 因为 $\boldsymbol{AB}=\begin{pmatrix}1&2\\2&3\end{pmatrix}\begin{pmatrix}-3&2\\2&-1\end{pmatrix}=\begin{pmatrix}1&0\\0&1\end{pmatrix}$，

$$\boldsymbol{BA}=\begin{pmatrix}-3&2\\2&-1\end{pmatrix}\begin{pmatrix}1&2\\2&3\end{pmatrix}=\begin{pmatrix}1&0\\0&1\end{pmatrix}$$

即有 $\boldsymbol{AB}=\boldsymbol{BA}=\boldsymbol{E}$，所以 $\boldsymbol{B}$ 是 $\boldsymbol{A}$ 的逆矩阵。

二、逆矩阵的存在性及逆矩阵的性质

定义 2 n 阶方阵 $\boldsymbol{A}=(a_{ij})$ 的行列式 $|\boldsymbol{A}|$ 的各个元素的代数余子式 $\boldsymbol{A}_{ij}$ $(i，j=1，2，\cdots，n)$ 所构成的矩阵

$$\begin{pmatrix}A_{11}&A_{21}&\cdots&A_{n1}\\A_{12}&A_{22}&\cdots&A_{n2}\\\cdots&\cdots&\cdots&\cdots\\A_{1n}&A_{2n}&\cdots&A_{nn}\end{pmatrix}$$

称为方阵 $\boldsymbol{A}$ 的伴随矩阵，记为 $\boldsymbol{A}^*$。

对于伴随矩阵有如下性质。

定理 2 设 $\boldsymbol{A}^*$ 为方阵 $\boldsymbol{A}$ 的伴随矩阵，则 $\boldsymbol{AA}^*=\boldsymbol{A}^*\boldsymbol{A}=|\boldsymbol{A}|E$。

证明 设 $\boldsymbol{A}=(a_{ij})_{n\times n}$，由矩阵乘法和行列式的性质 3，4，7，得

$$\boldsymbol{AA}^*=\begin{pmatrix}a_{11}&a_{12}&\cdots&a_{1n}\\a_{21}&a_{22}&\cdots&a_{2n}\\\cdots&\cdots&\cdots&\cdots\\a_{n1}&a_{n2}&\cdots&a_{nn}\end{pmatrix}\begin{pmatrix}A_{11}&A_{21}&\cdots&A_{n1}\\A_{12}&A_{22}&\cdots&A_{n2}\\\cdots&\cdots&\cdots&\cdots\\A_{1n}&A_{2n}&\cdots&A_{nn}\end{pmatrix}=\begin{pmatrix}|\boldsymbol{A}|&0&\cdots&0\\0&|\boldsymbol{A}|&\cdots&0\\\cdots&\cdots&\cdots&\cdots\\0&0&\cdots&|\boldsymbol{A}|\end{pmatrix}$$

$$=|\boldsymbol{A}|\boldsymbol{E}$$

同理可证 $\boldsymbol{A}*\boldsymbol{A}=|\boldsymbol{A}|\boldsymbol{E}$。

定理 3　方阵 $\boldsymbol{A}$ 是可逆矩阵的充分必要条件是其行列式 $|\boldsymbol{A}|\neq 0$，且当 $\boldsymbol{A}$ 是可逆矩阵时，有

$$\boldsymbol{A}^{-1}=\frac{1}{|\boldsymbol{A}|}\boldsymbol{A}^{*} \tag{2-5}$$

其中 $\boldsymbol{A}^{*}$ 为 $\boldsymbol{A}$ 的伴随矩阵。

证明　必要性

若 $\boldsymbol{A}$ 是可逆矩阵，则

$$\boldsymbol{A}\boldsymbol{A}^{-1}=\boldsymbol{A}^{-1}\boldsymbol{A}=\boldsymbol{E}$$

两边取行列式，又

$$|\boldsymbol{A}\boldsymbol{A}^{-1}|=|\boldsymbol{A}|\cdot|\boldsymbol{A}^{-1}|,\ |\boldsymbol{E}|=1$$

得 $|\boldsymbol{A}|\cdot|\boldsymbol{A}^{-1}|=1$，所以 $|\boldsymbol{A}|\neq 0$。

充分性　由定理 2 得 $\boldsymbol{A}\boldsymbol{A}^{*}=\boldsymbol{A}*\boldsymbol{A}=|\boldsymbol{A}|\boldsymbol{E}$

因为 $|\boldsymbol{A}|\neq 0$，所以 $\boldsymbol{A}\left(\frac{1}{|\boldsymbol{A}|}\boldsymbol{A}^{*}\right)=\left(\frac{1}{|\boldsymbol{A}|}\boldsymbol{A}^{*}\right)\boldsymbol{A}=\boldsymbol{E}$

故方阵 $\boldsymbol{A}$ 是可逆矩阵，且 $\boldsymbol{A}^{-1}=\frac{1}{|\boldsymbol{A}|}\boldsymbol{A}^{*}$。

(2-5)给出了求逆矩阵的一种方法，称为伴随矩阵法。

【例 2】　求 $\boldsymbol{A}=\begin{pmatrix}1&2&3\\2&2&1\\3&4&3\end{pmatrix}$ 的逆矩阵。

解　因为 $|\boldsymbol{A}|=\begin{vmatrix}1&2&3\\2&2&1\\3&4&3\end{vmatrix}=2\neq 0$，所以 $\boldsymbol{A}$ 是可逆矩阵，又

$$\boldsymbol{A}_{11}=(-1)^{1+1}\begin{vmatrix}2&1\\4&3\end{vmatrix}=2,\ \boldsymbol{A}_{21}=(-1)^{2+1}\begin{vmatrix}2&3\\4&3\end{vmatrix}=6,$$

$$A_{31}=(-1)^{3+1}\begin{vmatrix}2&3\\2&1\end{vmatrix}=-4$$

$$\boldsymbol{A}_{12}=(-1)^{1+2}\begin{vmatrix}2&1\\3&3\end{vmatrix}=-3,\ \boldsymbol{A}_{22}=(-1)^{2+2}\begin{vmatrix}1&3\\3&3\end{vmatrix}=-6,$$

$$A_{32}=(-1)^{3+2}\begin{vmatrix}1&3\\2&1\end{vmatrix}=5$$

$$A_{13}=(-1)^{1+3}\begin{vmatrix}2&2\\3&4\end{vmatrix}=2,\ A_{23}=(-1)^{2+3}\begin{vmatrix}1&2\\3&4\end{vmatrix}=2,$$

$$A_{33}=(-1)^{3+3}\begin{vmatrix}1&2\\2&2\end{vmatrix}=-2$$

于是
$$A^*=\begin{pmatrix}2&6&-4\\-3&-6&5\\2&2&-2\end{pmatrix},\text{得}$$

$$A^{-1}=\frac{1}{|A|}A^*=\begin{pmatrix}1&3&-2\\-\frac{3}{2}&-3&\frac{5}{2}\\1&1&-1\end{pmatrix}$$

推论 若 A, B 均为 n 阶方阵，且 $AB=E$（或 $BA=E$），则 A 是可逆矩阵，且 B 为 A 的逆矩阵。

证明 若 $AB=E$，得 $|A|\cdot|B|=1$，$|A|\neq 0$

故 A^{-1} 存在，且 $B=EB=(A^{-1}A)B=A^{-1}(AB)=A^{-1}E=A^{-1}$。

如果 $BA=E$ 时，同理可证 $B=A^{-1}$。

【例 3】 设方阵 A 满足 $A^2-8A+9E=O$，证明 $A-5E$ 为可逆矩阵，并求其逆矩阵。

证明 由 $A^2-8A+9E=O$，得

$$A^2-5A-3A+15E=6E$$

即
$$(A-5E)(A-3E)=6E$$

从而

$$(A-5E)\left(\frac{1}{6}A-\frac{1}{2}E\right)=E$$

由推论知，$A-5E$ 是可逆矩阵，且 $(A-5E)^{-1}=\frac{1}{6}A-\frac{1}{2}E$。

逆矩阵具有如下运算性质：

性质 1 如果矩阵 A 是可逆矩阵，则 A^{-1} 也是可逆矩阵，且 $(A^{-1})^{-1}=A$。

性质 2 如果矩阵 A 是可逆矩阵，数 $k\neq 0$，则 kA 也是可逆矩阵，且 $(kA)^{-1}=\frac{1}{k}A^{-1}$。

性质 3 两个 n 阶可逆矩阵 $\boldsymbol{A}$，$\boldsymbol{B}$ 的乘积 $\boldsymbol{AB}$ 是可逆矩阵，且 $(\boldsymbol{AB})^{-1}=\boldsymbol{B}^{-1}\boldsymbol{A}^{-1}$。

证 因 $\boldsymbol{AB}(\boldsymbol{B}^{-1}\boldsymbol{A}^{-1})=\boldsymbol{A}(\boldsymbol{BB}^{-1})\boldsymbol{A}^{-1}=\boldsymbol{AEA}^{-1}=\boldsymbol{AA}^{-1}=\boldsymbol{E}$，故

$$(\boldsymbol{AB})^{-1}=\boldsymbol{B}^{-1}\boldsymbol{A}^{-1}$$

注：此性质可推广至任意有限个 n 阶可逆矩阵的情形，即若 $\boldsymbol{A}_1$，$\boldsymbol{A}_2$，…，$\boldsymbol{A}_k$ 均为 n 阶可逆矩阵，则 $\boldsymbol{A}_1\boldsymbol{A}_2\cdots\boldsymbol{A}_k$ 也是可逆矩阵，且

$$(\boldsymbol{A}_1\boldsymbol{A}_2\cdots\boldsymbol{A}_k)^{-1}=\boldsymbol{A}_k^{-1}\cdots\boldsymbol{A}_2^{-1}\boldsymbol{A}_1^{-1}$$

性质 4 如果矩阵 $\boldsymbol{A}$ 是可逆矩阵，则 $\boldsymbol{A}^{\mathrm{T}}$ 也是可逆矩阵，且 $(\boldsymbol{A}^{\mathrm{T}})^{-1}=(\boldsymbol{A}^{-1})^{\mathrm{T}}$。

证 因为 $\boldsymbol{A}^{\mathrm{T}}(\boldsymbol{A}^{-1})^{\mathrm{T}}=(\boldsymbol{A}^{-1}\boldsymbol{A})^{\mathrm{T}}=\boldsymbol{E}^{\mathrm{T}}=\boldsymbol{E}$，故

$$(\boldsymbol{A}^{\mathrm{T}})^{-1}=(\boldsymbol{A}^{-1})^{\mathrm{T}}$$

性质 5 如果矩阵 $\boldsymbol{A}$ 是可逆矩阵，则 $|\boldsymbol{A}^{-1}|=|\boldsymbol{A}|^{-1}$。

证 因 $\boldsymbol{AA}^{-1}=\boldsymbol{E}$，故

$$|\boldsymbol{A}|\cdot|\boldsymbol{A}^{-1}|=1，从而 |\boldsymbol{A}^{-1}|=|\boldsymbol{A}|^{-1}$$

三、逆矩阵的应用

(1) 解矩阵方程。

如果 $\boldsymbol{A}$，$\boldsymbol{B}$，$\boldsymbol{C}$ 为已知矩阵，而 $\boldsymbol{X}$ 为未知矩阵，在一定的条件下，我们可以用逆矩阵解矩阵方程：$\boldsymbol{AXB}=\boldsymbol{C}$，$\boldsymbol{AX}=\boldsymbol{C}$，$\boldsymbol{XA}=\boldsymbol{C}$。

【例 4】 设 $\boldsymbol{A}=\begin{pmatrix}1&2&3\\2&2&1\\3&4&3\end{pmatrix}$，$\boldsymbol{B}=\begin{pmatrix}2&1\\5&3\end{pmatrix}$，$\boldsymbol{C}=\begin{pmatrix}1&3\\2&0\\3&1\end{pmatrix}$，求满足 $\boldsymbol{AXB}=\boldsymbol{C}$ 的矩阵 $\boldsymbol{X}$。

分析 若 $\boldsymbol{A}^{-1}$，$\boldsymbol{B}^{-1}$ 存在，则在 $\boldsymbol{AXB}=\boldsymbol{C}$ 的两边同时左乘 $\boldsymbol{A}^{-1}$，右乘 $\boldsymbol{B}^{-1}$，得

$$\boldsymbol{A}^{-1}(\boldsymbol{AXB})\boldsymbol{B}^{-1}=\boldsymbol{A}^{-1}\boldsymbol{C}\boldsymbol{B}^{-1}，即 \boldsymbol{X}=\boldsymbol{A}^{-1}\boldsymbol{C}\boldsymbol{B}^{-1}$$

解 由前[例 2]知，$\boldsymbol{A}$ 是可逆矩阵，且 $\boldsymbol{A}^{-1}=\begin{pmatrix}1&3&-2\\-\frac{3}{2}&-3&\frac{5}{2}\\1&1&-1\end{pmatrix}$

又 $|\boldsymbol{B}|=\begin{vmatrix}2&1\\5&3\end{vmatrix}=1\neq0$，故 $\boldsymbol{B}$ 也是可逆矩阵，且 $\boldsymbol{B}^{-1}=\begin{pmatrix}3&-1\\-5&2\end{pmatrix}$，所以

$$X = A^{-1}CB^{-1} = \begin{pmatrix} 1 & 3 & -2 \\ -\frac{3}{2} & -3 & \frac{5}{2} \\ 1 & 1 & -1 \end{pmatrix} \begin{pmatrix} 1 & 3 \\ 2 & 0 \\ 3 & 1 \end{pmatrix} \begin{pmatrix} 3 & -1 \\ -5 & 2 \end{pmatrix} = \begin{pmatrix} -2 & 1 \\ 10 & -4 \\ -10 & 4 \end{pmatrix}$$

【例 5】 用逆矩阵解线性方程组 $\begin{cases} x_1 + x_2 + 2x_3 = -3 \\ 2x_1 + x_2 - x_3 = 0 \\ x_1 - 2x_2 + x_3 = 1 \end{cases}$。

解 方程组用矩阵表示为

$$\begin{pmatrix} 1 & 1 & 2 \\ 2 & 1 & -1 \\ 1 & -2 & 1 \end{pmatrix} \begin{pmatrix} x_1 \\ x_2 \\ x_3 \end{pmatrix} = \begin{pmatrix} -3 \\ 0 \\ 1 \end{pmatrix}$$

系数矩阵 $A = \begin{pmatrix} 1 & 1 & 2 \\ 2 & 1 & -1 \\ 1 & -2 & 1 \end{pmatrix}$，因为 $|A| = -14$，所以 A 为可逆矩阵，且

$$A^{-1} = \begin{pmatrix} \frac{1}{14} & \frac{5}{14} & \frac{3}{14} \\ \frac{3}{14} & \frac{1}{14} & -\frac{5}{14} \\ \frac{5}{14} & -\frac{3}{14} & \frac{1}{14} \end{pmatrix}，所以$$

$$\begin{pmatrix} x_1 \\ x_2 \\ x_3 \end{pmatrix} = A^{-1} \begin{pmatrix} -3 \\ 0 \\ 1 \end{pmatrix} = \begin{pmatrix} \frac{1}{14} & \frac{5}{14} & \frac{3}{14} \\ \frac{3}{14} & \frac{1}{14} & -\frac{5}{14} \\ \frac{5}{14} & -\frac{3}{14} & \frac{1}{14} \end{pmatrix} \begin{pmatrix} -3 \\ 0 \\ 1 \end{pmatrix} = \begin{pmatrix} 0 \\ -1 \\ -1 \end{pmatrix}$$

即所求线性方程组的解为

$$x_1 = 0, \ x_2 = -1, \ x_3 = -1$$

(2) 求线性变换的逆变换。

对于变量 x_1，x_2，…，x_n 到变量 y_1，y_2，…，y_n 的线性变换

$$\begin{cases} y_1 = a_{11}x_1 + a_{12}x_2 + \cdots + a_{1n}x_n \\ y_2 = a_{21}x_1 + a_{22}x_2 + \cdots + a_{2n}x_n \\ \cdots \quad \cdots \quad \cdots \quad \cdots \quad \cdots \\ y_n = a_{n1}x_1 + a_{n2}x_2 + \cdots + a_{nn}x_n \end{cases} \tag{2-6}$$

它是一般线性变换(2-4)的特殊情况。设

$$\boldsymbol{A} = \begin{pmatrix} a_{11} & a_{12} & \cdots & a_{1n} \\ a_{21} & a_{22} & \cdots & a_{2n} \\ \cdots & \cdots & \cdots & \cdots \\ a_{n1} & a_{n2} & \cdots & a_{nn} \end{pmatrix}, X = \begin{pmatrix} x_1 \\ x_2 \\ \vdots \\ x_n \end{pmatrix}, Y = \begin{pmatrix} y_1 \\ y_2 \\ \vdots \\ y_n \end{pmatrix},$$

那么线性变换(2-6)可表示为矩阵形式

$$\boldsymbol{Y} = \boldsymbol{AX} \tag{2-7}$$

如果线性变换(2-6)的系数矩阵 $\boldsymbol{A}$ 是可逆矩阵，由(2-7)式两边左乘逆矩阵 $\boldsymbol{A}^{-1}$，得

$$\boldsymbol{A}^{-1}\boldsymbol{Y} = \boldsymbol{A}^{-1}(\boldsymbol{AX})$$

于是

$$\boldsymbol{X} = \boldsymbol{A}^{-1}\boldsymbol{Y} \tag{2-8}$$

(2-8)是变量 y_1，y_2，…，y_n 到变量 x_1，x_2，…，x_n 的线性变换，此变换称为线性变换(2-6)的逆变换。

【例 6】 求线性变换 $\begin{cases} y_1 = x_1 - x_2 + 2x_3 \\ y_2 = -x_1 + 2x_2 + x_3 \\ y_3 = x_2 + 2x_3 \end{cases}$ 的逆变换(即变量 y_1，y_2，y_3 到变量 x_1，x_2，x_3 的线性变换)。

解 线性变换的系数矩阵为

$$\boldsymbol{A} = \begin{pmatrix} 1 & -1 & 2 \\ -1 & 2 & 1 \\ 0 & 1 & 2 \end{pmatrix}$$

因为矩阵 $\boldsymbol{A}$ 的行列式 $|\boldsymbol{A}| = -1 \neq 0$，所以 $\boldsymbol{A}$ 是可逆矩阵，用伴随矩阵法求得 $\boldsymbol{A}$

的逆矩阵$\boldsymbol{A}^{-1}$为

$$\boldsymbol{A}^{-1}=\begin{pmatrix}-3 & -4 & 5\\ -2 & -2 & 3\\ 1 & 1 & -1\end{pmatrix}$$

从而，得变量y_1，y_2，y_3到变量x_1，x_2，x_3的线性变换为$\boldsymbol{X}=\boldsymbol{A}^{-1}\boldsymbol{Y}$，即

$$\begin{cases}x_1=-3y_1-4y_2+5y_3\\ x_2=-2y_1-2y_2+3y_3\\ x_3=y_1+y_2-y_3\end{cases}$$

习 题 2-3

1. 判断下列方阵$\boldsymbol{A}$是否为可逆矩阵，如果是可逆矩阵，求其逆矩阵。

(1) $\begin{pmatrix}2 & 5\\ 1 & 3\end{pmatrix}$　(2) $\begin{pmatrix}2 & 2 & 3\\ 1 & -1 & 0\\ -1 & 2 & 1\end{pmatrix}$　(3) $\begin{pmatrix}2 & 2 & 1\\ 0 & 5 & 1\\ 1 & 4 & 1\end{pmatrix}$

(5) $\begin{pmatrix}3 & -1 & 0\\ -2 & 1 & 1\\ 2 & -1 & 4\end{pmatrix}$　(6) $\begin{pmatrix}1 & -4 & -3\\ 1 & -5 & -3\\ -1 & 6 & 6\end{pmatrix}$　(4) $\begin{pmatrix}1 & 1 & -6\\ -1 & 0 & 3\\ 1 & 2 & -1\end{pmatrix}$

2. 用逆矩阵求解下列矩阵方程的未知矩阵$\boldsymbol{X}$。

(1) $\begin{pmatrix}1 & 1 & -1\\ -2 & 1 & 1\\ 1 & 1 & 1\end{pmatrix}\boldsymbol{X}=\begin{pmatrix}2\\ 3\\ 6\end{pmatrix}$　(2) $\boldsymbol{X}\begin{pmatrix}1 & 1 & -1\\ 2 & 1 & 0\\ 1 & -1 & 1\end{pmatrix}=\begin{pmatrix}1 & 1 & 3\\ 4 & 3 & 2\\ 1 & 2 & 5\end{pmatrix}$

(3) $\begin{pmatrix}1 & 3\\ 2 & 4\end{pmatrix}\boldsymbol{X}\begin{pmatrix}2 & 3\\ 1 & 5\end{pmatrix}=\begin{pmatrix}1 & 2\\ 1 & 3\end{pmatrix}$　(4) $\begin{pmatrix}1 & 2 & 3\\ 2 & 2 & 1\\ 3 & 4 & 3\end{pmatrix}\boldsymbol{X}\begin{pmatrix}2 & 1\\ 5 & 3\end{pmatrix}=\begin{pmatrix}1 & 3\\ 2 & 0\\ 3 & 1\end{pmatrix}$

3. 用逆矩阵解下列线性方程组。

(1) $\begin{cases}2x_1-3x_2=0\\ 5x_1+3x_2=1\end{cases}$　(2) $\begin{cases}x_1+3x_2=7\\ -2x_1+7x_2=12\end{cases}$

(3) $\begin{cases}x_1+3x_2+x_3=5\\ x_1+x_2+5x_3=-7\\ 2x_1+3x_2-3x_3=14\end{cases}$　(4) $\begin{cases}2x_1+2x_2+3x_3=0\\ x_1+2x_2+3x_3=0\\ 2x_1+3x_2+4x_3=-3\end{cases}$

4. 已知线性变换$\begin{cases}x_1=2y_1+2y_2+y_3\\x_2=3y_1+y_2+5y_3\\x_3=3y_1+2y_2+3y_3\end{cases}$，求从变量 x_1，x_2，x_3 到变量 y_1，y_2，y_3 的线性变换(即逆变换)。

5. 设方阵 $\boldsymbol{A}$ 是可逆矩阵，证明其伴随矩阵 $\boldsymbol{A}^*$ 也是可逆矩阵，且 $(\boldsymbol{A}^*)^{-1}=\frac{1}{|\boldsymbol{A}|}\boldsymbol{A}$。

6. 设 $\boldsymbol{A}$ 是 3 阶方阵，$\boldsymbol{A}^*$ 是 $\boldsymbol{A}$ 的伴随矩阵，若 $|\boldsymbol{A}|=2$，求 $|\boldsymbol{A}^*|$。

第四节 分块矩阵

在矩阵的讨论和运算中，有时用水平和垂直虚线将一个矩阵分成若干个“子矩阵”或“子块”，使原矩阵显得结构简单而清晰。

例如：

$$\boldsymbol{A}=\left(\begin{array}{cc:cc}1&0&0&0\\0&1&0&0\\\hdashline -1&2&-5&8\\1&1&0&11\end{array}\right)=\begin{pmatrix}\boldsymbol{E}_2&\boldsymbol{0}\\\boldsymbol{A}_{21}&\boldsymbol{A}_{22}\end{pmatrix}$$

其中，$\boldsymbol{E}_2=\begin{pmatrix}1&0\\0&1\end{pmatrix}$，$\boldsymbol{O}=\begin{pmatrix}0&0\\0&0\end{pmatrix}$，$\boldsymbol{A}_{21}=\begin{pmatrix}-1&2\\1&1\end{pmatrix}$，$\boldsymbol{A}_{22}=\begin{pmatrix}-5&8\\0&11\end{pmatrix}$。它们都是 $\boldsymbol{A}$ 的子矩阵。

像这样将一个矩阵分成若干块(称为子块或子矩阵)，并以所分的子矩阵为元素的矩阵称为分块矩阵。

一个矩阵可以有许多种分块方法，如前面的矩阵 A 也可分块为

$$\left(\begin{array}{cc:c:c}1&0&0&0\\0&1&0&0\\-1&2&-5&8\\1&1&0&11\end{array}\right),\quad\left(\begin{array}{ccc:c}1&0&0&0\\0&1&0&0\\-1&2&-5&8\\\hdashline 1&1&0&11\end{array}\right)$$

具体分法应根据矩阵的形式和运算的需要。

进行分块矩阵的加法、减法、乘法、数乘与转置运算时，可将子矩阵作为通常矩阵的元素看待，但在分块时，要注意运算能够进行。

(1) 分块矩阵的加减法。

设矩阵 $\boldsymbol{A}$ 与 $\boldsymbol{B}$ 都是 $m\times n$ 矩阵，采用相同的分块法，有

$$\boldsymbol{A}=\begin{pmatrix}\boldsymbol{A}_{11} & \boldsymbol{A}_{12} & \cdots & \boldsymbol{A}_{1r}\\ \boldsymbol{A}_{21} & \boldsymbol{A}_{22} & \cdots & \boldsymbol{A}_{2r}\\ \cdots & \cdots & \cdots & \cdots\\ \boldsymbol{A}_{s1} & \boldsymbol{A}_{s2} & \cdots & \boldsymbol{A}_{sr}\end{pmatrix},\ \boldsymbol{B}=\begin{pmatrix}\boldsymbol{B}_{11} & \boldsymbol{B}_{12} & \cdots & \boldsymbol{B}_{1r}\\ \boldsymbol{B}_{21} & \boldsymbol{B}_{22} & \cdots & \boldsymbol{B}_{2r}\\ \cdots & \cdots & \cdots & \cdots\\ \boldsymbol{B}_{s1} & \boldsymbol{B}_{s2} & \cdots & \boldsymbol{B}_{sr}\end{pmatrix}$$

其中子矩阵 $\boldsymbol{A}_{ij}$ 的行数、列数分别与子矩阵 $\boldsymbol{B}_{ij}$ 的行数、列数相同，则

$$\boldsymbol{A}\pm\boldsymbol{B}=\begin{pmatrix}\boldsymbol{A}_{11}\pm\boldsymbol{B}_{11} & \boldsymbol{A}_{12}\pm\boldsymbol{B}_{12} & \cdots & \boldsymbol{A}_{1r}\pm\boldsymbol{B}_{1r}\\ \boldsymbol{A}_{21}\pm\boldsymbol{B}_{21} & \boldsymbol{A}_{22}\pm\boldsymbol{B}_{22} & \cdots & \boldsymbol{A}_{2r}\pm\boldsymbol{B}_{2r}\\ \cdots & \cdots & \cdots & \cdots\\ \boldsymbol{A}_{s1}\pm\boldsymbol{B}_{s1} & \boldsymbol{A}_{s2}\pm\boldsymbol{B}_{s2} & \cdots & \boldsymbol{A}_{sr}\pm\boldsymbol{B}_{sr}\end{pmatrix}。$$

(2) 数乘分块矩阵(k 是数)。

设矩阵 $\boldsymbol{A}$ 的分块矩阵为 $\boldsymbol{A}=\begin{pmatrix}\boldsymbol{A}_{11} & \boldsymbol{A}_{12} & \cdots & \boldsymbol{A}_{1r}\\ \boldsymbol{A}_{21} & \boldsymbol{A}_{22} & \cdots & \boldsymbol{A}_{2r}\\ \cdots & \cdots & \cdots & \cdots\\ \boldsymbol{A}_{s1} & \boldsymbol{A}_{s2} & \cdots & \boldsymbol{A}_{sr}\end{pmatrix}$，则

$$k\boldsymbol{A}=\begin{pmatrix}k\boldsymbol{A}_{11} & k\boldsymbol{A}_{12} & \cdots & k\boldsymbol{A}_{1r}\\ k\boldsymbol{A}_{21} & k\boldsymbol{A}_{22} & \cdots & k\boldsymbol{A}_{2r}\\ \cdots & \cdots & \cdots & \cdots\\ k\boldsymbol{A}_{s1} & k\boldsymbol{A}_{s2} & \cdots & k\boldsymbol{A}_{sr}\end{pmatrix}$$

(3) 两个分块矩阵的乘法。

设 $\boldsymbol{A}$ 为 $m\times l$ 矩阵，$\boldsymbol{B}$ 为 $l\times n$ 矩阵。把 $\boldsymbol{A}$，$\boldsymbol{B}$ 进行分块，使 $\boldsymbol{A}$ 的列的分块与 $\boldsymbol{B}$ 的行的分块一致，即

$$\boldsymbol{A}=\begin{pmatrix}\boldsymbol{A}_{11} & \boldsymbol{A}_{12} & \cdots & \boldsymbol{A}_{1t}\\ \boldsymbol{A}_{21} & \boldsymbol{A}_{22} & \cdots & \boldsymbol{A}_{2t}\\ \cdots & \cdots & \cdots & \cdots\\ \boldsymbol{A}_{s1} & \boldsymbol{A}_{s2} & \cdots & \boldsymbol{A}_{st}\end{pmatrix},\ \boldsymbol{B}=\begin{pmatrix}\boldsymbol{B}_{11} & \boldsymbol{B}_{12} & \cdots & \boldsymbol{B}_{1r}\\ \boldsymbol{B}_{21} & \boldsymbol{B}_{22} & \cdots & \boldsymbol{B}_{2r}\\ \cdots & \cdots & \cdots & \cdots\\ \boldsymbol{B}_{t1} & \boldsymbol{B}_{t2} & \cdots & \boldsymbol{B}_{tr}\end{pmatrix}$$

其中，子矩阵 $\boldsymbol{A}_{i1}$，$\boldsymbol{A}_{i2}$，…，A_{it} 的列数分别等于子矩阵 $\boldsymbol{B}_{1j}$，$\boldsymbol{B}_{2j}$，…，$\boldsymbol{B}_{tj}$ 的行数，则

$$AB=\begin{pmatrix} C_{11} & C_{12} & \cdots & C_{1r} \\ C_{21} & C_{22} & \cdots & C_{2r} \\ \cdots & \cdots & \cdots & \cdots \\ C_{s1} & C_{s2} & \cdots & C_{sr} \end{pmatrix},$$

其中，$C_{ij}=\sum\limits_{k=1}^{t}A_{ik}B_{kj}$，$i=1, 2, \cdots, s; j=1, 2, \cdots, r$。

【例 1】 设 $A=\begin{pmatrix} 1 & 0 & 0 & 0 \\ 0 & 1 & 0 & 0 \\ -1 & 2 & 1 & 0 \\ 1 & 1 & 0 & 1 \end{pmatrix}$，$B=\begin{pmatrix} 1 & 0 & 1 & 0 \\ -1 & 2 & 0 & 1 \\ 1 & 0 & 4 & 1 \\ -1 & -1 & 2 & 0 \end{pmatrix}$用分块矩阵求 AB。

解 将 A，B 分块为

$$A=\left(\begin{array}{cc:cc} 1 & 0 & 0 & 0 \\ 0 & 1 & 0 & 0 \\ \hdashline -1 & 2 & 1 & 0 \\ 1 & 1 & 0 & 1 \end{array}\right)=\begin{pmatrix} E & O \\ A_1 & E \end{pmatrix},\ A_1=\begin{pmatrix} -1 & 2 \\ 1 & 1 \end{pmatrix}$$

$$B=\left(\begin{array}{cc:cc} 1 & 0 & 1 & 0 \\ -1 & 2 & 0 & 1 \\ \hdashline 1 & 0 & 4 & 1 \\ -1 & -1 & 2 & 0 \end{array}\right)=\begin{pmatrix} B_{11} & E \\ B_{21} & B_{22} \end{pmatrix},\ B_{11}=\begin{pmatrix} 1 & 0 \\ -1 & 2 \end{pmatrix},$$

$$B_{21}=\begin{pmatrix} 1 & 0 \\ -1 & -1 \end{pmatrix},\ B_{22}=\begin{pmatrix} 4 & 1 \\ 2 & 0 \end{pmatrix}$$

则

$$AB=\begin{pmatrix} E & O \\ A_1 & E \end{pmatrix}\begin{pmatrix} B_{11} & E \\ B_{21} & B_{22} \end{pmatrix}=\begin{pmatrix} B_{11} & E \\ A_1B_{11}+B_{21} & A_1+B_{22} \end{pmatrix}$$

而

$$\begin{aligned} A_1B_{11}+B_{21} &= \begin{pmatrix} -1 & 2 \\ 1 & 1 \end{pmatrix}\begin{pmatrix} 1 & 0 \\ -1 & 2 \end{pmatrix}+\begin{pmatrix} 1 & 0 \\ -1 & -1 \end{pmatrix} \\ &= \begin{pmatrix} -3 & 4 \\ 0 & 2 \end{pmatrix}+\begin{pmatrix} 1 & 0 \\ -1 & -1 \end{pmatrix}=\begin{pmatrix} -2 & 4 \\ -1 & 1 \end{pmatrix} \end{aligned}$$

$$A_1+B_{22}=\begin{pmatrix} -1 & 2 \\ 1 & 1 \end{pmatrix}+\begin{pmatrix} 4 & 1 \\ 2 & 0 \end{pmatrix}=\begin{pmatrix} 3 & 3 \\ 3 & 1 \end{pmatrix}$$

于是
$$AB=\begin{pmatrix}1&0&1&0\\-1&2&0&1\\-2&4&3&3\\-1&1&3&1\end{pmatrix}$$

【例 2】 设 $A=\begin{pmatrix}2&0&3&4\\0&2&8&1\\0&0&9&6\end{pmatrix}$，$B=\begin{pmatrix}4&1&3&0\\6&5&0&3\\1&0&0&0\\0&1&0&0\end{pmatrix}$，用分块矩阵求 AB。

解 将 A，B 分块为

$$A=\left(\begin{array}{cc:cc}2&0&3&4\\0&2&8&1\\\hdashline 0&0&9&6\end{array}\right)=\begin{pmatrix}2E&A_1\\O&A_2\end{pmatrix},\ A_1=\begin{pmatrix}3&4\\8&1\end{pmatrix},\ A_2=(9,\ 6)$$

$$B=\left(\begin{array}{cc:cc}4&1&3&0\\6&5&0&3\\\hdashline 1&0&0&0\\0&1&0&0\end{array}\right)=\begin{pmatrix}B_1&3E\\E&O\end{pmatrix},\ B_1=\begin{pmatrix}4&1\\6&5\end{pmatrix}$$

$$AB=\begin{pmatrix}2E&A_1\\O&A_2\end{pmatrix}\begin{pmatrix}B_1&3E\\E&O\end{pmatrix}=\begin{pmatrix}A_1+2B_1&6E\\A_2&O\end{pmatrix}$$

而
$$A_1+2B_1=\begin{pmatrix}3&4\\8&1\end{pmatrix}+2\begin{pmatrix}4&1\\6&5\end{pmatrix}=\begin{pmatrix}11&6\\20&11\end{pmatrix}$$

得
$$AB=\begin{pmatrix}11&6&6&0\\20&11&0&6\\9&6&0&0\end{pmatrix}$$

(4) 分块矩阵的转置。

设矩阵 A 的分块矩阵为 $A=\begin{pmatrix}A_{11}&A_{12}&\cdots&A_{1r}\\A_{21}&A_{22}&\cdots&A_{2r}\\\cdots&\cdots&\cdots&\cdots\\A_{s1}&A_{s2}&\cdots&A_{sr}\end{pmatrix}$，则

$$A^{T}=\begin{pmatrix}A_{11}^{T}&A_{21}^{T}&\cdots&A_{s1}^{T}\\A_{12}^{T}&A_{22}^{T}&\cdots&A_{s2}^{T}\\\cdots&\cdots&\cdots&\cdots\\A_{1r}^{T}&A_{2r}^{T}&\cdots&A_{sr}^{T}\end{pmatrix}$$

(5) 分块对角阵的逆矩阵。

$\boldsymbol{A}$ 为方阵，若 $\boldsymbol{A}$ 的分块矩阵的特征是：主对角线上的子矩阵都是方阵，其余子矩阵都是零矩阵，即

$$\boldsymbol{A}=\begin{pmatrix}\boldsymbol{A}_1 & \boldsymbol{O} & \cdots & \boldsymbol{O}\\ \boldsymbol{O} & \boldsymbol{A}_2 & \cdots & \boldsymbol{O}\\ \cdots & \cdots & \cdots & \cdots\\ \boldsymbol{O} & \boldsymbol{O} & \cdots & \boldsymbol{A}_r\end{pmatrix}\text{，或简记为 }\boldsymbol{A}=\begin{pmatrix}\boldsymbol{A}_1 & & & \\ & \boldsymbol{A}_2 & & \\ & & \ddots & \\ & & & \boldsymbol{A}_n\end{pmatrix}\qquad(2-9)$$

其中，$\boldsymbol{A}_i(i=1, 2, \cdots, r)$都是方阵，称这种形式的分块矩阵为分块对角阵。

分块对角阵(2-9)的行列式具有下列性质：

$$|\boldsymbol{A}|=|\boldsymbol{A}_1||\boldsymbol{A}_2|\cdots|\boldsymbol{A}_r|$$

由此可见，$|\boldsymbol{A}|\neq 0$ 的充分必要条件是 $|\boldsymbol{A}_i|\neq 0(i=1, 2, \cdots, r)$

容易证明

$$\boldsymbol{A}^{-1}=\begin{pmatrix}\boldsymbol{A}_1^{-1} & & & \\ & \boldsymbol{A}_2^{-1} & & \\ & & \ddots & \\ & & & \boldsymbol{A}_r^{-1}\end{pmatrix},\ \boldsymbol{A}^{k}=\begin{pmatrix}\boldsymbol{A}_1^{k} & & & \\ & \boldsymbol{A}_2^{k} & & \\ & & \ddots & \\ & & & \boldsymbol{A}_r^{k}\end{pmatrix}$$

【例 3】 设 $\boldsymbol{A}=\begin{pmatrix}2 & 0 & 0 & 0\\ 0 & 3 & 4 & 0\\ 0 & -1 & -1 & 0\\ 0 & 0 & 0 & 9\end{pmatrix}$，求 $\boldsymbol{A}^{-1}$

解 将 $\boldsymbol{A}$ 分块成

$$\boldsymbol{A}=\left(\begin{array}{c:cc:c}2 & 0 & 0 & 0\\ \hdashline 0 & 3 & 4 & 0\\ 0 & -1 & -1 & 0\\ \hdashline 0 & 0 & 0 & 9\end{array}\right)=\begin{pmatrix}\boldsymbol{A}_1 & \boldsymbol{O} & \boldsymbol{O}\\ \boldsymbol{O} & \boldsymbol{A}_2 & \boldsymbol{O}\\ \boldsymbol{O} & \boldsymbol{O} & \boldsymbol{A}_3\end{pmatrix}$$

其中

$$A_1=(2),\quad A_2=\begin{pmatrix}3&4\\-1&-1\end{pmatrix},\quad A_3=(9)$$

而
$$A_1^{-1}=\left(\frac{1}{2}\right),\quad A_2^{-1}=\begin{pmatrix}-1&-4\\1&3\end{pmatrix},\quad A_3^{-1}=\left(\frac{1}{9}\right)$$

于是

$$A^{-1}=\begin{pmatrix}A_1^{-1}&O&O\\O&A_2^{-1}&O\\O&O&A_3^{-1}\end{pmatrix}=\begin{pmatrix}\frac{1}{2}&0&0&0\\0&-1&-4&0\\0&1&3&0\\0&0&0&\frac{1}{9}\end{pmatrix}$$

习 题 2-4

1. 对于矩阵 $A=\begin{pmatrix}a_{11}&a_{12}&a_{13}&a_{14}&a_{15}\\a_{21}&a_{22}&a_{23}&a_{24}&a_{25}\\a_{31}&a_{32}&a_{33}&a_{34}&a_{35}\\a_{41}&a_{42}&a_{43}&a_{44}&a_{45}\end{pmatrix}$，写出其两种分块矩阵形式。

2. 按指定分块的方法，用分块矩阵乘法求下列矩阵的乘积。

(1) $\left(\begin{array}{cc:c}2&-1&0\\1&3&-1\\\hdashline 0&2&1\end{array}\right)\left(\begin{array}{cc}1&0\\2&1\\\hdashline 0&1\end{array}\right)$ (2) $\left(\begin{array}{cc:cc}a&0&0&0\\0&a&0&0\\\hdashline 1&0&b&0\\0&1&0&b\end{array}\right)\left(\begin{array}{cc:cc}1&0&c&0\\0&1&0&c\\\hdashline 1&0&d&0\\0&1&0&d\end{array}\right)$

3. 用矩阵的分块方法计算 AB。

其中，$A=\begin{pmatrix}4&-5&7&0&0\\-1&2&6&0&0\\-3&1&8&0&0\\0&0&0&5&0\\0&0&0&0&5\end{pmatrix}$，$B=\begin{pmatrix}3&0&0&0&0\\0&3&0&0&0\\0&0&3&0&0\\0&0&0&-1&3\\0&0&0&9&4\end{pmatrix}$。

4. 取 $A=B=-C=D=\begin{pmatrix}1&0\\0&1\end{pmatrix}$，验证：$\begin{vmatrix}A&B\\C&D\end{vmatrix}\neq\begin{vmatrix}|A|&|B|\\|C|&|D|\end{vmatrix}$。

5. 用矩阵分块的方法求下列矩阵的逆矩阵。

(1) $\begin{pmatrix} 5 & 2 & 0 & 0 \\ 2 & 1 & 0 & 0 \\ 0 & 0 & 8 & 3 \\ 0 & 0 & 5 & 2 \end{pmatrix}$　　(2) $\begin{pmatrix} 1 & 2 & 0 & 0 \\ 1 & 3 & 0 & 0 \\ 0 & 0 & 2 & 1 \\ 0 & 0 & -1 & 4 \end{pmatrix}$

6. 利用矩阵分块的方法求 $\boldsymbol{A}^2$，$\boldsymbol{A}^{-1}$。

(1) $\begin{pmatrix} 1 & 0 & 0 \\ 0 & 1 & 0 \\ 0 & -2 & 1 \end{pmatrix}$　　(2) $\begin{pmatrix} 2 & 1 & 0 & 0 \\ 0 & 2 & 0 & 0 \\ 0 & 0 & 3 & 1 \\ 0 & 0 & 0 & 3 \end{pmatrix}$

7. 设 $\boldsymbol{A}$ 是可逆方阵，证明下列等式。

(1) $\begin{pmatrix} \boldsymbol{A} & \boldsymbol{E} \\ \boldsymbol{E} & \boldsymbol{A}^{-1} \end{pmatrix}\begin{pmatrix} \boldsymbol{A}^{-1} & \boldsymbol{E} \\ \boldsymbol{E} & \boldsymbol{A} \end{pmatrix}=2\begin{pmatrix} \boldsymbol{E} & \boldsymbol{A} \\ \boldsymbol{A}^{-1} & \boldsymbol{E} \end{pmatrix}$　(2) $\begin{pmatrix} \boldsymbol{A} & \boldsymbol{O} \\ \boldsymbol{E} & \boldsymbol{A}^{-1} \end{pmatrix}\begin{pmatrix} \boldsymbol{A}^{-1} & \boldsymbol{E} \\ \boldsymbol{O} & \boldsymbol{A} \end{pmatrix}=\begin{pmatrix} \boldsymbol{E} & \boldsymbol{A} \\ \boldsymbol{A}^{-1} & 2\boldsymbol{E} \end{pmatrix}$

第五节　矩阵的初等变换

在计算行列式时，应用行列式的性质可以简化行列式的计算，把行列式的某些性质引用到矩阵上就是矩阵的初等变换。矩阵的初等变换是矩阵的十分重要的运算，它在求解线性方程组及矩阵理论的研究中起到重要的作用。

一、矩阵的初等变换的概念

定义 1　矩阵的下列三种变换称为矩阵的初等行(列)变换：

(1) 交换矩阵的两行(列)。

(2) 矩阵某一行(列)的元素都乘以同一个非零数 k。

(3) 将矩阵某一行(列)的元素同乘以一个数 k 并加到另一行(列)的对应元素上去。

类似于计算行列式时所用的符号，我们用 $r_i \leftrightarrow r_j$ ($c_i \leftrightarrow c_j$)表示矩阵的第 i 行(列)与第 j 行(列)相互交换；用 kr_i(kc_i)($k\neq 0$)表示矩阵的第 i 行(列)元素都乘以一个非零数 k；用 r_j+kr_i(c_j+kc_i)表示该矩阵的第 i 行(列)的元素都乘以一个数 k 并加到第 j 行(列)的对应元素上去。

矩阵的初等行变换、初等列变换统称为矩阵的初等变换。

矩阵 $\boldsymbol{A}$ 经过初等变换后化为矩阵 $\boldsymbol{B}$，记为 $\boldsymbol{A}\rightarrow\boldsymbol{B}$，所用的初等变换写在箭线的上方或下方。

注：为方便起见，符号 $r_j+(-k)r_i$，$(-k)r_i$，$c_j+(-k)c_i$，$(-k)c_i$，简记为 r_j-kr_i，$-kr_i$，c_j-kc_i，$-kc_i$。

【例 1】 对矩阵 $\boldsymbol{A}=\begin{pmatrix}2&0&6&4\\2&12&-2&12\\1&3&1&4\end{pmatrix}$ 施以初等行变换。

解

$$\boldsymbol{A}=\begin{pmatrix}2&0&6&4\\2&12&-2&12\\1&3&1&4\end{pmatrix}\xrightarrow{r_1\leftrightarrow r_3}\begin{pmatrix}1&3&1&4\\2&12&-2&12\\2&0&6&4\end{pmatrix}$$

$$\xrightarrow[r_3-2r_1]{r_2-2r_1}\begin{pmatrix}1&3&1&4\\0&6&-4&4\\0&-6&4&-4\end{pmatrix}\xrightarrow{r_3+r_2}\begin{pmatrix}1&3&1&4\\0&6&-4&4\\0&0&0&0\end{pmatrix}=\boldsymbol{B}$$

依其形状的特征，这里的矩阵 $\boldsymbol{B}$ 称为行阶梯形矩阵。一般地，有如下定义。

定义 2 满足下列两个条件的矩阵称为行阶梯形矩阵：

(1) 如果矩阵有零行(即元素全为零的行)，那么零行在非零行(即元素不全为零的行，如果非零行存在时)的下方。

(2) 如果矩阵有非零行，那么各个非零行的从左到右的第一个非零元素(称为首非零元)的列标随着行标的递增而严格增大。

例如，矩阵

$$\begin{pmatrix}0&0&0&0\\0&0&0&0\\0&0&0&0\\0&0&0&0\end{pmatrix},\begin{pmatrix}0&3&2&0\\0&0&-2&3\\0&0&0&0\end{pmatrix},\begin{pmatrix}1&2&0&0&3\\0&2&-4&0&1\\0&0&0&2&3\\0&0&0&0&0\end{pmatrix},(-2\quad 0\quad 1\quad 3)$$

都是行阶梯形矩阵，而矩阵

$$\begin{pmatrix}1&2&4&0\\0&0&2&1\\0&3&0&-3\\0&0&0&0\end{pmatrix},\begin{pmatrix}1&2&-1&3\\0&6&4&8\\0&3&8&1\\0&0&0&0\end{pmatrix},\begin{pmatrix}4&-1&3&4\\0&0&0&0\\0&1&5&6\\0&0&0&0\end{pmatrix}$$

都不是行阶梯形矩阵。

对于[例 1]中矩阵 $\boldsymbol{B}=\begin{pmatrix}1&3&1&4\\0&6&-4&4\\0&0&0&0\end{pmatrix}$，再施以初等行变换：

$$B=\begin{pmatrix}1&3&1&4\\0&6&-4&4\\0&0&0&0\end{pmatrix}\xrightarrow{\frac{1}{6}r_2}\begin{pmatrix}1&3&1&4\\0&1&-\frac{2}{3}&\frac{2}{3}\\0&0&0&0\end{pmatrix}\xrightarrow{r_1-3r_2}\begin{pmatrix}1&0&3&2\\0&1&-\frac{2}{3}&\frac{2}{3}\\0&0&0&0\end{pmatrix}=C$$

依其形状的特征，这里的矩阵 C 称为行最简阶梯形矩阵。一般地，有如下定义。

定义 3 如果行阶梯形矩阵满足下列两个条件，则称其为行最简阶梯形矩阵：

(1) 非零行的首非零元都是 1。

(2) 首非零元所在列的其余元素都是零。

如果对上述矩阵 C 再施以初等列变换，可得

$$C=\begin{pmatrix}1&0&3&2\\0&1&-\frac{2}{3}&\frac{2}{3}\\0&0&0&0\end{pmatrix}\xrightarrow[\substack{c_3+\frac{2}{3}c_2\\ c_4-\frac{2}{3}c_2}]{\substack{c_3-3c_1\\ c_4-2c_1}}\begin{pmatrix}1&0&0&0\\0&1&0&0\\0&0&0&0\end{pmatrix}=D$$

依其形状的特征，这里的矩阵 D 称为标准形矩阵。一般地，有如下定义。

定义 4 $m\times n$ 矩阵 D 的左上角是一个单位矩阵，其余元素全为零。用分块矩阵表示，即为

$$D=\begin{pmatrix}E_r & O_{r\times(n-r)}\\ O_{(m-r)\times r} & O_{(m-r)\times(n-r)}\end{pmatrix}$$

则称矩阵 D 为标准形矩阵。

定理 4 任意一个矩阵 $A=(a_{ij})_{m\times n}$ 都能经过有限次初等变换化为标准形矩阵。

证明 如果矩阵 A 的所有元素 a_{ij} 都等于 0，则 A 是零矩阵，已经是标准形矩阵。如果至少有一个元素不等于 0，不妨设 $a_{11}\neq 0$(否则总可通过第一种初等变换，使左上角元素不等于 0)。以 $-a_{i1}/a_{11}$ 乘第一行加至第 i 行上($i=2, 3, \cdots, m$)，以 $-a_{1j}/a_{11}$ 乘所得矩阵的第一列加至第 j 列上($i=2, 3, \cdots, n$)，然后以 $1/a_{11}$ 乘第一行，于是，矩阵 A 化为

$$\begin{pmatrix}E_1 & O_{1\times(n-1)}\\ O_{(m-1)\times 1} & B_1\end{pmatrix}$$

如果 $B_1=O$，则矩阵 A 已化为标准形矩阵，否则按上述方法对矩阵 B_1 继续进行下去，可证得结论。

推论 任意一个矩阵 $\boldsymbol{A}$ 都可以经过有限次初等行变换化为行阶梯形矩阵，并进而化为行最简阶梯形矩阵。

【例 2】 将矩阵 $\boldsymbol{A}=\begin{pmatrix}2&1&2&3\\4&1&3&5\\2&0&1&2\end{pmatrix}$ 化为行阶梯形矩阵 $\boldsymbol{B}_1$，行最简阶梯形矩阵 $\boldsymbol{B}_2$ 及标准形矩阵 $\boldsymbol{B}_3$。

解
$$\boldsymbol{A}\xrightarrow[r_3-r_1]{r_2-2r_1}\begin{pmatrix}2&1&2&3\\0&-1&-1&-1\\0&-1&-1&-1\end{pmatrix}\xrightarrow{r_3-r_2}\begin{pmatrix}2&1&2&3\\0&-1&-1&-1\\0&0&0&0\end{pmatrix}=\boldsymbol{B}_1$$

$$\boldsymbol{A}\longrightarrow\boldsymbol{B}_1\xrightarrow[-r_2]{\frac{1}{2}r_1}\begin{pmatrix}1&\frac{1}{2}&1&\frac{3}{2}\\0&1&1&1\\0&0&0&0\end{pmatrix}\xrightarrow{r_1-\frac{1}{2}r_2}\begin{pmatrix}1&0&\frac{1}{2}&1\\0&1&1&1\\0&0&0&0\end{pmatrix}=B_2$$

$$\boldsymbol{A}\longrightarrow\boldsymbol{B}_2\xrightarrow[c_3-c_2,\ c_4-c_2]{c_3-\frac{1}{2}c_1,\ c_4-c_1}\begin{pmatrix}1&0&0&0\\0&4&0&0\\0&0&0&0\end{pmatrix}=\boldsymbol{B}_3$$

定理 5 如果 $\boldsymbol{A}$ 为 n 阶可逆矩阵，则矩阵 $\boldsymbol{A}$ 经过有限次初等行变换可化为 n 阶单位矩阵。

证明 对方阵 $\boldsymbol{A}$ 施行初等行变换化为方阵 $\boldsymbol{C}$，那么方阵 $\boldsymbol{C}$ 的行列式 $|\boldsymbol{C}|=-|\boldsymbol{A}|$ 或 $|\boldsymbol{C}|=k|\boldsymbol{A}|$ $(k\neq 0)$ 或 $|\boldsymbol{C}|=|\boldsymbol{A}|$。所以 $|\boldsymbol{A}|\neq 0$ 时，$|\boldsymbol{C}|\neq 0$。

对方阵 $\boldsymbol{A}$ 施以初等行变换化为行阶梯形矩阵 $\boldsymbol{B}$。因为 $\boldsymbol{A}$ 是可逆矩阵。所以 $|\boldsymbol{A}|\neq 0$，从而 $|\boldsymbol{B}|\neq 0$，那么行阶梯形矩阵 $\boldsymbol{B}$ 的行列式是上三角形行列式，其主对角线上元素均不等于零。对方阵 $\boldsymbol{B}$ 再施以初等行变换将其每行第一个非零元素化为 1，即

$$\boldsymbol{A}\longrightarrow\begin{pmatrix}1&b_{12}&b_{13}&\cdots&b_{1n}\\0&1&b_{23}&\cdots&b_{2n}\\\cdots&\cdots&\cdots&\cdots&\cdots\\0&0&0&&1\end{pmatrix}$$

然后，从第 n 行开始，由下向上再施以初等行变换，将首非零元 1 所在列的其他元素均化为零，得行最简阶梯形矩阵，即为单位矩阵 $\boldsymbol{E}_n$，也即为可逆矩阵 $\boldsymbol{A}$ 的标准形矩阵。

二、初等矩阵

定义 5 对单位矩阵 $\boldsymbol{E}$ 施以一次初等变换得到的矩阵分别称为初等矩阵。三种初等变换分别对应着三种初等矩阵。

(1) 由 n 阶单位矩阵 $\boldsymbol{E}$ 的第 i 行(列)与第 j 行(列)互换得到的矩阵，记为 $E_n(i, j)$，简记为 $\boldsymbol{E}(i, j)$，即

$$E(i, j)=\begin{pmatrix}1 &&&&&& \\ & \ddots &&&&& \\ && 0 & \cdots & 1 && \\ && \vdots\ 1 && \vdots && \\ && \vdots & \ddots & \vdots && \\ && \vdots & 1 & \vdots && \\ && 1 & \cdots & 0 && \\ &&&&& \ddots & \\ &&&&&& 1\end{pmatrix}\begin{matrix} \\ \\ i\text{行} \\ \\ \\ \\ j\text{行} \\ \\ \\ \end{matrix} \qquad (2-10)$$

i 列 j 列

(2) 由 n 阶单位矩阵 $\boldsymbol{E}$ 的第 i 行(列)乘以非零数 k 得到的矩阵，记为 $E_n(i(k))$，简记为 $\boldsymbol{E}(i(k))$，即

$$\boldsymbol{E}(i(k))=\begin{pmatrix}1 &&&& \\ & \ddots &&& \\ && k && \\ &&& \ddots & \\ &&&& 1\end{pmatrix}\begin{matrix} \\ \\ i\text{行} \\ \\ \\ \end{matrix} \qquad (2-11)$$

i 列

(3) 由 n 单位矩阵 $\boldsymbol{E}$ 的第 i 行乘以数 k 加到第 j 行上，或 $\boldsymbol{E}$ 的第 j 列乘以数 k 加到第 i 列得到的矩阵，记为 $E_n(j, i(k))$，简记为 $\boldsymbol{E}(j, i(k))$，即

$$\boldsymbol{E}(j, i(k))=\begin{pmatrix}1 &&&&& \\ & \ddots &&&& \\ && 1 &&& \\ && \vdots & \ddots && \\ && k & \cdots & 1 & \\ &&&&\ddots & \\ &&&&& 1\end{pmatrix}\begin{matrix} \\ \\ i\text{行} \\ \\ j\text{行} \\ \\ \\ \end{matrix} \qquad (2-12)$$

i 列 j 列

初等矩阵有下列基本性质：

(1) $\boldsymbol{E}(i,\ j)^{-1}=\boldsymbol{E}(i,\ j)$；$\boldsymbol{E}(i(k))^{-1}=\boldsymbol{E}(i(k^{-1}))$；

$\boldsymbol{E}(j,\ i(k))^{-1}=\boldsymbol{E}(j,\ i(-k))$。

(2) $|\boldsymbol{E}(i,\ j)|=-1$；$|\boldsymbol{E}(i(k))|=k$；$|\boldsymbol{E}(j,\ i(k))|=1$。

定理 6 设 $\boldsymbol{A}$ 是一个 $m\times n$ 矩阵，对 $\boldsymbol{A}$ 施以一次初等行(列)变换，相当于同种的 $m(n)$ 阶初等矩阵左(右)乘矩阵 $\boldsymbol{A}$。

证明 现证明交换 $\boldsymbol{A}$ 的第 i 行与第 j 行等于用 $\boldsymbol{E}_m(i,\ j)$ 左乘 $\boldsymbol{A}$，将 $\boldsymbol{A}$ 与 $\boldsymbol{E}$ 按行分块为

$$\boldsymbol{A}=\begin{pmatrix}\boldsymbol{A}_1\\ \boldsymbol{A}_2\\ \vdots\\ \boldsymbol{A}_i\\ \vdots\\ \boldsymbol{A}_j\\ \vdots\\ \boldsymbol{A}_m\end{pmatrix},\ \boldsymbol{E}=\begin{pmatrix}\varepsilon_1\\ \varepsilon_2\\ \vdots\\ \varepsilon_i\\ \vdots\\ \varepsilon_j\\ \vdots\\ \varepsilon_m\end{pmatrix},\text{则}\ \boldsymbol{E}_m(i,\ j)\boldsymbol{A}=\begin{pmatrix}\varepsilon_1\\ \varepsilon_2\\ \vdots\\ \varepsilon_j\\ \vdots\\ \varepsilon_i\\ \vdots\\ \varepsilon_m\end{pmatrix}\boldsymbol{A}=\begin{pmatrix}\varepsilon_1\boldsymbol{A}\\ \varepsilon_2\boldsymbol{A}\\ \vdots\\ \varepsilon_j\boldsymbol{A}\\ \vdots\\ \varepsilon_i\boldsymbol{A}\\ \vdots\\ \varepsilon_m\boldsymbol{A}\end{pmatrix}=\begin{pmatrix}\boldsymbol{A}_1\\ \boldsymbol{A}_2\\ \vdots\\ \boldsymbol{A}_j\\ \vdots\\ \boldsymbol{A}_i\\ \vdots\\ \boldsymbol{A}_m\end{pmatrix}$$

其中，行矩阵 $\boldsymbol{A}_k=(a_{k1},\ a_{k2},\ \cdots,\ a_{kn})$；$\varepsilon_k$ 为行矩阵，第 k 列处元素为 1，其余元素均为 0，$k=1,\ 2,\ \cdots,\ m$。

由此可见，$\boldsymbol{E}_m(i,\ j)\boldsymbol{A}$ 恰好等于矩阵 $\boldsymbol{A}$ 的第 i 行与第 j 行互换得到的矩阵。

同理可证其他变换的情况。

例如，设$\boldsymbol{A}=\begin{pmatrix}3&0&1\\1&-1&2\\0&1&1\end{pmatrix}$，而

$$\boldsymbol{E}_3(1,\ 2)=\begin{pmatrix}0&1&0\\1&0&0\\0&0&1\end{pmatrix},\quad \boldsymbol{E}_3(3,\ 1(2))=\begin{pmatrix}1&0&0\\0&1&0\\2&0&1\end{pmatrix}$$

则
$$\boldsymbol{E}_3(1,\ 2)\boldsymbol{A}=\begin{pmatrix}0&1&0\\1&0&0\\0&0&1\end{pmatrix}\begin{pmatrix}3&0&1\\1&-1&2\\0&1&1\end{pmatrix}=\begin{pmatrix}1&-1&2\\3&0&1\\0&1&1\end{pmatrix}$$

即 $\boldsymbol{E}_3(1,\ 2)$左乘 $\boldsymbol{A}$，相当于交换矩阵 $\boldsymbol{A}$ 的第 1 行与第 2 行。

则
$$AE_3(3,1(2))=\begin{pmatrix}3&0&1\\1&-1&2\\0&1&1\end{pmatrix}\begin{pmatrix}1&0&0\\0&1&0\\2&0&1\end{pmatrix}=\begin{pmatrix}5&0&1\\5&-1&2\\2&1&1\end{pmatrix}$$

即 $\boldsymbol{E}_3(3,1(2))$右乘 $\boldsymbol{A}$，相当于将矩阵 $\boldsymbol{A}$ 的第 3 列乘 2 加到第 1 列。

由定理 5 和定理 6 可知，对于可逆矩阵 $\boldsymbol{A}$，施以有限次初等行变换可将其化成单位矩阵，这相当于在方阵 $\boldsymbol{A}$ 的左边乘以有限个初等矩阵，即 $\boldsymbol{P}_s\cdots\boldsymbol{P}_2\boldsymbol{P}_1\boldsymbol{A}=\boldsymbol{E}$，故 $\boldsymbol{A}=(\boldsymbol{P}_s\cdots\boldsymbol{P}_2\boldsymbol{P}_1)^{-1}\boldsymbol{E}=\boldsymbol{P}_1^{-1}\boldsymbol{P}_2^{-1}\cdots\boldsymbol{P}_s^{-1}$。而初等矩阵的逆矩阵仍为初等矩阵，从而得如下定理。

定理 7　方阵 $\boldsymbol{A}$ 是可逆矩阵的充分必要条件是:$\boldsymbol{A}$ 可以表示为有限个初等矩阵的乘积。

三、应用初等变换求逆矩阵

在第三节中，给出矩阵 $\boldsymbol{A}$ 可逆的充分必要条件的同时，也给出了利用伴随矩阵求逆矩阵 $\boldsymbol{A}^{-1}$的一种方法——伴随矩阵法，即

$$\boldsymbol{A}^{-1}=\frac{1}{|\boldsymbol{A}|}\boldsymbol{A}^*$$

对于较高阶的矩阵，用伴随矩阵法求逆矩阵计算量太大，下面介绍用初等变换求逆矩阵的方法。

我们知道，对于 n 阶可逆矩阵 $\boldsymbol{A}$，施以若干初等行变换可化为 n 阶单位矩阵，即存在初等矩阵 $\boldsymbol{P}_1$，$\boldsymbol{P}_2$，…，$\boldsymbol{P}_s$。使

$$\boldsymbol{P}_s\cdots\boldsymbol{P}_2\boldsymbol{P}_1\boldsymbol{A}=\boldsymbol{E} \tag{2-13}$$

(2－13)两端右乘 $\boldsymbol{A}^{-1}$，得

$$\boldsymbol{P}_s\cdots\boldsymbol{P}_2\boldsymbol{P}_1\boldsymbol{A}\boldsymbol{A}^{-1}=\boldsymbol{E}\boldsymbol{A}^{-1}$$

即

$$\boldsymbol{P}_s\cdots\boldsymbol{P}_2\boldsymbol{P}_1\boldsymbol{E}=\boldsymbol{A}^{-1} \tag{2-14}$$

(2－13)和(2－14)指出，将可逆矩阵 $\boldsymbol{A}$ 用行初等变换化为单位矩阵时，单位矩阵 $\boldsymbol{E}$ 在相同的初等行变换下化为 $\boldsymbol{A}^{-1}$，由此，得到用矩阵的初等行变换求逆矩阵的方法及步骤如下：

(1) 构作 $n\times 2n$ 矩阵($\boldsymbol{AE}$)，为清晰起见，可记为($\boldsymbol{A}\vdots\boldsymbol{E}$)。

(2) 对($\boldsymbol{A}\vdots\boldsymbol{E}$)施以初等行变换，将其化为($\boldsymbol{E}\vdots\boldsymbol{B}$)，即

$$(\boldsymbol{A} \vdots \boldsymbol{E}) \xrightarrow{\text{初等行变换}} (\boldsymbol{E} \vdots \boldsymbol{B}) \tag{2-15}$$

那么 $\boldsymbol{B}$ 即为 $\boldsymbol{A}$ 的逆矩阵 $\boldsymbol{A}^{-1}$。

对于矩阵方程 $\boldsymbol{AX}=\boldsymbol{B}$，如果 $\boldsymbol{A}$ 是可逆矩阵，则 $\boldsymbol{X}=\boldsymbol{A}^{-1}\boldsymbol{B}$。

可用如下方法用矩阵的初等行变换求解 $\boldsymbol{A}^{-1}\boldsymbol{B}$。

$$(\boldsymbol{A} \vdots \boldsymbol{B}) \xrightarrow{\text{初等行变换}} (\boldsymbol{E} \vdots \boldsymbol{A}^{-1}\boldsymbol{B}) \tag{2-16}$$

同理，求解矩阵方程 $\boldsymbol{XA}=\boldsymbol{B}$，等价于计算矩阵 $\boldsymbol{BA}^{-1}$，亦可利用初等列变换求矩阵 $\boldsymbol{BA}^{-1}$，即

$$\begin{pmatrix} \boldsymbol{A} \\ \cdots \\ \boldsymbol{B} \end{pmatrix} \xrightarrow{\text{初等列变换}} \begin{pmatrix} \boldsymbol{E} \\ \cdots \\ \boldsymbol{BA}^{-1} \end{pmatrix} \tag{2-17}$$

【例 3】 设 $\boldsymbol{A}=\begin{pmatrix} 1 & 2 & 3 \\ 2 & 2 & 1 \\ 3 & 4 & 3 \end{pmatrix}$，用矩阵的初等行变换求 $\boldsymbol{A}^{-1}$。

解 $(\boldsymbol{A} \vdots \boldsymbol{E}) = \left(\begin{array}{ccc:ccc} 1 & 2 & 3 & 1 & 0 & 0 \\ 2 & 2 & 1 & 0 & 1 & 0 \\ 3 & 4 & 3 & 0 & 0 & 1 \end{array}\right) \xrightarrow[r_3-3r_1]{r_2-2r_1} \left(\begin{array}{ccc:ccc} 1 & 2 & 3 & 1 & 0 & 0 \\ 0 & -2 & -5 & -2 & 1 & 0 \\ 0 & -2 & -6 & -3 & 0 & 1 \end{array}\right)$

$$\xrightarrow[r_3-r_2]{r_1+r_2} \left(\begin{array}{ccc:ccc} 1 & 0 & -2 & -1 & 1 & 0 \\ 0 & -2 & -5 & -2 & 1 & 0 \\ 0 & 0 & -1 & -1 & -1 & 1 \end{array}\right)$$

$$\xrightarrow[r_2-5r_2]{r_1-2r_3} \left(\begin{array}{ccc:ccc} 1 & 0 & 0 & 1 & 3 & -2 \\ 0 & -2 & 0 & 3 & 6 & -5 \\ 0 & 0 & -1 & -1 & -1 & 1 \end{array}\right)$$

$$\xrightarrow[-r_3]{-\frac{1}{2}r_2} \left(\begin{array}{ccc:ccc} 1 & 0 & 0 & 1 & 3 & -2 \\ 0 & 1 & 0 & -\frac{3}{2} & -3 & \frac{5}{2} \\ 0 & 0 & 1 & 1 & 1 & -1 \end{array}\right)$$

所以

$$\boldsymbol{A}^{-1} = \begin{pmatrix} 1 & 3 & -2 \\ -\frac{3}{2} & -3 & \frac{5}{2} \\ 1 & 1 & -1 \end{pmatrix}$$

【例 4】 求解矩阵方程 $\boldsymbol{AX}=\boldsymbol{A}+\boldsymbol{X}$，其中 $\boldsymbol{A}=\begin{pmatrix}2&2&0\\2&1&3\\0&1&0\end{pmatrix}$。

解 把所给矩阵方程变形为 $(\boldsymbol{A}-\boldsymbol{E})\boldsymbol{X}=\boldsymbol{A}$，则 $\boldsymbol{X}=(\boldsymbol{A}-\boldsymbol{E})^{-1}\boldsymbol{A}$。应用(2-16)得

$$(\boldsymbol{A}-\boldsymbol{E}\vdots\boldsymbol{A})=\left(\begin{array}{ccc:ccc}1&2&0&2&2&0\\2&0&3&2&1&3\\0&1&-1&0&1&0\end{array}\right)\xrightarrow[r_2\leftrightarrow r_3]{r_2-2r_1}\left(\begin{array}{ccc:ccc}1&2&0&2&2&0\\0&1&-1&0&1&0\\0&-4&3&-2&-3&3\end{array}\right)$$

$$\xrightarrow[-r_3]{r_3+4r_2}\left(\begin{array}{ccc:ccc}1&2&0&2&2&0\\0&1&-1&0&1&0\\0&0&1&2&-1&-3\end{array}\right)$$

$$\xrightarrow{r_2+r_3}\left(\begin{array}{ccc:ccc}1&2&0&2&2&0\\0&1&0&2&0&-3\\0&0&1&2&-1&-3\end{array}\right)$$

$$\xrightarrow{r_1-2r_2}\left(\begin{array}{ccc:ccc}1&0&0&-2&2&6\\0&1&0&2&0&-3\\0&0&1&2&-1&-3\end{array}\right)$$

即得 $\boldsymbol{X}=\begin{pmatrix}-2&2&6\\2&0&-3\\2&-1&-3\end{pmatrix}$。

习 题 2-5

1. 将下列矩阵化为行阶梯形矩阵。

(1) $\begin{pmatrix}-1&7&4&5\\-2&10&2&3\\0&4&6&7\\1&1&8&9\end{pmatrix}$　　(2) $\begin{pmatrix}2&0&1&3\\0&-1&-5&5\\2&1&8&3\\2&-2&-17&-7\end{pmatrix}$

(3) $\begin{pmatrix}1&5&3&-7\\1&1&-1&3\\1&6&4&-8\\5&13&3&-23\end{pmatrix}$　　(4) $\begin{pmatrix}1&1&7&5\\1&1&11&12\\1&2&7&13\\1&1&3&-2\end{pmatrix}$

2. 将下列矩阵化为行最简阶梯形矩阵。

(1) $\begin{pmatrix} 2 & 1 & 2 & 3 \\ 4 & 1 & 3 & 5 \\ 2 & 0 & 1 & 2 \end{pmatrix}$　　(2) $\begin{pmatrix} 2 & 4 & -2 & 0 \\ 1 & 0 & 1 & 2 \\ -3 & 1 & 5 & -3 \end{pmatrix}$

3. 将下列矩阵化为标准形。

(1) $\begin{pmatrix} 1 & -1 & 2 \\ 3 & -3 & 1 \\ -2 & 2 & -4 \end{pmatrix}$　　(2) $\begin{pmatrix} 1 & 0 & 2 & -1 \\ 2 & 0 & 3 & 1 \\ 3 & 0 & 4 & -3 \end{pmatrix}$

4. 用矩阵初等变换求下列矩阵的逆矩阵。

(1) $\begin{pmatrix} 2 & 2 & 3 \\ 1 & -1 & 0 \\ -1 & 2 & 1 \end{pmatrix}$　　(2) $\begin{pmatrix} 1 & 0 & 2 \\ 2 & -1 & 3 \\ 4 & 1 & 8 \end{pmatrix}$

5. 用矩阵初等变换求解下列矩阵方程。

(1) $\begin{pmatrix} 1 & 0 & 4 \\ 2 & 1 & 6 \\ 0 & 1 & -1 \end{pmatrix}\boldsymbol{X}=\begin{pmatrix} 2 \\ 0 \\ 1 \end{pmatrix}$　　(2) $\begin{pmatrix} 2 & 2 & 3 \\ 1 & -1 & 0 \\ -1 & 2 & 1 \end{pmatrix}\boldsymbol{X}=\begin{pmatrix} 4 & 2 & 3 \\ 1 & 1 & 0 \\ -1 & 2 & 3 \end{pmatrix}$

第六节　矩阵的秩

一、矩阵秩的概念

矩阵秩的概念是讨论向量组的线性相关性、线性方程组解的存在性等问题的重要工具。在本节中，我们首先利用行列式来定义矩阵的秩，然后给出利用矩阵的初等行变换求矩阵秩的方法。

定义 1　在 $m\times n$ 矩阵 $\boldsymbol{A}$ 中，任取 k 行 k 列($k\leqslant\min(m, n)$)，位于这些行、列交叉处的 k^2 个元素，按它们在 $\boldsymbol{A}$ 中所处的位置次序而得到的 k 阶行列式，称为矩阵 $\boldsymbol{A}$ 的一个 k 阶子式。

显然，$m\times n$ 矩阵 $\boldsymbol{A}$ 的 k 阶子式共有 $C_m^k\cdot C_n^k$个。

例如，设矩阵 $\boldsymbol{A}=\begin{pmatrix} 1 & 3 & 4 & 5 \\ -1 & 0 & 2 & 3 \\ 0 & 1 & -1 & 0 \end{pmatrix}$，选取 $\boldsymbol{A}$ 的 1，3 行与 2，4 列，位于交叉

处的 4 个元素构成 $\boldsymbol{A}$ 的二阶子式为 $\begin{vmatrix} 3 & 5 \\ 1 & 0 \end{vmatrix} = -5$；选取 $\boldsymbol{A}$ 的 1，2，3 行与 1，3，4 列，位于交叉处的 9 个元素，构成 $\boldsymbol{A}$ 的一个三阶子式 $\begin{vmatrix} 1 & 4 & 5 \\ -1 & 2 & 3 \\ 0 & -1 & 0 \end{vmatrix} = 8$。

设 $\boldsymbol{A}$ 为 $m \times n$ 矩阵，当 $\boldsymbol{A} = \boldsymbol{O}$ 时，它的任何子式都为零；当 $\boldsymbol{A} \neq \boldsymbol{O}$ 时，它至少有一个元素不为零，即它至少有一个一阶子式不为零。再考虑二阶子式，若 $\boldsymbol{A}$ 中有一个二阶子式不为零，则往下考察三阶子式，如此进行下去，最后必达到 $\boldsymbol{A}$ 中至少有一个 r 阶子式不为零，而再没有比 r 更高阶的不为零的子式。这个不为零的子式的最高阶数 r 反映了矩阵 $\boldsymbol{A}$ 内在的重要特征。

定义 2 设 $\boldsymbol{A}$ 为 $m \times n$ 矩阵，如果存在 $\boldsymbol{A}$ 的 r 阶子式不为零，而任何 $r+1$ 阶子式(如果存在时)皆为零，则称数 r 为矩阵 $\boldsymbol{A}$ 的秩，记作 $R(\boldsymbol{A}) = r$。

规定零矩阵的秩等于零。

【例 1】 求矩阵 $A = \begin{pmatrix} 1 & 5 & 0 \\ 3 & 1 & -1 \\ 2 & -4 & -1 \end{pmatrix}$ 的秩 $R(\boldsymbol{A})$。

解 在 $\boldsymbol{A}$ 中，$\begin{vmatrix} 1 & 5 \\ 3 & 1 \end{vmatrix} \neq 0$，而 $\boldsymbol{A}$ 的三阶子式只有一个 $|\boldsymbol{A}|$，且

$$|\boldsymbol{A}| = \begin{vmatrix} 1 & 5 & 0 \\ 3 & 1 & -1 \\ 2 & -4 & -1 \end{vmatrix} = 0，故 R(\boldsymbol{A}) = 2。$$

显然，矩阵的秩具有下列性质：

(1) 若矩阵 $\boldsymbol{A}$ 中有某个 s 阶子式不为 0，则 $R(\boldsymbol{A}) \geqslant s$。

(2) 若矩阵 $\boldsymbol{A}$ 中所有 t 阶子式全为 0，则 $R(\boldsymbol{A}) < t$。

(3) 若 $\boldsymbol{A}$ 为 $m \times n$ 矩阵，则 $0 \leqslant R(\boldsymbol{A}) \leqslant \min\{m, n\}$。

(4) $R(\boldsymbol{A}^{\mathrm{T}}) = R(\boldsymbol{A})$。

定义 3 设 $\boldsymbol{A}$ 为 $m \times n$ 矩阵，如果 $r(\boldsymbol{A}) = \min\{m, n\}$ 时，则称矩阵 $\boldsymbol{A}$ 为满秩矩阵，否则称其为降秩矩阵。

例如，矩阵 $\boldsymbol{A} = \begin{pmatrix} 1 & 3 & 4 & 5 \\ 0 & 1 & 0 & 3 \\ 0 & 0 & 1 & 0 \end{pmatrix}$ 是 3×4 矩阵，存在一个三阶子式 $\begin{vmatrix} 1 & 3 & 4 \\ 0 & 1 & 0 \\ 0 & 0 & 1 \end{vmatrix} = 1 \neq 0$，所以 $R(\boldsymbol{A}) = 3$，故 $\boldsymbol{A}$ 为满秩矩阵。

由定义 1 易得如下性质。

性质 方阵 $\boldsymbol{A}$ 是满秩矩阵的充分必要条件是 $|\boldsymbol{A}|\neq 0$。

二、矩阵秩的计算

按矩阵秩的定义，计算秩是非常麻烦的，为探索计算矩阵秩的简便的方法，先看下面一个例子。

【例 2】 求矩阵 $\boldsymbol{A}=\begin{pmatrix}8 & -1 & 0 & 5 & -3\\ 0 & 1 & 4 & 0 & 1\\ 0 & 0 & 0 & 4 & -3\\ 0 & 0 & 0 & 0 & 0\end{pmatrix}$ 的秩 $R(\boldsymbol{A})$。

解 因为矩阵 $\boldsymbol{A}$ 是 4×5 的一个行阶梯形矩阵，其非零行只有 3 行，故知 $\boldsymbol{A}$ 的所有四阶子式均为零；选 $\boldsymbol{A}$ 的 1、2、3 非零行与首非零元所在的 1、2、4 列，位于交叉处的 9 个元素构成一个 3 阶子式

$$\begin{vmatrix}8 & -1 & 5\\ 0 & 1 & 0\\ 0 & 0 & 4\end{vmatrix}=32\neq 0$$

所以 $R(\boldsymbol{A})=3$。

由[例 2]，一般地，有如下定理。

定理 8 行阶梯形矩阵 $\boldsymbol{A}$ 的秩等于其所含非零行的行数。

证明 设行阶梯形矩阵 $\boldsymbol{A}$ 的非零行的行数为 r，那么取矩阵 $\boldsymbol{A}$ 的 r 个非零行及 r 个首非零元所在的列，构成一个 r 阶子式 $\boldsymbol{D}$，该子式是以这 r 个非零元素为主对角线元素的一个上三角形行列式，所以 $\boldsymbol{D}\neq0$。

当 $k>r$ 时，$\boldsymbol{A}$ 的任何 k 阶子式(如果存在的话)均含有零行，从而均为零。故矩阵 $\boldsymbol{A}$ 的秩 $R(\boldsymbol{A})=r$。

由定理 8 可见，行阶梯形矩阵的秩非常容易求得，而任意矩阵均可经过有限次初等行变换化为行阶梯形矩阵，那么矩阵的初等行变换是否会改变矩阵的秩呢？有如下定理。

定理 9 如果矩阵 $\boldsymbol{A}$ 经过有限次初等行变换化为 $\boldsymbol{B}$，则 $R(\boldsymbol{A})=R(\boldsymbol{B})$。

证明 首先证明对 $\boldsymbol{A}$ 施以一次初等行变换化为矩阵 $\boldsymbol{B}$，则 $R(\boldsymbol{A})\leqslant R(\boldsymbol{B})$。

设 $R(\boldsymbol{A})=r$，则矩阵 $\boldsymbol{A}$ 有一个 r 阶子式 $\boldsymbol{D}_r\neq 0$，对 $\boldsymbol{A}$ 施以一次初等行行变换化为矩阵 $\boldsymbol{B}$，那么在 $\boldsymbol{B}$ 中可找到与 $\boldsymbol{D}_r$ 相应的 r 阶子式 $\widetilde{\boldsymbol{D}}_r$。

如果 $\boldsymbol{A}\xrightarrow{r_i\leftrightarrow r_j}\boldsymbol{B}$ 或 $\boldsymbol{A}\xrightarrow{kr_i}\boldsymbol{B}$，那么有 $\widetilde{\boldsymbol{D}}_r=\boldsymbol{D}_r$ 或 $\widetilde{\boldsymbol{D}}_r=-\boldsymbol{D}_r$ 或 $\widetilde{\boldsymbol{D}}_r=k\boldsymbol{D}_r$，所以 $\widetilde{\boldsymbol{D}}_r\neq 0$，从而 $R(\boldsymbol{B})\geqslant r$。

如果 $\boldsymbol{A}\xrightarrow{r_j+kr_i}\boldsymbol{B}$，分三种情况讨论：

(1) $\boldsymbol{D}_r$ 中不含 r_j 行，那么 $\widetilde{\boldsymbol{D}}_r=\boldsymbol{D}_r\neq 0$，于是 $R(\boldsymbol{B})\geqslant r$。

(2) $\boldsymbol{D}_r$ 中含 r_j 行，但不含 r_i 行，则

$$\widetilde{\boldsymbol{D}}_r=\begin{vmatrix}\cdots & \cdots & \cdots & \cdots & \cdots & \cdots & \cdots\\ \lambda_{jt_1}+ka_{it_1} & a_{jt_2}+ka_{it_2} & \cdots & a_{jt_r}+ka_{it_r} & & & \\ \cdots & \cdots & \cdots & \cdots & \cdots & \cdots & \cdots\end{vmatrix}\text{第 } j \text{ 行}$$

$$=\begin{vmatrix}\cdots & \cdots & \cdots & \cdots\\ a_{jt_1} & a_{jt_2} & \cdots & a_{jt_r}\\ \cdots & \cdots & \cdots & \cdots\end{vmatrix}+k\begin{vmatrix}\cdots & \cdots & \cdots & \cdots\\ a_{it_1} & a_{it_2} & \cdots & a_{it_r}\\ \cdots & \cdots & \cdots & \cdots\end{vmatrix}=\boldsymbol{D}_r+k\hat{\boldsymbol{D}}_r$$

其中，$\hat{\boldsymbol{D}}_r$ 经过适当的行对换，成为 $\boldsymbol{B}$ 的一个 r 阶子式，如 $\hat{\boldsymbol{D}}_r\neq 0$，于是 $R(\boldsymbol{B})\geqslant r$；如果 $\hat{\boldsymbol{D}}_r=0$，从而 $\widetilde{\boldsymbol{D}}_r=\boldsymbol{D}_r\neq 0$，于是 $R(\boldsymbol{B})\geqslant r$。

(3) $\boldsymbol{D}_r$ 中含 r_i 与 r_j 行，那么 $\widetilde{\boldsymbol{D}}_r=\boldsymbol{D}_r\neq 0$，于是 $R(\boldsymbol{B})\geqslant r$。

由此可见，对矩阵 $\boldsymbol{A}$ 施以一次初等行变换化为矩阵 $\boldsymbol{B}$，有 $R(\boldsymbol{A})\leqslant R(\boldsymbol{B})$。

其次，我们对矩阵 $\boldsymbol{B}$ 施以初等行变换：当矩阵 $\boldsymbol{A}$ 经过初等行变换 $r_i\leftrightarrow r_j$ 或 $kr_i(k\neq 0)$ 或 r_j+kr_i 化为 $\boldsymbol{B}$ 时，我们对矩阵 $\boldsymbol{B}$ 依次施以 $r_i\leftrightarrow r_j$ 或 $\frac{1}{k}r_i$ 或 r_j-kr_i 时，矩阵 $\boldsymbol{B}$ 均化为矩阵 $\boldsymbol{A}$。根据上述证明可知，$R(\boldsymbol{B})\leqslant R(\boldsymbol{A})$。

综上所证可得：矩阵 $\boldsymbol{A}$ 施以一次初等行变换化为 $\boldsymbol{B}$，则 $R(\boldsymbol{A})=R(\boldsymbol{B})$。

由于矩阵经过一次初等行变换不改变矩阵的秩，从而矩阵经过有限次初等行变换后，也不改变矩阵的秩。

推论 矩阵经过有限次初等列变换，其秩不变。

据定理 8、定理 9，我们得到利用初等变换求矩阵的秩的方法：对矩阵施以初等行变换将其化为行阶梯形矩阵，行阶梯形矩阵中非零行的行数就是该矩阵的秩。

【例 3】 求矩阵 $\boldsymbol{A}=\begin{pmatrix}3 & 2 & 9 & 6\\ -1 & -3 & 4 & -17\\ 1 & 4 & -7 & 3\\ -1 & -4 & 7 & -3\end{pmatrix}$ 的秩。

解　对矩阵 $\boldsymbol{A}$ 施以初等行变换，将其化为行阶梯形矩阵

$$\boldsymbol{A}\xrightarrow{r_1\leftrightarrow r_2}\begin{pmatrix}1&4&-7&3\\-1&-3&4&-17\\3&2&9&6\\-1&-4&7&-3\end{pmatrix}\xrightarrow[\substack{r_3-3r_1\\r_4+r_1}]{r_2+r_2}\begin{pmatrix}1&4&-7&3\\0&1&-3&-14\\0&-10&30&-3\\0&0&0&0\end{pmatrix}$$

$$\xrightarrow{r_3+10r_2}\begin{pmatrix}1&4&-7&3\\0&1&-3&-14\\0&0&0&-143\\0&0&0&0\end{pmatrix}$$

由于行阶梯矩阵有三个非零行，所以 $R(\boldsymbol{A})=3$。

【例 4】　求矩阵 $\boldsymbol{A}=\begin{pmatrix}3&2&0&5&0\\3&-2&3&6&-1\\2&0&1&5&-3\\1&6&-4&-1&4\end{pmatrix}$ 的秩，并求 $\boldsymbol{A}$ 的一个最高阶非零子式。

解　对矩阵 $\boldsymbol{A}$ 施以初等行变换，将其化为行阶梯形矩阵

$$\boldsymbol{A}\xrightarrow{r_1\leftarrow r_4}\begin{pmatrix}1&6&-4&-1&4\\3&-2&3&6&-1\\2&0&1&5&-3\\3&2&0&5&0\end{pmatrix}\xrightarrow{r_2-r_4}\begin{pmatrix}1&6&-4&-1&4\\0&-4&3&1&-1\\2&0&1&5&-3\\3&2&0&5&0\end{pmatrix}$$

$$\xrightarrow[r_4-3r_1]{r_3-2r_1}\begin{pmatrix}1&6&-4&-1&4\\0&-4&3&1&-1\\0&-12&9&7&-11\\0&-16&12&8&-12\end{pmatrix}\xrightarrow[r_4-4r_2]{r_3-3r_2}\begin{pmatrix}1&6&-4&-1&4\\0&-4&3&1&-1\\0&0&0&4&-8\\0&0&0&4&-8\end{pmatrix}$$

$$\xrightarrow{r_4-r_3}\begin{pmatrix}1&6&-4&-1&4\\0&-4&3&1&-1\\0&0&0&4&-8\\0&0&0&0&0\end{pmatrix}=\boldsymbol{B}$$

由于行阶梯形矩阵有三个非零行，所以 $R(\boldsymbol{A})=3$。

显然由行阶梯形矩阵 $\boldsymbol{B}$ 的非零行的首非零元所在的第 1，2，4 列元素构成的矩

阵 $\boldsymbol{C}=\begin{pmatrix}1 & 6 & -1\\0 & -4 & 1\\0 & 0 & 4\\0 & 0 & 0\end{pmatrix}$ 的秩 $R(\boldsymbol{C})=3$，而矩阵 $\boldsymbol{C}$ 是矩阵 $\boldsymbol{A}$ 中第 1，2，4 列元素构成的矩阵 $\boldsymbol{D}=\begin{pmatrix}3 & 2 & 5\\3 & -2 & 6\\2 & 0 & 5\\1 & 6 & -1\end{pmatrix}$ 经过上述一系列初等行变换所得，从而 $R(\boldsymbol{D})=3$。

由于 $\boldsymbol{D}$ 的前三行构成的子式：

$$\begin{vmatrix}3 & 2 & 5\\3 & -2 & 6\\2 & 0 & 5\end{vmatrix}=-16\neq 0$$

则这个子式即为 $\boldsymbol{A}$ 的一个最高阶非零子式。

【例 5】 设矩阵 $\boldsymbol{A}=\begin{pmatrix}1 & -1 & 1 & 2\\3 & \lambda & -1 & 2\\5 & 3 & \mu & 6\end{pmatrix}$，已知 $R(\boldsymbol{A})=2$，求 λ 与 μ 的值。

解 $\boldsymbol{A}\xrightarrow[r_3-5r_1]{r_2-3r_1}\begin{pmatrix}1 & -1 & 1 & 2\\0 & \lambda+3 & -4 & -4\\0 & 8 & \mu-5 & -4\end{pmatrix}\xrightarrow{r_3-r_2}\begin{pmatrix}1 & -1 & 1 & 2\\0 & \lambda+3 & -4 & -4\\0 & 5-\lambda & \mu-1 & 0\end{pmatrix}$

因为第 1 行、第 2 行都是非零行，第 3 行元素分别为 $0，5-\lambda，\mu-1，0$，而 $R(\boldsymbol{A})=2$，故 $5-\lambda=0$，$\mu-1=0$，即 $\lambda=5$，$\mu=1$。

习 题 2-6

1. 求下列矩阵的秩。

(1) $\begin{pmatrix}1 & -1 & 2\\2 & -3 & 1\\-2 & 2 & -4\end{pmatrix}$　　(2) $\begin{pmatrix}1 & 1 & 7 & 3\\2 & -1 & 5 & -6\\1 & 0 & 4 & -1\end{pmatrix}$

(3) $\begin{pmatrix}1 & -1 & 1 & 1\\-2 & 1 & 0 & 2\\1 & 2 & -2 & 1\\4 & -4 & 0 & 4\end{pmatrix}$　　(4) $\begin{pmatrix}1 & -1 & 2 & 3\\2 & 1 & -1 & 2\\-1 & 2 & 1 & 1\\4 & -2 & 0 & 4\end{pmatrix}$

2. 求下列矩阵的秩，并求一个最高阶非零子式。

(1) $\begin{pmatrix} 3 & 3 & -14 & -29 \\ 1 & 1 & 4 & -1 \\ -1 & -1 & 2 & 7 \end{pmatrix}$　　(2) $\begin{pmatrix} 2 & -3 & -4 & -7 \\ 1 & -1 & 2 & 3 \\ 1 & -2 & 1 & -3 \end{pmatrix}$

3. 设矩阵 $\boldsymbol{A} = \begin{pmatrix} 1 & \lambda & -1 & 2 \\ 2 & -1 & \lambda & 5 \\ 1 & 10 & -6 & 1 \end{pmatrix}$，其中 λ 为参数，求矩阵 $\boldsymbol{A}$ 的秩 $R(\boldsymbol{A})$。

复习题二

1. 选择题。

(1) 设 $\boldsymbol{C} = (c_{ij})_{m\times n}$ 和矩阵 $\boldsymbol{A}$，$\boldsymbol{B}$ 满足关系 $\boldsymbol{AC} = \boldsymbol{CB}$，则 $\boldsymbol{A}$、$\boldsymbol{B}$ 分别是(　　)矩阵。

A. $n\times m$，$m\times n$　　B. $m\times n$，$n\times m$

C. $n\times n$，$m\times n$　　D. $m\times m$，$n\times n$

(2) 设 $\boldsymbol{A}$，$\boldsymbol{B}$，$\boldsymbol{C}$ 为 n 阶方阵，k 是数，则下列各式中未必成立的是(　　)。

A. $\boldsymbol{AB}+\boldsymbol{C}=\boldsymbol{C}+\boldsymbol{AB}$　　B. $(\boldsymbol{AB})\boldsymbol{C}=\boldsymbol{A}(\boldsymbol{BC})$

C. $k(\boldsymbol{A}+\boldsymbol{B})=(\boldsymbol{A}+\boldsymbol{B})k$　　D. $\boldsymbol{C}(\boldsymbol{A}+\boldsymbol{B})=(\boldsymbol{A}+\boldsymbol{B})\boldsymbol{C}$

(3) (　　)是行最简阶梯形矩阵。

A. $\begin{pmatrix} 1 & 2 & 0 & 3 & -1 \\ 0 & 0 & 1 & 4 & 3 \\ 0 & 0 & 0 & 0 & 0 \\ 0 & 0 & 0 & 0 & 0 \end{pmatrix}$　　B. $\begin{pmatrix} 1 & 5 & 0 & 4 \\ 0 & 1 & 1 & 0 \\ 0 & 0 & 0 & 0 \\ 0 & 0 & 0 & 0 \end{pmatrix}$

C. $\begin{pmatrix} 1 & 0 & 3 & -2 \\ 0 & 0 & 0 & 0 \\ 0 & 1 & -2 & 8 \\ 0 & 0 & 0 & 0 \end{pmatrix}$　　D. $\begin{pmatrix} 1 & 0 & 2 & 7 \\ 0 & 2 & -3 & 5 \\ 0 & 0 & 0 & 0 \\ 0 & 0 & 0 & 0 \end{pmatrix}$

(4) $\boldsymbol{A}$，$\boldsymbol{B}$ 均为 n 阶矩阵，当(　　)时，有 $(\boldsymbol{A}+\boldsymbol{B})(\boldsymbol{A}-\boldsymbol{B})=\boldsymbol{A}^2-\boldsymbol{B}^2$。

A. $\boldsymbol{A}=\boldsymbol{E}$　　B. $\boldsymbol{B}=\boldsymbol{O}$　　C. $\boldsymbol{A}=\boldsymbol{B}$　　D. $\boldsymbol{AB}=\boldsymbol{BA}$

2. 填空题。

(1) 设 $\boldsymbol{A} = \begin{pmatrix} 1 & 2 \\ 4 & 3 \end{pmatrix}$，$\boldsymbol{B} = \begin{pmatrix} 2 & 1 \\ 2 & x \end{pmatrix}$，如果 $\boldsymbol{AB} = \boldsymbol{BA}$，则 $x=$________。

(2) 设 $\boldsymbol{A}$、$\boldsymbol{B}$、$\boldsymbol{C}$ 为同阶方阵，且 $\boldsymbol{ABC}=\boldsymbol{E}$，则 $\boldsymbol{A}^{-1}=$________。

(3) 设方阵 $\boldsymbol{A}$ 满足 $\boldsymbol{A}^2=\boldsymbol{A}$，则 $|\boldsymbol{A}|=$________。

(4) 矩阵 $\boldsymbol{A}=\begin{pmatrix}1 & -5 & 6 & -2\\ 2 & -1 & 3 & -2\\ -1 & -4 & 3 & 0\end{pmatrix}$ 的全部三阶子是________。

3. 设 $\boldsymbol{A}=\begin{pmatrix}3 & 0 & 7\\ 0 & 2 & 1\\ 1 & 6 & 0\end{pmatrix}$，$\boldsymbol{B}=\begin{pmatrix}0 & 4 & 2\\ 0 & -1 & 0\\ 1 & 0 & 6\end{pmatrix}$，$\boldsymbol{C}=\begin{pmatrix}1 & 0 & 4\\ -1 & 1 & 6\\ 2 & 0 & 6\end{pmatrix}$，

(1) 若 $\boldsymbol{A}-3(\boldsymbol{B}-\boldsymbol{X})=\boldsymbol{X}-\boldsymbol{C}$，求矩阵 $\boldsymbol{X}$。

(2) 求 $\boldsymbol{ABC}^{\mathrm{T}}$。

4. 求矩阵 $\boldsymbol{A}=\begin{pmatrix}1 & 2 & 3\\ 2 & 2 & 1\\ 3 & 4 & 3\end{pmatrix}$ 的逆矩阵。

5. 设 $\boldsymbol{A}=\begin{pmatrix}2 & 1 & -1\\ 2 & 1 & 0\\ 1 & -1 & 1\end{pmatrix}$，$\boldsymbol{B}=\begin{pmatrix}1 & -1 & 3\\ 4 & 3 & 2\end{pmatrix}$，

求满足 $\boldsymbol{XA}=\boldsymbol{B}$ 的矩阵 $\boldsymbol{X}$。

6. 用逆矩阵解线性方程组：

$$\begin{cases}x_1+x_2+x_3=6\\ x_1+2x_2-x_3=2\\ 2x_1-3x_2-x_3=-7\end{cases}。$$

7. 已知 $\boldsymbol{A}=\begin{pmatrix}-1 & 0 & 2 & 0\\ 0 & -1 & 0 & 2\\ 0 & 0 & 4 & 3\end{pmatrix}$，$\boldsymbol{B}=\begin{pmatrix}2 & 0 & -1\\ 1 & 1 & 0\\ 0 & 1 & 0\\ 0 & 0 & 1\end{pmatrix}$，用分块矩阵方法求 $\boldsymbol{AB}$。

8. 已知 $\boldsymbol{A}=\begin{pmatrix}1 & 2 & 0 & 0\\ 1 & 1 & 0 & 0\\ 0 & 0 & 3 & 1\\ 0 & 0 & 5 & 2\end{pmatrix}$，用分块矩阵方法求 $\boldsymbol{A}^{-1}$。

9. 用矩阵初等行变换将矩阵 $\boldsymbol{A}$ 化为行最简阶梯形矩阵：

$$\boldsymbol{A}=\begin{pmatrix}1 & 4 & 1 & -1\\ 2 & -1 & 0 & 1\\ 1 & 6 & 2 & 1\\ 0 & 2 & 3 & 2\end{pmatrix}。$$

10. 求矩阵 $\boldsymbol{A}=\begin{pmatrix}1 & 4 & 1 & 0\\ 2 & 1 & -1 & -3\\ 1 & 0 & -3 & -1\\ 0 & 2 & -6 & 3\end{pmatrix}$ 的秩。

11. 已知 $\boldsymbol{A}=\begin{pmatrix}1 & -1 & 2 & 1\\ -1 & a & 2 & 1\\ 3 & 1 & b & -1\end{pmatrix}$，且矩阵的秩 $R(\boldsymbol{A})=2$，求 a，b 的值。

第三章　线性方程组

本章首先讨论线性方程组的解法及如何判别线性方程组；然后引入向量及向量的线性表示，向量组线性相关性概念，讨论向量之间的关系；最后应用向量的线性相关性给出了线性方程组解的结构。

第一节　线性方程组的解法与解的判定

一、解线性方程组的消元法

设有 n 个未知量、m 个线性方程的方程组

$$\begin{cases} a_{11}x_1+a_{12}x_2+\cdots+a_{1n}x_n=b_1 \\ a_{21}x_1+a_{22}x_2+\cdots+a_{2n}x_n=b_2 \\ \cdots \quad \cdots \quad \cdots \quad \cdots \quad \cdots \\ a_{m1}x_1+a_{m2}x_2+\cdots+a_{mn}x_n=b_m \end{cases} \tag{3-1}$$

当 $b_1, b_2, \cdots, b_m$ 不全为零时，方程组(3-1)称为**非齐次线性方程组**，否则，称为**齐次线性方程组**。

设

$$\boldsymbol{A}=\begin{pmatrix} a_{11} & a_{12} & \cdots & a_{1n} \\ a_{21} & a_{22} & \cdots & a_{2n} \\ \cdots & \cdots & \cdots & \cdots \\ a_{m1} & a_{m2} & \cdots & a_{mn} \end{pmatrix}, \tilde{\boldsymbol{A}}=\begin{pmatrix} a_{11} & a_{12} & \cdots & a_{1n} & b_1 \\ a_{21} & a_{22} & \cdots & a_{2n} & b_2 \\ \cdots & \cdots & \cdots & \cdots & \cdots \\ a_{m1} & a_{m2} & \cdots & a_{mn} & b_m \end{pmatrix}, \boldsymbol{X}=\begin{pmatrix} x_1 \\ x_2 \\ \vdots \\ x_n \end{pmatrix}, \boldsymbol{b}=\begin{pmatrix} b_1 \\ b_2 \\ \vdots \\ b_m \end{pmatrix}$$

则线性方程组(3-1)又可表示为矩阵方程形式

$$\boldsymbol{AX}=\boldsymbol{b} \tag{3-2}$$

矩阵 $\boldsymbol{A}$, $\tilde{\boldsymbol{A}}$ 分别称为线性方程组(3-1)的**系数矩阵**和**增广矩阵**，$\boldsymbol{X}$ 称为**未知量矩阵**。

显然，在未知量的次序确定后，线性方程组(3-1)被其增广矩阵 $\tilde{\boldsymbol{A}}$ 唯一确定。

在中学，我们已经学过求解二元一次方程组、三元一次方程组的消元法。现在，我们将它推广到解一般的线性方程组(3-1)，为此先看一个例子。

【例 1】 解线性方程组 $\left\{\begin{array}{l} 2x_1-3x_2+5x_3=11 \\ x_1+x_2+4x_3=15 \\ -3x_1+2x_2+3x_3=10 \end{array}\right.$。

解 我们解线性方程组，并列出求解过程中相应的对增广矩阵施以的初等行变换过程。如表 3-1 所示。

表 3-1 求解方程的初等行变换

线性方程组	增广矩阵
$\left\{\begin{array}{ll} 2x_1-3x_2+5x_3=11 & (1) \\ x_1+x_2+4x_3=15 & (2) \\ -3x_1+2x_2+3x_3=10 & (3) \end{array}\right.$ 交换方程(1)与方程(2)的位置	$\widetilde{\boldsymbol{A}}=\begin{pmatrix} 2 & -3 & 5 & 11 \\ 1 & 1 & 4 & 15 \\ -3 & 2 & 3 & 10 \end{pmatrix}$
$\left\{\begin{array}{ll} x_1+x_2+4x_3=15 & (2) \\ 2x_1-3x_2+5x_3=11 & (1) \\ -3x_1+2x_2+3x_3=10 & (3) \end{array}\right.$ $-2\times(2)+(1)$，$3\times(2)+(3)$	$\xrightarrow{r_1\leftrightarrow r_2}\begin{pmatrix} 1 & 1 & 4 & 15 \\ 2 & -3 & 5 & 11 \\ -3 & 2 & 3 & 10 \end{pmatrix}$
$\left\{\begin{array}{ll} x_1+x_2+4x_3=15 & (2) \\ -5x_2-3x_3=-19 & (4) \\ 5x_2+15x_3=15 & (5) \end{array}\right.$ 变换方程(4)与方程(5)的位置	$\xrightarrow[r_3+3r_1]{r_2-2r_2}\begin{pmatrix} 1 & 1 & 4 & 15 \\ 0 & -5 & -3 & -19 \\ 0 & 5 & 15 & 55 \end{pmatrix}$
$\left\{\begin{array}{ll} x_1+x_2+4x_3=15 & (2) \\ 5x_2+15x_3=55 & (5) \\ -5x_2-3x_3=-19 & (4) \end{array}\right.$ $\frac{1}{5}\times(5)$，$(5)+(4)$	$\xrightarrow{r_2\leftrightarrow r_3}\begin{pmatrix} 1 & 1 & 4 & 15 \\ 0 & 5 & 15 & 55 \\ 0 & -5 & -3 & -19 \end{pmatrix}$
$\left\{\begin{array}{ll} x_1+x_2+4x_3=15 & (1) \\ x_2+3x_3=11 & (6) \\ 12x_3=36 & (7) \end{array}\right.$ $\frac{1}{12}\times(7)$	$\xrightarrow[\frac{1}{5}r_2]{r_3+r_2}\begin{pmatrix} 1 & 1 & 4 & 15 \\ 0 & 1 & 3 & 11 \\ 0 & 0 & 12 & 36 \end{pmatrix}$
$\left\{\begin{array}{ll} x_1+x_2+4x_3=15, & (2) \\ x_2+3x_3=11, & (6) \\ x_3=3 & (8) \end{array}\right.$ $-(4)\times(8)+(2)$，$-3\times(8)+(6)$	$\xrightarrow{\frac{1}{2}r_3}\begin{pmatrix} 1 & 1 & 4 & 15 \\ 0 & 1 & 3 & 11 \\ 0 & 0 & 1 & 3 \end{pmatrix}$

（续表）

线性方程组	增广矩阵
$\begin{cases} x_1 + x_2 \quad = 3 & (9) \\ \quad\ x_2 \quad = 2 & (10) \\ \qquad\ x_3 = 3 & (8) \end{cases}$ $-1\times(10)+(9)$	$\xrightarrow[r_2-3r_3]{r_1-4r_3}\begin{pmatrix}1&1&0&3\\0&1&0&2\\0&0&1&3\end{pmatrix}$
$\begin{cases} x_1 \qquad = 1 \\ \quad x_2 \quad = 2 \\ \qquad x_3 = 3 \end{cases}$	$\xrightarrow{r_1-r_2}\begin{pmatrix}1&0&0&1\\0&1&0&2\\0&0&1&3\end{pmatrix}$

所以，线性方程组的解为

$$\begin{cases} x_1 = 1 \\ x_2 = 2 \\ x_3 = 3 \end{cases}$$

或写成矩阵形式，为

$$\boldsymbol{X} = \begin{pmatrix} x_1 \\ x_2 \\ x_3 \end{pmatrix} = \begin{pmatrix} 1 \\ 2 \\ 3 \end{pmatrix}$$

上述解线性方程组的方法称为**消元法**。从[例 1]可见，消元法实际上是对方程组进行如下变换：

(1) 用一个非零的数 k 乘某个方程的两端。

(2) 用一个数 k 乘某个方程后加到另一个方程上。

(3) 互换两个方程的位置。

我们把这三种变换统称为线性方程组的**初等变换**。可以证明，对线性方程组施以上述任意一种初等变换，所得的线性方程组与原线性方程组同解。

从[例 1]还可见，对线性方程组施以某种初等变换与其对增广矩阵施以相应的初等行变换是一致的。因此，用消元法解线性方程组时，只要将线性方程组的增广矩阵 $\widetilde{\mathbf{A}}$ 施以初等行变换，将其化为行最简阶梯形矩阵，由行最简阶梯形矩阵即可得线性方程组的解。

【例 2】 求解线性方程组 $\begin{cases} 2x_2 - x_3 = 1 \\ 2x_1 + 2x_2 + 3x_3 = 5 \\ x_1 + 2x_2 + 2x_3 = 4 \end{cases}$。

解 对增广矩阵 $\widetilde{\boldsymbol{A}}$ 施以初等行变换，将其化为行最简阶梯形矩阵。

$$\widetilde{\boldsymbol{A}} = \begin{pmatrix} 0 & 2 & -1 & 1 \\ 2 & 2 & 3 & 5 \\ 1 & 2 & 2 & 4 \end{pmatrix} \xrightarrow{r_1 \leftrightarrow r_3} \begin{pmatrix} 1 & 2 & 2 & 4 \\ 2 & 2 & 3 & 5 \\ 0 & 2 & -1 & 1 \end{pmatrix} \xrightarrow{r_2 - 2r_1} \begin{pmatrix} 1 & 2 & 2 & 4 \\ 0 & -2 & -1 & -3 \\ 0 & 2 & -1 & 1 \end{pmatrix}$$

$$\xrightarrow[r_3 + r_2]{r_1 + r_2} \begin{pmatrix} 1 & 0 & 1 & 1 \\ 0 & -2 & -1 & -3 \\ 0 & 0 & -2 & -2 \end{pmatrix} \xrightarrow{-\frac{1}{2}r_3} \begin{pmatrix} 1 & 0 & 1 & 1 \\ 0 & -2 & -1 & -3 \\ 0 & 0 & 1 & 1 \end{pmatrix}$$

$$\xrightarrow[r_2 + r_3]{r_1 - r_3} \begin{pmatrix} 1 & 0 & 0 & 0 \\ 0 & -2 & 0 & -2 \\ 0 & 0 & 1 & 1 \end{pmatrix} \xrightarrow{-\frac{1}{2}r_2} \begin{pmatrix} 1 & 0 & 0 & 0 \\ 0 & 1 & 0 & 1 \\ 0 & 0 & 1 & 1 \end{pmatrix}$$

得原方程组的同解方程组

$$\begin{cases} x_1 = 0 \\ x_2 = 1 \\ x_3 = 1 \end{cases}$$

即为线性方程组的解。

【例 3】 求解线性方程组 $\begin{cases} 3x_1 + 3x_2 - 14x_3 - 29x_4 = 16 \\ x_1 + x_2 + 4x_3 - x_4 = 1 \\ -x_1 - x_2 + 2x_3 + 7x_4 = -4 \end{cases}$。

解 对增广矩阵 $\widetilde{\boldsymbol{A}}$ 施以初等行变换，将其化为行最简阶梯形矩阵。

$$\widetilde{\boldsymbol{A}} = \begin{pmatrix} 3 & 3 & -14 & -29 & 16 \\ 1 & 1 & 4 & -1 & 1 \\ -1 & -1 & 2 & 7 & -4 \end{pmatrix} \xrightarrow{r_1 \leftrightarrow r_2} \begin{pmatrix} 1 & 1 & 4 & -1 & 1 \\ 3 & 3 & -14 & -29 & 16 \\ -1 & -1 & 2 & 7 & -4 \end{pmatrix}$$

$$\xrightarrow[r_3 + r_1]{r_2 - 3r_1} \begin{pmatrix} 1 & 1 & 4 & -1 & 1 \\ 0 & 0 & -26 & -26 & 13 \\ 0 & 0 & 6 & 6 & -3 \end{pmatrix} \xrightarrow{\frac{1}{13}r_2} \begin{pmatrix} 1 & 1 & 4 & -1 & 1 \\ 0 & 0 & -2 & -2 & 1 \\ 0 & 0 & 6 & 6 & -3 \end{pmatrix}$$

$$\xrightarrow{r_3+3r_2}\begin{pmatrix}1 & 1 & 4 & -1 & 1\\0 & 0 & -2 & -2 & 1\\0 & 0 & 0 & 0 & 0\end{pmatrix}\xrightarrow{-\frac{1}{2}r_2}\begin{pmatrix}1 & 1 & 4 & -1 & 1\\0 & 0 & 1 & 1 & -\frac{1}{2}\\0 & 0 & 0 & 0 & 0\end{pmatrix}$$

$$\xrightarrow{r_1-4r_2}\begin{pmatrix}1 & 1 & 0 & -5 & 3\\0 & 0 & 1 & 1 & -\frac{1}{2}\\0 & 0 & 0 & 0 & 0\end{pmatrix}$$

得原线性方程组的同解线性方程组

$$\begin{cases}x_1+x_2-5x_4=3\\x_3+x_4=-\frac{1}{2}\end{cases}\tag{3-3}$$

这里需指出的是，由于行最简阶梯形矩阵中的第3行所对应的方程为

$$0x_1+0x_2+0x_3+0x_4=0$$

即0=0，从略。

在方程组(3-3)中，将含未知量 x_2，x_4 的项移到等式的右边，得

$$\begin{cases}x_1=-x_2+5x_4+3\\x_3=-x_4-\frac{1}{2}\end{cases}$$

未知量 x_2，x_4 分别取任意实数 c_1，c_2（x_2，x_4 称为自由未知量），得方程组的解为

$$\begin{cases}x_1=-c_1+5c_2+3\\x_2=c_1\\x_3=-c_2-\frac{1}{2}\\x_4=c_2\end{cases}$$

对于齐次线性方程组

$$\begin{cases}a_{11}x_1+a_{12}x_2+\cdots+a_{1n}x_n=0\\a_{21}x_1+a_{22}x_2+\cdots+a_{2n}x_n=0\\\cdots\quad\cdots\quad\cdots\quad\cdots\quad\cdots\\a_{m1}x_1+a_{m2}x_2+\cdots+a_{mn}x_n=0\end{cases}\tag{3-4}$$

由于它的增广矩阵 $\widetilde{\mathbf{A}}$ 最后一列的元素均为 0，在对 $\widetilde{\mathbf{A}}$ 施以矩阵的初等行变换时，最后一列的元素都是 0。因此，在应用消元法解齐次线性方程组(3-4)时，只需对其系数矩阵 $\mathbf{A}$ 施以初等行变换，将 $\mathbf{A}$ 化为行最简阶梯形矩阵，即可求得其解。

【例 4】 求解线性方程组 $\begin{cases}2x_1-3x_2+8x_3+2x_4=0\\2x_1+12x_2-2x_3+12x_4=0\\x_1+3x_2+x_3+4x_4=0\end{cases}$。

解 对系数矩阵 $\mathbf{A}$ 施以初等行变换，将其化为行最简阶梯形矩阵

$$\mathbf{A}=\begin{pmatrix}2&-3&8&2\\2&12&-2&12\\1&3&1&4\end{pmatrix}\xrightarrow{r_1\leftrightarrow r_3}\begin{pmatrix}1&3&1&4\\2&12&-2&12\\2&-3&8&2\end{pmatrix}$$

$$\xrightarrow[r_3-2r_1]{r_2-2r_1}\begin{pmatrix}1&3&1&4\\0&6&-4&4\\0&-9&6&-6\end{pmatrix}\xrightarrow[r_3+\frac{3}{2}r_2]{r_1-\frac{1}{2}r_2}\begin{pmatrix}1&0&3&2\\0&6&-4&4\\0&0&0&0\end{pmatrix}$$

$$\xrightarrow{\frac{1}{6}r_2}\begin{pmatrix}1&0&3&2\\0&1&-\frac{2}{3}&\frac{2}{3}\\0&0&0&0\end{pmatrix}$$

得原齐次线性方程组的同解线性方程组

$$\begin{cases}x_1+3x_3+2x_4=0,\\x_2-\dfrac{2}{3}x_3+\dfrac{2}{3}x_4=0。\end{cases}\tag{3-5}$$

将自由未知量 x_3，x_4 的项移到等式的右边，得

$$\begin{cases}x_1=-3x_3-2x_4\\x_2=\dfrac{2}{3}x_3-\dfrac{2}{3}x_4\end{cases}$$

对未知量 x_3，x_4 分别取任意实数 c_1，c_2，得齐次线性方程组的解为

$$\begin{cases}x_1=-3c_1-2c_2\\x_2=\dfrac{2}{3}c_1-\dfrac{2}{3}c_2\\x_3=c_1\\x_4=c_2\end{cases}$$

上述各例中，为了说明问题，我们写出了行最简阶梯形矩阵所对应的线性方程组。实际上，我们在应用消元法时，不必写出(3－3)式或(3－5)式这个方程组，直接可由行最简阶梯形矩阵得方程组的解。

【例 5】 线性方程组 $\boldsymbol{AX}=\boldsymbol{b}$ 的增广矩阵 $\widetilde{\boldsymbol{A}}$ 通过有限次初等行变换，化为如下行最简阶梯形矩阵 $\begin{pmatrix}1&2&0&3&4\\0&0&1&2&-5\\0&0&0&0&0\end{pmatrix}$，$\boldsymbol{X}=\begin{pmatrix}x_1\\x_2\\x_3\\x_4\end{pmatrix}$，试写出方程组的解。

解 我们在行最简阶梯形矩阵上方，将非零行的第一个非零元 1 对应的未知量标出，其余的未知量取为自由未知量，取任意实数，得

$$\begin{matrix}x_1 & c_1 & x_3 & c_2 & \\ \end{matrix}$$
$$\begin{pmatrix}1&2&0&3&4\\0&0&1&2&-5\\0&0&0&0&0\end{pmatrix}$$

于是线性方程组的解为

$$\begin{cases}x_1=-2c_1-3c_2+4\\x_2=c_1\\x_3=-2c_2-5\\x_4=c_2\end{cases}$$

其中 c_1，c_2 为任意实数。

【例 6】 线性方程组 $\boldsymbol{AX}=\boldsymbol{0}$ 的系数矩阵 $\boldsymbol{A}$ 通过有限次初等行变换，化为如下行最简阶梯形矩阵 $\begin{pmatrix}1&-3&0&4&0\\0&0&1&-3&0\\0&0&0&0&1\\0&0&0&0&0\end{pmatrix}$，$\boldsymbol{X}=\begin{pmatrix}x_1\\x_2\\x_3\\x_4\\x_5\end{pmatrix}$，试写出方程组的解。

解 我们在行最简阶梯形矩阵上方，将非零行的第一个非零元 1 对应的未知量标出，其余的未知量取为自由未知量，取任意实数，得

$$\begin{array}{ccccc} x_1 & c_1 & x_3 & c_2 & x_5 \end{array}$$
$$\begin{pmatrix} 1 & -3 & 0 & 4 & 0 \\ 0 & 0 & 1 & -3 & 0 \\ 0 & 0 & 0 & 0 & 1 \\ 0 & 0 & 0 & 0 & 0 \end{pmatrix}$$

于是线性方程组的解为

$$\begin{cases} x_1 = 3c_1 - 4c_2 \\ x_2 = c_1 \\ x_3 = \quad 3c_2 \\ x_4 = \quad c_2 \\ x_5 = 0 \end{cases}$$

其中 c_1，c_2 为任意实数。

二、线性方程组解的判定

1. 非齐次线性方程组解的判定

对于非齐次线性方程组(3－1)，不一定有解。例如，方程组

$$\begin{cases} x_1 + x_2 = 1 \\ x_1 + x_2 = 4 \end{cases}$$

无解。为此，必须要讨论非齐次线性方程组(3－1)在什么条件下有解及在有解情况下解的数量问题。

我们对非齐次线性方程组(3－1)的增广矩阵 $\widetilde{\mathbf{A}}$ 施以有限次初等行变换，将其化为行阶梯形矩阵，不失一般性，设 $\widetilde{\mathbf{A}}$ 化为如下形式

$$\begin{pmatrix} 1 & 0 & \cdots & 0 & a'_{1,r+1} & \cdots & a'_{1n} & b'_1 \\ 0 & 1 & \cdots & 0 & a'_{2,r+1} & \cdots & a'_{2n} & b'_2 \\ \cdots & \cdots & \cdots & \cdots & \cdots & \cdots & \cdots & \cdots \\ 0 & 0 & \cdots & 1 & a'_{r,r+1} & \cdots & a'_{rn} & b'_r \\ 0 & 0 & \cdots & 0 & 0 & \cdots & 0 & b'_{r+1} \\ 0 & 0 & \cdots & 0 & 0 & \cdots & 0 & 0 \\ \cdots & \cdots & \cdots & \cdots & \cdots & \cdots & \cdots & \cdots \\ 0 & 0 & \cdots & 0 & 0 & \cdots & 0 & 0 \end{pmatrix} \tag{3-6}$$

对应于矩阵(3－6)的非齐次线性方程组为

$$\begin{cases} x_1 \qquad\qquad + a'_{1,r+1}x_r + \cdots + a'_{1n}x_n = b'_1 \\ \quad x_2 \qquad\quad + a'_{2,r+1}x_{r+1} + \cdots + a'_{2n}x_n = b'_2 \\ \qquad \cdots \quad \cdots \quad \cdots \quad \cdots \quad \cdots \\ \qquad\quad x_r + a'_{r,r+1}x_{r+1} + \cdots + a'_{rn}x_n = b'_r \\ \qquad\qquad\qquad\qquad 0 = b'_{r+1} \\ \qquad\qquad\qquad\qquad 0 = 0 \\ \qquad\qquad\qquad\qquad \cdots \cdots \\ \qquad\qquad\qquad\qquad 0 = 0 \end{cases} \tag{3-7}$$

线性方程组(3－7)是线性方程组(3－1)的同解方程组。

显然，线性方程组(3－7)有解的充分必要条件是：方程 $0 = b'_{r+1}$ 是否成立。

由矩阵(3－6)，易得 $R(\mathbf{A}) = r$。如果 $b'_{r+1} = 0$，则 $R(\widetilde{\mathbf{A}}) = r$；如果 $b'_{r+1} \neq 0$，则 $R(\widetilde{\mathbf{A}}) = r + 1$，由此得

定理 1 非齐次线性方程组(3－1)有解的充分必要条件是方程组的系数矩阵 $\mathbf{A}$ 的秩与增广矩阵 $\widetilde{\mathbf{A}}$ 的秩相等，即 $R(\mathbf{A}) = R(\widetilde{\mathbf{A}})$。

【例 7】 判别线性方程组 $\begin{cases} x_1 + x_2 - 3x_3 - x_4 = 1 \\ 3x_1 - x_2 - 3x_3 + 4x_4 = 4 \\ x_1 + 5x_2 - 9x_3 - 8x_4 = 1 \end{cases}$ 是否有解。

解 对增广矩阵 $\widetilde{\mathbf{A}}$ 施以初等行变换，将其化为行阶梯形矩阵。

$$\widetilde{\mathbf{A}} = \begin{pmatrix} 1 & 1 & -3 & -1 & 1 \\ 3 & -1 & -3 & 4 & 4 \\ 1 & 5 & -9 & -8 & 1 \end{pmatrix} \xrightarrow[r_3 - r_1]{r_2 - 3r_1} \begin{pmatrix} 1 & 1 & -3 & -1 & 1 \\ 0 & -4 & 6 & 7 & 1 \\ 0 & 4 & -6 & -7 & 0 \end{pmatrix}$$

$$\xrightarrow{r_3 + r_2} \begin{pmatrix} 1 & 1 & -3 & -1 & 1 \\ 0 & -4 & 6 & 7 & 1 \\ 0 & 0 & 0 & 0 & 1 \end{pmatrix}$$

因为 $R(\widetilde{\mathbf{A}}) = 3$，$R(\mathbf{A}) = 2$，所以方程组无解。

如果非齐次线性方程组(3－1)有解，即 $R(\mathbf{A}) = R(\widetilde{\mathbf{A}}) = r$，由方程组(3－7)，将含有 x_{r+1}，x_{r+2}，…，x_n 的项移到等式右边，得

$$\begin{cases} x_1 = -a'_{1,r+1}x_{r+1} - a'_{1,r+2}x_{r+2} - \cdots - a'_{1n}x_n + b'_1 \\ x_2 = -a'_{2,r+1}x_{r+1} - a'_{2,r+2}x_{r+2} - \cdots - a'_{2n}x_n + b'_2 \\ \cdots \quad \cdots \quad \cdots \quad \cdots \quad \cdots \quad \cdots \\ x_r = -a'_{r,r+1}x_{r+1} - a'_{r,r+2}x_{r+2} - \cdots - a'_{rn}x_n + b'_r \end{cases} \tag{3-8}$$

当 $r=n$ 时，由(3-8)得非齐次线性方程组(3-1)的唯一解

$$\begin{cases} x_1 = b'_1 \\ x_2 = b'_2 \\ \cdots \quad \cdots \\ x_n = b'_n \end{cases}$$

当 $r<n$ 时，由(3-8)，取 $x_{r+1}=c_1$，$x_{r+2}=c_2$，…，$x_n=c_{n-r}$，得非齐次线性方程组(3-1)的解

$$\begin{cases} x_1 = -a'_{1,r+1}c_1 - a'_{1,r+2}c_2 - \cdots - a'_{1n}c_{n-r} + b'_1 \\ x_2 = -a'_{2,r+1}c_1 - a'_{2,r+2}c_2 - \cdots - a'_{2n}c_{n-r} + b'_2 \\ \cdots \quad \cdots \quad \cdots \quad \cdots \quad \cdots \quad \cdots \\ x_r = -a'_{r,r+1}c_1 - a'_{r,r+2}c_2 - \cdots - a'_{rn}c_{n-r} + b'_r \\ x_{r+1} = c_1 \\ x_{r+2} = c_2 \\ \cdots \quad \cdots \\ x_n = c_{n-r} \end{cases} \tag{3-9}$$

其中，c_1，c_2，…，c_{n-r}取任意实数。

综上所述得如下结论。

定理 2　设非齐次线性方程组(3-1)有解，即 $R(\mathbf{A})=R(\widetilde{\mathbf{A}})=r$。如果 $r=n$，则方程组(3-1)有唯一解；如果 $r<n$，则线性方程组(3-1)有无穷多解。

【例 8】　问 λ 为何值时，线性方程组 $\begin{cases} \lambda x_1 + x_2 + x_3 = 1 \\ x_1 + \lambda x_2 + x_3 = \lambda \\ x_1 + x_2 + \lambda x_3 = \lambda^2 \end{cases}$ (1) 有唯一解？(2) 有无穷多解？(3) 无解？

解　对增广矩阵 $\widetilde{\mathbf{A}}$ 施以初等行变换，将其化为行阶梯形矩阵

$$
\widetilde{\mathbf{A}}=\begin{pmatrix}\lambda & 1 & 1 & 1\\ 1 & \lambda & 1 & \lambda\\ 1 & 1 & \lambda & \lambda^2\end{pmatrix}\xrightarrow{r_1\leftrightarrow r_3}\begin{pmatrix}1 & 1 & \lambda & \lambda^2\\ 1 & \lambda & 1 & \lambda\\ \lambda & 1 & 1 & 1\end{pmatrix}
$$

$$
\xrightarrow[r_3-\lambda r_1]{r_2-r_1}\begin{pmatrix}1 & 1 & 1 & \lambda^2\\ 0 & \lambda-1 & 1-\lambda & \lambda-\lambda^2\\ 0 & 1-\lambda & 1-\lambda^2 & 1-\lambda^3\end{pmatrix}
$$

$$
\xrightarrow{r_3+r_2}\begin{pmatrix}1 & 1 & 1 & \lambda^2\\ 0 & \lambda-1 & 1-\lambda & \lambda-\lambda^2\\ 0 & 0 & 2-\lambda-1^2 & 1+\lambda-\lambda^2-\lambda^3\end{pmatrix}
$$

$$
=\begin{pmatrix}1 & 1 & 1 & \lambda^2\\ 0 & \lambda-1 & 1-\lambda & \lambda(1-\lambda)\\ 0 & 0 & (1-\lambda)(2+\lambda) & (1+\lambda)^2(1-\lambda)\end{pmatrix}
$$

由此可得：

(1) 当 $\lambda\neq 1$ 且 $\lambda\neq -2$ 时，$R(\mathbf{A})=R(\widetilde{\mathbf{A}})=3$，线性方程组有唯一解。

(2) 当 $\lambda=1$ 时，$R(\mathbf{A})=R(\widetilde{\mathbf{A}})=1<3=n$，线性方程组有无穷多解。

(3) 当 $\lambda=-2$ 时，$R(\mathbf{A})=2$，$R(\widetilde{\mathbf{A}})=3$，线性方程组无解。

2. 齐次线性方程组解的判定

对于齐次线性方程组(3-4)式，即

$$
\begin{cases}a_{11}x_1+a_{12}x_2+\cdots+a_{1n}x_n=0\\ a_{21}x_1+a_{22}x_2+\cdots+a_{2n}x_n=0\\ \cdots\quad\cdots\quad\cdots\quad\cdots\quad\cdots\\ a_{m1}x_1+a_{m2}x_2+\cdots+a_{mn}x_n=0\end{cases}
$$

因为齐次线性方程组的增广矩阵 $\widetilde{\mathbf{A}}$ 比系数矩阵 $\mathbf{A}$ 只多一个元素全为零的列，所以它们的秩一定相等，即 $R(\mathbf{A})=R(\widetilde{\mathbf{A}})$。根据定理 1，齐次线性方程组(3-4)有解。事实上，$x_1=x_2=\cdots=x_n=0$ 是齐次线性方程组(3-4)的解，称为**零解**。因此，对于齐次线性方程组解的判定，主要讨论在什么条件下它有非零解。

我们把定理 2 应用于齐次线性方程组(3-4)，易得如下定理。

定理 3 设齐次线性方程组(3-4)的系数矩阵 $\mathbf{A}$ 的秩为 r，即 $R(\mathbf{A})=r$。如果 $r=n$，则齐次线性方程组(3-4)只有零解；如果 $r<n$，则齐次线性方程组(3-4)有

无穷多解。

当 $m=n$ 时，齐次线性方程组(3－4)为

$$\begin{cases} a_{11}x_1+a_{12}x_2+\cdots+a_{1n}x_n=0 \\ a_{21}x_1+a_{22}x_2+\cdots+a_{2n}x_n=0 \\ \cdots\quad\cdots\quad\cdots\quad\cdots\quad\cdots \\ a_{n1}x_1+a_{n2}x_2+\cdots+a_{nn}x_n=0 \end{cases} \tag{3-10}$$

由定理 3 得齐次线性方程组(3－10)有非零解的充分必要条件是它的系数矩阵 $\boldsymbol{A}$ 的秩 $R(\boldsymbol{A})<n$。对于方阵 $\boldsymbol{A}$ 来说，$R(\boldsymbol{A})<n$ 的充分必要条件是方阵 $\boldsymbol{A}$ 的行列式 $|\boldsymbol{A}|=0$，从而得如下定理。

定理 4　齐次线性方程组(3－10)有非零解的充分必要条件是它的系数行列式等于 0。

【例 9】　问 λ 取何值时，齐次线性方程 $\begin{cases} x_1+x_2+x_3=0 \\ \lambda x_1+(\lambda-1)x_2+2x_3=0 \\ 3(\lambda+1)x_1+x_2+(\lambda+10)x_3=0 \end{cases}$ 有非零解？并求其解。

解　计算系数矩阵 $\boldsymbol{A}$ 的行列式：

$$|\boldsymbol{A}|=\begin{vmatrix} 1 & 1 & 1 \\ \lambda & \lambda-1 & 2 \\ 3(\lambda+1) & 1 & \lambda+10 \end{vmatrix} \xlongequal[r_3-3r_2]{r_3-3r_1} \begin{vmatrix} 1 & 1 & 1 \\ \lambda & \lambda-1 & 2 \\ 0 & 1-3\lambda & \lambda+1 \end{vmatrix}$$

$$\xlongequal{r_2-\lambda r_1} \begin{vmatrix} 1 & 1 & 1 \\ 0 & -1 & 2-\lambda \\ 0 & 1-3\lambda & \lambda+1 \end{vmatrix} \xlongequal{r_3-(1-3\lambda)r_2} \begin{vmatrix} 1 & 1 & 1 \\ 0 & -1 & 2-\lambda \\ 0 & 0 & 3(\lambda-1)^2 \end{vmatrix} =-3(\lambda-1)^2$$

当 $3(\lambda-1)^2=0$，即 $\lambda=1$ 时，$|\boldsymbol{A}|=0$(此时 $R(\boldsymbol{A})=2$)，方程组有非零解。此时，对系数矩阵 $\boldsymbol{A}$ 施以初等行变换，将其化为行最简阶梯形矩阵

$$\boldsymbol{A}\longrightarrow\begin{pmatrix} 1 & 1 & 1 \\ 0 & -1 & 1 \\ 0 & 0 & 0 \end{pmatrix} \xrightarrow{r_1+r_2} \begin{pmatrix} 1 & 0 & 2 \\ 0 & -1 & 1 \\ 0 & 0 & 0 \end{pmatrix} \xrightarrow{-r_2} \begin{pmatrix} 1 & 0 & 2 \\ 0 & 1 & -1 \\ 0 & 0 & 0 \end{pmatrix}$$

于是得方程组的解为

$$\begin{cases} x_1=-2c \\ x_2=c \\ x_3=c \end{cases}$$

其中 c 取任意实数。

习 题 3-1

1. 已知线性方程组 $\boldsymbol{AX}=\boldsymbol{b}$ 的增广矩阵 $\widetilde{\boldsymbol{A}}$ 通过若干初等行变换，化为如下行最简阶梯形矩阵，试写出方程组的解。

(1) $\begin{pmatrix} 1 & 4 & 0 & 7 & 0 & 2 \\ 0 & 0 & 1 & -6 & 0 & 3 \\ 0 & 0 & 0 & 0 & 1 & -3 \\ 0 & 0 & 0 & 0 & 0 & 0 \end{pmatrix}$，$\boldsymbol{X}=(x_1, x_2, x_3, x_4, x_5)^{\mathrm{T}}$。

(2) $\begin{pmatrix} 1 & 2 & 3 & 4 & 5 \\ 0 & 0 & 0 & 0 & 0 \\ 0 & 0 & 0 & 0 & 0 \end{pmatrix}$，$\boldsymbol{X}=(x_1, x_2, x_3, x_4)^{\mathrm{T}}$。

2. 已知线性方程组 $\boldsymbol{AX}=\boldsymbol{0}$ 的系数矩阵 $\boldsymbol{A}$ 通过若干初等行变换，化为如下行最简阶梯形矩阵，试写出方程组的解。

(1) $\begin{pmatrix} 1 & 0 & 2 & 1 \\ 0 & 1 & 4 & 0 \\ 0 & 0 & 0 & 0 \end{pmatrix}$，$\boldsymbol{X}=(x_1, x_2, x_3, x_4)^{\mathrm{T}}$。

(2) $\begin{pmatrix} 1 & 0 & 6 & 0 \\ 0 & 1 & -8 & 0 \\ 0 & 0 & 0 & 1 \end{pmatrix}$，$\boldsymbol{X}=(x_1, x_2, x_3, x_4)^{\mathrm{T}}$。

3. 用消元法解下列线性方程组。

(1) $\begin{cases} x_1+3x_2-7x_3=-8 \\ 2x_1+5x_2+4x_3=4 \\ 3x_1+7x_2+2x_3=4 \\ x_1+4x_2-12x_3=-15 \end{cases}$

(2) $\begin{cases} x_1+x_2+2x_3+3x_4=1 \\ x_1+2x_2+3x_3-x_4=-4 \\ 3x_1-x_2-x_3-2x_4=-4 \\ 2x_1+3x_2-x_3-x_4=-6 \end{cases}$

(3) $\begin{cases} 2x_1+x_2-x_3+x_4=1 \\ 4x_1+2x_2-2x_3+x_4=2 \\ 2x_1+x_2-x_3-x_4=1 \end{cases}$

(4) $\begin{cases} x_1+8x_2-7x_3=12 \\ x_1+9x_2-5x_3=16 \\ x_1+10x_2-3x_3=20 \\ x_1+11x_2-x_3=24 \end{cases}$

(5) $\begin{cases} x_1 + x_2 + 2x_3 - x_4 = 0 \\ 2x_1 + x_2 + x_3 - x_4 = 0 \\ 2x_1 + 2x_2 + x_3 + x_4 = 0 \end{cases}$　　(6) $\begin{cases} 2x_1 + 3x_2 - x_3 + 5x_4 = 0 \\ 3x_1 + x_2 + 2x_3 - 7x_4 = 0 \\ 4x_1 + x_2 - 3x_3 + 6x_4 = 0 \\ x_1 - 2x_2 + 4x_3 - 7x_4 = 0 \end{cases}$

4. 判别下列非齐次线性方程组是否有解？若有解，判别是否有无穷多解？

(1) $\begin{cases} x_1 - 2x_2 + x_3 + x_4 = 1 \\ x_1 - 2x_2 + x_3 - x_4 = -1 \\ x_1 - 2x_2 + x_3 + 5x_4 = 5 \end{cases}$　　(2) $\begin{cases} 2x_1 + 7x_2 + 3x_3 + x_4 = 6 \\ 3x_1 + 5x_2 + 2x_3 + 2x_4 = 4 \\ 9x_1 + 4x_2 + x_3 + 7x_4 = 2 \end{cases}$

(3) $\begin{cases} x_1 + x_2 - 3x_3 = -1 \\ 2x_1 + x_2 - 2x_3 = 1 \\ x_1 + x_2 + x_3 = 3 \\ x_1 + 2x_2 - 3x_3 = 1 \end{cases}$　　(4) $\begin{cases} x_1 - x_2 - x_3 = 0 \\ x_1 + x_2 + x_3 = 1 \\ x_1 - x_2 + 2x_3 = 2 \\ 2x_1 - 2x_2 + x_3 = 2 \end{cases}$

5. λ 为何值时，线性方程组

$$\begin{cases} -2x_1 + x_2 + x_3 = -2 \\ x_1 - 2x_2 + x_3 = \lambda \\ x_1 + x_2 - 2x_3 = \lambda^2 \end{cases}$$

(1) 有唯一解？(2) 有无穷多解？(3) 无解？

6. λ 为何值时，线性方程组

$$\begin{cases} x_1 - x_2 + 2x_3 = 0 \\ x_1 - 2x_2 + 3x_3 = -1 \\ 2x_1 - x_2 + \lambda x_3 = 2 \end{cases}$$

(1) 有唯一解？(2) 有无穷多解？(3) 无解？

7. 判别下列齐次线性方程组是否有非零解。

(1) $\begin{cases} x_1 + x_2 + x_3 + x_4 = 0 \\ 2x_1 + x_2 + 3x_3 + 5x_4 = 0 \\ x_1 - x_2 + 3x_3 - 2x_4 = 0 \\ 3x_1 + x_2 + 5x_3 + 6x_4 = 0 \end{cases}$　　(2) $\begin{cases} x_1 - x_2 + 2x_3 - 3x_4 = 0 \\ x_1 - 3x_2 + 2x_3 - x_4 = 0 \\ 2x_1 - 4x_2 + 4x_3 - 3x_4 = 0 \\ x_1 - x_2 + x_3 - 2x_4 = 0 \end{cases}$

8. λ 为何值时，齐次线性方程组

$$
\begin{cases}
x_1 + x_2 + x_3 + \lambda x_4 = 0 \\
x_1 + x_2 + \lambda x_3 + x_4 = 0 \\
x_1 + \lambda x_2 + x_3 + x_4 = 0 \\
\lambda x_1 + x_2 + x_3 + x_4 = 0
\end{cases}
$$

(1) 只有零解?(2) 有非零解?

第二节　向量的线性表示

为了给出线性方程组解的结构，本节与下一节讨论向量与向量之间的关系问题。在第五章我们还要应用这些关系。本节给出向量的线性表示的概念及基本性质。

一、向量的概念

在第二章矩阵的概念中，我们知道：$1\times n$ 矩阵$(a_1, a_2, \cdots, a_n)$称为 n 维行向量，简称行向量；$m\times 1$ 列矩阵$(b_1, b_2, \cdots, b_m)^{\mathrm{T}}$ 称为 m 维列向量，简称为列向量。行向量、列向量统称为向量，用希腊字母 $\boldsymbol{\alpha}$, $\boldsymbol{\beta}$, $\boldsymbol{\eta}$, $\boldsymbol{\xi}$ 等表示。本书除特别说明外，所讨论的向量均指列向量。从而，$\boldsymbol{\alpha}^{\mathrm{T}}$, $\boldsymbol{\beta}^{\mathrm{T}}$ 等表示行向量。

若干个同维向量所组成的集合称为向量组。

对于 $m\times n$ 矩阵

$$
\boldsymbol{A} = \begin{pmatrix} a_{11} & a_{12} & \cdots & a_{1n} \\ a_{21} & a_{22} & \cdots & a_{2n} \\ \cdots & \cdots & \cdots & \cdots \\ a_{m1} & a_{m2} & \cdots & a_{mn} \end{pmatrix}
$$

它有 n 个 m 维列向量

$$
\boldsymbol{\alpha}_j = \begin{pmatrix} a_{1j} \\ a_{2j} \\ \vdots \\ a_{mj} \end{pmatrix} (j = 1, 2, \cdots, n)
$$

它们组成的向量组 $\boldsymbol{\alpha}_1, \boldsymbol{\alpha}_2, \cdots, \boldsymbol{\alpha}_n$ 称为矩阵 $\boldsymbol{A}$ 的列向量组。

$m\times n$ 矩阵 $\boldsymbol{A}$ 又有 m 个 n 维行向量

$$\boldsymbol{\beta}_i^{\mathrm{T}} = (a_{i1}, a_{i2}, \cdots, a_{in})(i = 1, 2, \cdots, m)$$

它们组成的向量组 $\boldsymbol{\beta}_1^{\mathrm{T}}, \boldsymbol{\beta}_2^{\mathrm{T}}, \cdots, \boldsymbol{\beta}_m^{\mathrm{T}}$ 称为矩阵 $\boldsymbol{A}$ 的行向量组。

反之，由有限个向量所组成的向量组也可以构成一个矩阵。

例如，4 个 3 维列向量

$$\boldsymbol{\alpha}_1 = \begin{pmatrix} 2 \\ 4 \\ 0 \end{pmatrix}, \boldsymbol{\alpha}_2 = \begin{pmatrix} -1 \\ 7 \\ -4 \end{pmatrix}, \boldsymbol{\alpha}_3 = \begin{pmatrix} 1 \\ -6 \\ 5 \end{pmatrix}, \boldsymbol{\alpha}_4 = \begin{pmatrix} 3 \\ -5 \\ 6 \end{pmatrix}$$

可以构作一个 3×4 矩阵 $\boldsymbol{A}$，并且以 $\boldsymbol{\alpha}_1, \boldsymbol{\alpha}_2, \boldsymbol{\alpha}_3, \boldsymbol{\alpha}_4$ 为 $\boldsymbol{A}$ 的列向量组，即

$$\boldsymbol{A} = (\boldsymbol{\alpha}_1, \boldsymbol{\alpha}_2, \boldsymbol{\alpha}_3, \boldsymbol{\alpha}_4) = \begin{pmatrix} 2 & -1 & 1 & 3 \\ 4 & 7 & -6 & -5 \\ 0 & -4 & 5 & 6 \end{pmatrix}$$

由于向量是特殊矩阵，因此向量的相等、向量的加法、向量的减法、数乘向量按矩阵的相应运算定义和运算规则进行运算。在此不再叙述，仅举一例说明之。

【例 1】 已知向量 $\boldsymbol{\alpha}_1 = (4, 1, 3, -2)^{\mathrm{T}}$，$\boldsymbol{\alpha}_2 = (1, 0, 3, 1)^{\mathrm{T}}$，$\boldsymbol{\alpha}_3 = (5, -7, 0, 0)^{\mathrm{T}}$，求满足等式 $3(\boldsymbol{\alpha}_1 - \boldsymbol{\beta}) + 2(\boldsymbol{\beta} + \boldsymbol{\alpha}_2) = 5(\boldsymbol{\alpha}_3 + \boldsymbol{\beta})$ 的向量 $\boldsymbol{\beta}$。

解 根据运算规则及性质

$$3(\boldsymbol{\alpha}_1 - \boldsymbol{\beta}) + 2(\boldsymbol{\beta} + \boldsymbol{\alpha}_2) = 3\boldsymbol{\alpha}_1 + 2\boldsymbol{\alpha}_2 - \boldsymbol{\beta}$$
$$5(\boldsymbol{\alpha}_3 + \boldsymbol{\beta}) = 5\boldsymbol{\alpha}_3 + 5\boldsymbol{\beta}$$

从而，得

$$3\boldsymbol{\alpha}_1 + 2\boldsymbol{\alpha}_2 - \boldsymbol{\beta} = 5\boldsymbol{\alpha}_3 + 5\boldsymbol{\beta}$$

于是

$$\boldsymbol{\beta} = \frac{1}{6}(3\boldsymbol{\alpha}_1 + 2\boldsymbol{\alpha}_2 - 5\boldsymbol{\alpha}_3) = \left(-\frac{11}{6}, \frac{19}{3}, \frac{5}{2}, -\frac{2}{3}\right)^{\mathrm{T}}$$

二、向量的线性表示

由向量组 $\boldsymbol{\alpha}_1, \boldsymbol{\alpha}_2, \cdots, \boldsymbol{\alpha}_m$ 可以构建出向量，有如下定义。

定义 1 给定向量组 $\boldsymbol{\alpha}_1, \boldsymbol{\alpha}_2, \cdots, \boldsymbol{\alpha}_m$ 及任意一组数 $k_1, k_2, \cdots, k_m$，表达式

$$k_1\boldsymbol{\alpha}_1 + k_2\boldsymbol{\alpha}_2 + \cdots + k_m\boldsymbol{\alpha}_m$$

称为向量组 $\boldsymbol{\alpha}_1, \boldsymbol{\alpha}_2, \cdots, \boldsymbol{\alpha}_m$ 的一个线性组合，$k_1, k_2, \cdots, k_m$ 称为这个线性组合的

系数。

在向量之间关系的讨论中，首先要讨论的是一个向量$\boldsymbol{\beta}$与向量组$\boldsymbol{\alpha}_1,\boldsymbol{\alpha}_2,\cdots\boldsymbol{\alpha}_m$的线性组合的关系。为此，我们从线性方程组入门进行讨论。

对于线性方程组(3-1)式，即

$$\begin{cases} a_{11}x_1+a_{12}x_2+\cdots+a_{1n}x_n=b_1 \\ a_{21}x_1+a_{22}x_2+\cdots+a_{2n}x_n=b_2 \\ \cdots \quad \cdots \quad \cdots \quad \cdots \quad \cdots \\ a_{m1}x_1+a_{m2}x_2+\cdots+a_{mn}x_n=b_m \end{cases}$$

设

$$\boldsymbol{\alpha}_j=(a_{1j},a_{2j},\cdots,a_{mj})^{\mathrm{T}},\ \boldsymbol{\beta}=(b_1,b_2,\cdots,b_m)^{\mathrm{T}},\ j=1,2,\cdots,n$$

则方程组(3-1)可以用向量及运算规则表示成

$$x_1\boldsymbol{\alpha}_1+x_2\boldsymbol{\alpha}_2+\cdots+x_n\boldsymbol{\alpha}_n=\boldsymbol{\beta}$$

上式称为线性方程组的向量形式。

从向量角度看，线性方程组(3-1)是否有解，相当于是否存在一组数k_1，k_2，…，k_m，使向量$\boldsymbol{\beta}$与向量组$\boldsymbol{\alpha}_1,\boldsymbol{\alpha}_2,\cdots,\boldsymbol{\alpha}_n$之间有关系式

$$k_1\boldsymbol{\alpha}_1+k_2\boldsymbol{\alpha}_2+\cdots+k_n\boldsymbol{\alpha}_n=\boldsymbol{\beta}$$

成立。从而得如下向量的线性表示概念。

定义 2 给定向量组$\boldsymbol{\alpha}_1,\boldsymbol{\alpha}_2,\cdots,\boldsymbol{\alpha}_m$和向量$\boldsymbol{\beta}$，如果存在一组数$k_1,k_2,\cdots,k_m$，使

$$\boldsymbol{\beta}=k_1\boldsymbol{\alpha}_1+k_2\boldsymbol{\alpha}_2+\cdots+k_m\boldsymbol{\alpha}_m \tag{3-11}$$

成立，则称向量$\boldsymbol{\beta}$是向量组$\boldsymbol{\alpha}_1,\boldsymbol{\alpha}_2,\cdots,\boldsymbol{\alpha}_m$的**线性组合**，或称向量$\boldsymbol{\beta}$可由向量组$\boldsymbol{\alpha}_1,\boldsymbol{\alpha}_2,\cdots,\boldsymbol{\alpha}_m$**线性表示**。

向量$\boldsymbol{\beta}$能否由向量组$\boldsymbol{\alpha}_1,\boldsymbol{\alpha}_2,\cdots,\boldsymbol{\alpha}_m$线性表示的问题，实质是以$k_1,k_2,\cdots,k_m$为未知量的线性方程组(3-11)是否有解。由本章第一节定理1得如下定理。

定理 5 向量$\boldsymbol{\beta}$可由向量组$\boldsymbol{\alpha}_1,\boldsymbol{\alpha}_2,\cdots,\boldsymbol{\alpha}_m$线性表示的充分必要条件是：方程组(3-11)有解，即矩阵$\boldsymbol{A}=(\boldsymbol{\alpha}_1,\boldsymbol{\alpha}_2,\cdots,\boldsymbol{\alpha}_m)$的秩等于矩阵$\widetilde{\boldsymbol{A}}=(\boldsymbol{\alpha}_1,\boldsymbol{\alpha}_2,\cdots,\boldsymbol{\alpha}_m,\boldsymbol{\beta})$的秩。若方程组(3-11)有唯一解，向量$\boldsymbol{\beta}$可由向量组$\boldsymbol{\alpha}_1,\boldsymbol{\alpha}_2,\cdots,\boldsymbol{\alpha}_m$唯一表示；若方程组(3-11)有无穷多解，则表示方法不唯一。

【例 2】 零向量是任何一向量组 $\boldsymbol{\alpha}_1, \boldsymbol{\alpha}_2, \cdots, \boldsymbol{\alpha}_m$ 的线性组合。

解 因为 $\boldsymbol{O}=0\cdot\boldsymbol{\alpha}_1+0\cdot\boldsymbol{\alpha}_2+\cdots+0\cdot\boldsymbol{\alpha}_s$

所以零向量 $\boldsymbol{O}$ 是向量组 $\boldsymbol{\alpha}_1, \boldsymbol{\alpha}_2, \cdots, \boldsymbol{\alpha}_m$ 的线性组合。

【例 3】 向量组 $\boldsymbol{\alpha}_1, \boldsymbol{\alpha}_2, \cdots, \boldsymbol{\alpha}_m$ 中的任一向量 $\boldsymbol{\alpha}_j(1\leqslant j\leqslant m)$ 都是此向量组的线性组合。

证明 因为 $\boldsymbol{\alpha}_j=0\cdot\boldsymbol{\alpha}_1+\cdots+1\cdot\boldsymbol{\alpha}_j+\cdots+0\cdot\boldsymbol{\alpha}_m$

所以 $\boldsymbol{\alpha}_j$ 是向量组 $\boldsymbol{\alpha}_1, \boldsymbol{\alpha}_2, \cdots, \boldsymbol{\alpha}_m$ 的线性组合，$1\leqslant j\leqslant m$。

【例 4】 试问向量 $\boldsymbol{\beta}=(2,-1,-1)^{\mathrm{T}}$ 是否可由向量组 $\boldsymbol{\alpha}_1=(1,-2,1)^{\mathrm{T}}$，$\boldsymbol{\alpha}_2=(2,-3,1)^{\mathrm{T}}$，$\boldsymbol{\alpha}_3=(-1,3,-2)^{\mathrm{T}}$，$\boldsymbol{\alpha}_4=(1,2,-3)^{\mathrm{T}}$ 线性表示？若可以，请写出表示式。

解 设有一组数 k_1, k_2, k_3, k_4，使

$$\boldsymbol{\beta}=k_1\boldsymbol{\alpha}_1+k_2\boldsymbol{\alpha}_2+k_3\boldsymbol{\alpha}_3+k_4\boldsymbol{\alpha}_4$$

对以 k_1, k_2, k_3, k_4 为未知量的上述线性方程组的增广矩阵 $\widetilde{\boldsymbol{A}}$ 施以初等行变换，将其化为行最简阶梯形矩阵

$$\widetilde{\boldsymbol{A}}\xrightarrow[r_3-r_1]{r_2+2r_1}\begin{pmatrix}1&2&-1&1&2\\0&1&1&4&3\\0&0&0&0&0\end{pmatrix}\xrightarrow{r_1-2r_2}\begin{pmatrix}1&0&-3&-7&-4\\0&1&1&4&3\\0&0&0&0&0\end{pmatrix}$$

得线性方程组有解，从而向量 $\boldsymbol{\beta}$ 是向量组 $\boldsymbol{\alpha}_1, \boldsymbol{\alpha}_2, \boldsymbol{\alpha}_3, \boldsymbol{\alpha}_4$ 的线性组合，但表示方法不唯一。

方程组解为 $\begin{cases}k_1=3c_1+7c_2-4\\k_2=-c_1-4c_2+3\\k_3=c_1\\k_4=c_2\end{cases}$ （c_1, c_2 取任意实数）

取 $c_1=c_2=1$，得一个解 $k_1=6$，$k_2=-2$，$k_3=1$，$k_4=1$，从而得线性表示的一个表示式

$$\boldsymbol{\beta}=6\boldsymbol{\alpha}_1-2\boldsymbol{\alpha}_2+\boldsymbol{\alpha}_3+\boldsymbol{\alpha}_4$$

由[例 4]可见，如果仅需判定向量 $\boldsymbol{\beta}$ 是否可由向量组 $\boldsymbol{\alpha}_1, \boldsymbol{\alpha}_2, \cdots, \boldsymbol{\alpha}_m$ 线性表示，我们只要判定 $k_1\boldsymbol{\alpha}_1+k_2\boldsymbol{\alpha}_2+\cdots+k_m\boldsymbol{\alpha}_m=\boldsymbol{\beta}$ 是否有解，即 $R(\widetilde{\boldsymbol{A}})$ 是否等于 $R(\boldsymbol{A})$，其中

$\boldsymbol{A}=(\boldsymbol{\alpha}_1, \boldsymbol{\alpha}_2, \cdots, \boldsymbol{\alpha}_m)$, $\widetilde{\boldsymbol{A}}=(\boldsymbol{A}, \boldsymbol{B})$。

【例 5】 判断向量 $\boldsymbol{\beta}=(3, 5, -9)^{\mathrm{T}}$ 是否可由向量组 $\boldsymbol{\alpha}_1=(1, 0, -1)^{\mathrm{T}}$, $\boldsymbol{\alpha}_2=(1, 1, 1)^{\mathrm{T}}$, $\boldsymbol{\alpha}_3=(-1, -1, -1)^{\mathrm{T}}$ 线性表示。

解 由向量组 $\boldsymbol{\alpha}_1, \boldsymbol{\alpha}_2, \boldsymbol{\alpha}_3, \boldsymbol{\beta}$ 构作矩阵 $\boldsymbol{A}=(\boldsymbol{\alpha}_1, \boldsymbol{\alpha}_2, \boldsymbol{\alpha}_3)$, $\widetilde{\boldsymbol{A}}=(\boldsymbol{\alpha}_1, \boldsymbol{\alpha}_2, \boldsymbol{\alpha}_3, \boldsymbol{\beta})$, 并对矩阵 $\widetilde{\boldsymbol{A}}$ 施以初等行变换，将其化为行阶梯形矩阵

$$\widetilde{\boldsymbol{A}} \xrightarrow{r_3+r_1} \begin{pmatrix} 1 & 1 & -1 & 3 \\ 0 & 1 & -1 & 5 \\ 0 & 2 & -2 & -6 \end{pmatrix} \xrightarrow{r_3-2r_2} \begin{pmatrix} 1 & 1 & -1 & 3 \\ 0 & 1 & -1 & 5 \\ 0 & 0 & 0 & -16 \end{pmatrix}。$$

得 $R(\boldsymbol{A})=2$, $R(\widetilde{\boldsymbol{A}})=3$,

所以 $\boldsymbol{\beta}$ 不能由向量组 $\boldsymbol{\alpha}_1, \boldsymbol{\alpha}_2, \boldsymbol{\alpha}_3$ 线性表示。

三、向量组的等价

定义 3 设有两个向量组

$$S_1: \boldsymbol{\alpha}_1, \boldsymbol{\alpha}_2, \cdots, \boldsymbol{\alpha}_m; S_2: \boldsymbol{\beta}_1, \boldsymbol{\beta}_2, \cdots, \boldsymbol{\beta}_t$$

如果向量组 S_1 中的每一个向量都可由向量组 S_2 线性表示，则称向量组 S_1 可由向量组 S_2 线性表示；如果向量组 S_1 与向量组 S_2 可以相互线性表示，则称向量组 S_1 与向量组 S_2 等价。

据向量的线性表示定义知，如果向量组 S_1 可由向量组 S_2 线性表示，那么对于向量组 S_1 中任意一个向量 $\boldsymbol{\alpha}_j$, $j=1, 2, \cdots, m$, 存在一组数 $k_{1j}, k_{2j}, \cdots, k_{tj}$, 使

$$\boldsymbol{\alpha}_j = k_{1j}\boldsymbol{\beta}_1 + k_{2j}\boldsymbol{\beta}_2 + \cdots + k_{tj}\boldsymbol{\beta}_t \tag{3-12}$$

根据线性方程有解的判定理论，线性方程组(3-12)式有解的充分必要条件是(3-12)的系数矩阵$(\boldsymbol{\beta}_1, \boldsymbol{\beta}_2, \cdots, \boldsymbol{\beta}_t)$的秩等于其增广矩阵$(\boldsymbol{\beta}_1, \boldsymbol{\beta}_2, \cdots, \boldsymbol{\beta}_t, \boldsymbol{\alpha}_j)$的秩，即

$$R(\boldsymbol{\beta}_1, \boldsymbol{\beta}_2, \cdots, \boldsymbol{\beta}_t) = R(\boldsymbol{\beta}_1, \boldsymbol{\beta}_2, \cdots, \boldsymbol{\beta}_t, \boldsymbol{\alpha}_j), \ j=1, 2, \cdots, m$$

这 m 个等式成立的充分必要条件是

$$R(\boldsymbol{\beta}_1, \boldsymbol{\beta}_2, \cdots, \boldsymbol{\beta}_t) = R(\boldsymbol{\beta}_1, \boldsymbol{\beta}_2, \cdots, \boldsymbol{\beta}_t, \boldsymbol{\alpha}_1, \boldsymbol{\alpha}_2, \cdots, \boldsymbol{\alpha}_m)$$

综上所述，得如下定理。

定理 6 向量组 $S_1: \boldsymbol{\alpha}_1, \boldsymbol{\alpha}_2, \cdots, \boldsymbol{\alpha}_m$ 能由向量组 $S_2: \boldsymbol{\beta}_1, \boldsymbol{\beta}_2, \cdots, \boldsymbol{\beta}_t$ 线性表示的充

分必要条件是：$R(\boldsymbol{B})=R(\boldsymbol{B},\boldsymbol{A})$，其中 $\boldsymbol{A}=(\boldsymbol{\alpha}_1,\boldsymbol{\alpha}_2,\cdots,\boldsymbol{\alpha}_m)$，$\boldsymbol{B}=(\boldsymbol{\beta}_1,\boldsymbol{\beta}_2,\cdots,\boldsymbol{\beta}_t)$。

推论 向量组 $\boldsymbol{S}_1:\boldsymbol{\alpha}_1,\boldsymbol{\alpha}_2,\cdots,\boldsymbol{\alpha}_m$ 与向量组 $\boldsymbol{S}_2:\boldsymbol{\beta}_1,\boldsymbol{\beta}_2,\cdots,\boldsymbol{\beta}_t$ 等价的充分必要条件是：$R(\boldsymbol{A})=R(\boldsymbol{B})=R(\boldsymbol{A},\boldsymbol{B})$。

【例 6】 设向量组 $\boldsymbol{S}_1:\boldsymbol{\alpha}_1=(0,1,1)^{\mathrm{T}}$，$\boldsymbol{\alpha}_2=(1,1,0)^{\mathrm{T}}$；向量组 $\boldsymbol{S}_2:\boldsymbol{\beta}_1=(-1,0,1)^{\mathrm{T}}$，$\boldsymbol{\beta}_2=(1,2,1)^{\mathrm{T}}$，$\boldsymbol{\beta}_3=(3,2,1)^{\mathrm{T}}$，证明向量组 $\boldsymbol{S}_1$ 与向量组 $\boldsymbol{S}_2$ 等价。

解 构作矩阵 $\boldsymbol{A}=(\boldsymbol{\alpha}_1,\boldsymbol{\alpha}_2)$，$\boldsymbol{B}=(\boldsymbol{\beta}_1,\boldsymbol{\beta}_2,\boldsymbol{\beta}_3)$。对$(\boldsymbol{A},\boldsymbol{B})$施以初等行变换。

$$(\boldsymbol{A},\boldsymbol{B})\xrightarrow[r_3-r_1]{r_1\leftrightarrow r_2}\begin{pmatrix}1&1&0&2&2\\0&1&-1&1&3\\0&-1&1&-1&-3\end{pmatrix}\xrightarrow{r_3+r_2}\begin{pmatrix}1&1&0&2&2\\0&1&-1&1&3\\0&0&0&0&0\end{pmatrix}$$

由上面的行阶梯形矩阵可知

$$R(\boldsymbol{A})=R(\boldsymbol{B})=R(\boldsymbol{A},\boldsymbol{B})=2$$

所以，向量组 $\boldsymbol{S}_1$ 与向量组 $\boldsymbol{S}_2$ 等价。

习 题 3-2

1. 已知向量 $\boldsymbol{\alpha}_1=(3,-1,0)^{\mathrm{T}}$，$\boldsymbol{\alpha}_2=(0,2,0)^{\mathrm{T}}$，$\boldsymbol{\alpha}_3=(-2,4,3)^{\mathrm{T}}$。

求(1) $2\boldsymbol{\alpha}_1-\frac{1}{2}\boldsymbol{\alpha}_2+3\boldsymbol{\alpha}_3$。(2) $\boldsymbol{\alpha}_1+2\boldsymbol{\alpha}_2-4\boldsymbol{\alpha}_3$。

2. 已知向量 $\boldsymbol{\alpha}_1=(4,5,-5,3)^{\mathrm{T}}$，$\boldsymbol{\alpha}_2=(10,1,5,10)^{\mathrm{T}}$，$\boldsymbol{\alpha}_3=(4,1,-1,1)^{\mathrm{T}}$，如果 $3(\boldsymbol{\alpha}_1-\boldsymbol{\alpha})+2(\boldsymbol{\alpha}_2+\boldsymbol{\alpha})-5(\boldsymbol{\alpha}_3-\boldsymbol{\alpha})=0$，求 $\boldsymbol{\alpha}$。

3. 判断向量 $\boldsymbol{\beta}$ 是否可用向量 $\boldsymbol{\alpha}_1,\boldsymbol{\alpha}_2,\boldsymbol{\alpha}_3$ 线性表示，若可以，写出表示式。

(1) $\boldsymbol{\beta}=(-3,3,7)^{\mathrm{T}}$，$\boldsymbol{\alpha}_1=(1,-1,2)^{\mathrm{T}}$，$\boldsymbol{\alpha}_2=(2,1,0)^{\mathrm{T}}$，$\boldsymbol{\alpha}_3=(-1,2,1)^{\mathrm{T}}$。

(2) $\boldsymbol{\beta}=(0,10,8)^{\mathrm{T}}$，$\boldsymbol{\alpha}_1=(0,2,2)^{\mathrm{T}}$，$\boldsymbol{\alpha}_2=(1,3,2)^{\mathrm{T}}$，$\boldsymbol{\alpha}_3=(1,8,7)^{\mathrm{T}}$。

(3) $\boldsymbol{\beta}=(2,0,2)^{\mathrm{T}}$，$\boldsymbol{\alpha}_1=(1,1,1)^{\mathrm{T}}$，$\boldsymbol{\alpha}_2=(1,1,-1)^{\mathrm{T}}$，$\boldsymbol{\alpha}_3=(1,-1,1)^{\mathrm{T}}$。

4. 已知向量 $\boldsymbol{\beta}=(1,m,5)^{\mathrm{T}}$，$\boldsymbol{\alpha}_1=(1,-3,2)^{\mathrm{T}}$，$\boldsymbol{\alpha}_2=(2,-1,1)^{\mathrm{T}}$。问 m 取何值时，向量 $\boldsymbol{\beta}$ 可用向量 $\boldsymbol{\alpha}_1,\boldsymbol{\alpha}_2$ 线性表示？并求出表示式。

5. 设向量 $\boldsymbol{\beta}=(0,\boldsymbol{\lambda},\boldsymbol{\lambda}^2)^{\mathrm{T}}$ 及向量组 $\boldsymbol{\alpha}_1=(1+\boldsymbol{\lambda},1,1)^{\mathrm{T}}$，$\boldsymbol{\alpha}_2=(1,1+\boldsymbol{\lambda},1)^{\mathrm{T}}$，$\boldsymbol{\alpha}_3=(1,1,1+\boldsymbol{\lambda})^{\mathrm{T}}$。问当 λ 取何值时，

(1) 向量 $\boldsymbol{\beta}$ 可由向量组 $\boldsymbol{\alpha}_1,\boldsymbol{\alpha}_2,\boldsymbol{\alpha}_3$ 线性表示，且表达式唯一？

(2) 向量 $\boldsymbol{\beta}$ 可由向量组 $\boldsymbol{\alpha}_1$，$\boldsymbol{\alpha}_2$，$\boldsymbol{\alpha}_3$ 线性表示，但表达式不唯一？

(3) 向量 $\boldsymbol{\beta}$ 不能由向量组 $\boldsymbol{\alpha}_1$，$\boldsymbol{\alpha}_2$，$\boldsymbol{\alpha}_3$ 线性表示？

6. 设向量组 $\boldsymbol{S}_1$：$\boldsymbol{\alpha}_1=(1,-1,1,-1)^{\mathrm{T}}$，$\boldsymbol{\alpha}_2=(3,1,1,3)^{\mathrm{T}}$；向量组 $\boldsymbol{S}_2$：$\boldsymbol{\beta}_1=(2,0,1,1)^{\mathrm{T}}$，$\boldsymbol{\beta}_2=(1,1,0,2)^{\mathrm{T}}$，$\boldsymbol{\beta}_3=(3,-1,2,0)^{\mathrm{T}}$，请证明向量组 $\boldsymbol{S}_1$ 与向量组 $\boldsymbol{S}_2$ 等价。

第三节　向量组的线性相关性，向量组的秩

向量组的线性相关性是描述向量组中向量线性关系的重要概念。本节在讨论向量组的线性相关性时，展示了矩阵秩的重要作用，然后将矩阵的秩引入向量组，给出构成向量组的最基本成分：极大无关组与向量组的秩。

一、线性相关、线性无关

对于齐次线性方程组

$$\begin{cases} x_1-x_2-x_3=0\\ 2x_1+x_2+7x_3=0\\ x_1+x_2+5x_3=0\end{cases}\tag{3-13}$$

设 $\boldsymbol{\alpha}_1=(1,2,1)^{\mathrm{T}}$，$\boldsymbol{\alpha}_2=(-1,1,1)^{\mathrm{T}}$，$\boldsymbol{\alpha}_3=(-1,7,5)^{\mathrm{T}}$，那么齐次线性方程组(3-13)可以写成向量形式

$$x_1\boldsymbol{\alpha}_1+x_2\boldsymbol{\alpha}_2+x_3\boldsymbol{\alpha}_3=\boldsymbol{O}$$

齐次线性方程组(3-13)的解为

$$\begin{cases} x_1=-2c\\ x_2=-3c\,(c\text{ 取任意实数})\\ x_3=c\end{cases}$$

取 $c=1$，得 $x_1=-2$，$x_2=-3$，$x_3=1$，使得

$$-2\boldsymbol{\alpha}_1-3\boldsymbol{\alpha}_2+\boldsymbol{\alpha}_3=\boldsymbol{O}$$

这说明除

$$0\cdot\boldsymbol{\alpha}_1+0\cdot\boldsymbol{\alpha}_2+0\cdot\boldsymbol{\alpha}_3=\boldsymbol{O}$$

外，还有 $-2\boldsymbol{\alpha}_1-3\boldsymbol{\alpha}_2+\boldsymbol{\alpha}=\boldsymbol{O}$ 等成立，则称向量组 $\boldsymbol{\alpha}_1$，$\boldsymbol{\alpha}_2$，$\boldsymbol{\alpha}_3$ 是**线性相关**的。

又如齐次线性方程组

$$\begin{cases}3x_1+\ x_2+2x_3=0\\ x_1+2x_2+3x_3=0\\ 2x_1+3x_2+\ x_3=0\end{cases}\tag{3-14}$$

只有零解。设 $\boldsymbol{\alpha}_1=(3,1,2)^{\mathrm{T}}$，$\boldsymbol{\alpha}_2=(1,2,3)^{\mathrm{T}}$，$\boldsymbol{\alpha}_3=(2,3,1)^{\mathrm{T}}$，也就是说齐次线性方程组(3-14)的向量形式

$$x_1\boldsymbol{\alpha}_1+x_2\boldsymbol{\alpha}_2+x_3\boldsymbol{\alpha}_3=\boldsymbol{O}$$

只有当 $x_1=x_2=x_3=0$ 时才成立，则称向量组 $\boldsymbol{\alpha}_1$，$\boldsymbol{\alpha}_2$，$\boldsymbol{\alpha}_3$ 是**线性无关**的。

一般地，关于向量组的线性相关、线性无关有如下定义。

定义 1 对于向量组 $\boldsymbol{\alpha}_1$，$\boldsymbol{\alpha}_2$，…，$\boldsymbol{\alpha}_m$，如果存在一组不全为零的数 k_1，k_2，…，k_m，使

$$k_1\boldsymbol{\alpha}_1+k_2\boldsymbol{\alpha}_2+\cdots+k_m\boldsymbol{\alpha}_m=\boldsymbol{O}\tag{3-15}$$

成立，则称向量组 $\boldsymbol{\alpha}_1$，$\boldsymbol{\alpha}_2$，…，$\boldsymbol{\alpha}_m$ **线性相关**，而称 k_1，k_2，…，k_m 为一组**相关系数**；如果只有 k_1，k_2，…，k_m 全为零时才能使(3-15)式成立，则称向量组 $\boldsymbol{\alpha}_1$，$\boldsymbol{\alpha}_2$，…，$\boldsymbol{\alpha}_m$ **线性无关**。

一个向量组 $\boldsymbol{\alpha}_1$，$\boldsymbol{\alpha}_2$，…，$\boldsymbol{\alpha}_m$ 不是线性相关，就是线性无关，当且仅当 $k_1=k_2=\cdots=k_m=0$ 时，(3-15)才成立，则向量组线性无关。

含零向量的向量组 $\boldsymbol{\alpha}_1$，$\boldsymbol{\alpha}_2$，…，$\boldsymbol{\alpha}_m$，$\boldsymbol{O}$，由于 $\boldsymbol{O}\boldsymbol{\alpha}_1+\boldsymbol{O}\boldsymbol{\alpha}_2+\cdots+\boldsymbol{O}\boldsymbol{\alpha}_n+k\cdot\boldsymbol{O}=\boldsymbol{O}$，其中 k 是任意非零的实数，所以含有零向量的向量组必线性相关

从引入定义的两例可见，要判定向量组 $\boldsymbol{\alpha}_1$，$\boldsymbol{\alpha}_2$，…，$\boldsymbol{\alpha}_m$ 的线性相关性，相当于判定以 k_1，k_2，…，k_m 为未知量的线方程组(3-15)是否有非零解的问题。如果以矩阵 $\boldsymbol{A}=(\boldsymbol{\alpha}_1,\boldsymbol{\alpha}_2,\cdots,\boldsymbol{\alpha}_m)$ 为系数矩阵的齐次线性方程组(3-15)有非零解，则向量组 $\boldsymbol{\alpha}_1$，$\boldsymbol{\alpha}_2$，…，$\boldsymbol{\alpha}_m$ 线性相关，如果只有零解，则向量组 $\boldsymbol{\alpha}_1$，$\boldsymbol{\alpha}_2$，…，$\boldsymbol{\alpha}_m$ 线性无关，由此得如下定理。

定理 7 向量组 $\boldsymbol{\alpha}_1$，$\boldsymbol{\alpha}_2$，…，$\boldsymbol{\alpha}_m$ 线性相关的充分必要条件是齐次线性方程组 $\boldsymbol{AX}=\boldsymbol{O}$ 有非零解；向量组 $\boldsymbol{\alpha}_1$，$\boldsymbol{\alpha}_2$，…，$\boldsymbol{\alpha}_m$ 线性无关的充分必要条件是齐次线性方程组 $\boldsymbol{AX}=\boldsymbol{O}$ 只有零解，其中矩阵 $\boldsymbol{A}=(\boldsymbol{\alpha}_1,\boldsymbol{\alpha}_2,\cdots,\boldsymbol{\alpha}_m)$。

推论 1 向量组 $\boldsymbol{\alpha}_1$，$\boldsymbol{\alpha}_2$，…，$\boldsymbol{\alpha}_m$ 线性相关的充分必要条件是由它所构成的矩阵 $\boldsymbol{A}=(\boldsymbol{\alpha}_1,\boldsymbol{\alpha}_2,\cdots,\boldsymbol{\alpha}_m)$ 的秩小于向量个数 m；向量组线性无关的充分必要条件是

$R(\boldsymbol{A})=m$。

推论 2　n 个 n 维向量 $\boldsymbol{\alpha}_1$，$\boldsymbol{\alpha}_2$，…，$\boldsymbol{\alpha}_n$ 线性相关的充分必要条件是行列式 $|\boldsymbol{A}|=0$；$\boldsymbol{\alpha}_1$，$\boldsymbol{\alpha}_2$，…，$\boldsymbol{\alpha}_n$ 线性无关的充分必要条件是行列式 $|\boldsymbol{A}|\neq 0$，其中矩阵 $\boldsymbol{A}=(\boldsymbol{\alpha}_1,\boldsymbol{\alpha}_2,\cdots,\boldsymbol{\alpha}_m)$。

【例 1】　设向量组 $\boldsymbol{\alpha}_1=(1,2,-1,0)^{\mathrm{T}}$，$\boldsymbol{\alpha}_2=(1,1,0,0)^{\mathrm{T}}$，$\boldsymbol{\alpha}_3=(2,1,1,a)^{\mathrm{T}}$。试问：(1) a 为何值时，向量组 $\boldsymbol{\alpha}_1$，$\boldsymbol{\alpha}_2$，$\boldsymbol{\alpha}_3$ 线性无关？(2) a 为何值时，向量组 $\boldsymbol{\alpha}_1$，$\boldsymbol{\alpha}_2$，$\boldsymbol{\alpha}_3$ 线性相关？

解　由向量组构作矩阵 $\boldsymbol{A}=(\boldsymbol{\alpha}_1,\boldsymbol{\alpha}_2,\boldsymbol{\alpha}_3)$，对 $\boldsymbol{A}$ 施以初等行变换，将其化为行阶梯形矩阵

$$\boldsymbol{A}=\begin{pmatrix}1&1&2\\2&1&1\\-1&0&1\\0&0&0\end{pmatrix}\xrightarrow[r_3+r_1]{r_2-2n}\begin{pmatrix}1&1&2\\0&-1&-3\\0&1&3\\0&0&a\end{pmatrix}\longrightarrow\begin{pmatrix}1&1&2\\0&1&3\\0&0&a\\0&0&0\end{pmatrix}$$

当 $a\neq 0$ 时，$R(\boldsymbol{A})=3$，则向量组线性无关；当 $a=0$ 时，$R(\boldsymbol{A})=2<3$，则向量组 $\boldsymbol{\alpha}_1$，$\boldsymbol{\alpha}_2$，$\boldsymbol{\alpha}_3$ 线性相关。

【例 2】　判断向量组 $\boldsymbol{\alpha}_1=(2,-1,7)^{\mathrm{T}}$，$\boldsymbol{\alpha}_2=(1,4,11)^{\mathrm{T}}$，$\boldsymbol{\alpha}_3=(3,-6,3)^{\mathrm{T}}$ 是否线性相关？若线性相关，求出线性相关的表达式。

解　构作矩阵 $\boldsymbol{A}=(\boldsymbol{\alpha}_1,\boldsymbol{\alpha}_2,\boldsymbol{\alpha}_3)$，由于需要求线性相关表达式，所以对 $\boldsymbol{A}$ 施以初等行变换，将其化为行最简阶梯形矩阵

$$\boldsymbol{A}\xrightarrow{r_1\leftrightarrow r_2}\begin{pmatrix}-1&4&-6\\2&1&3\\7&11&3\end{pmatrix}\xrightarrow[r_3+7r_1]{r_2+2r_1}\begin{pmatrix}-1&4&-6\\0&9&-9\\0&39&-39\end{pmatrix}$$

$$\xrightarrow[\frac{1}{9}r_2]{-r_1}\begin{pmatrix}1&-4&6\\0&1&-1\\0&39&-39\end{pmatrix}\xrightarrow[r_3-39r_2]{r_1+4r_2}\begin{pmatrix}1&0&2\\0&1&-1\\0&0&0\end{pmatrix}$$

因为 $R(\boldsymbol{A})=2<3$（向量个数），所以向量组线性相关。由行最简阶梯形矩阵得齐次线性方程组 $\boldsymbol{AX}=\boldsymbol{O}$ 的解为

$$k_1=-2c,\ k_2=c,\ k_3=c$$

c 取任意实数。

取 $c=1$，得 $k_1=-2$，$k_1=1$，$k_2=1$。于是得线性相关的表达式为

$$-2\boldsymbol{\alpha}_1+\boldsymbol{\alpha}_2+\boldsymbol{\alpha}_3=\boldsymbol{O}$$

【例 3】 已知向量组 $\boldsymbol{\alpha}_1$，$\boldsymbol{\alpha}_2$，$\boldsymbol{\alpha}_3$ 线性无关，$\boldsymbol{\beta}_1=\boldsymbol{\alpha}_1+\boldsymbol{\alpha}_2+\boldsymbol{\alpha}_3$，$\boldsymbol{\beta}_2=\boldsymbol{\alpha}_2+\boldsymbol{\alpha}_3$，$\boldsymbol{\beta}_3=\boldsymbol{\alpha}_1+2\boldsymbol{\alpha}_2$，试证向量组 $\boldsymbol{\beta}_1$，$\boldsymbol{\beta}_2$，$\boldsymbol{\beta}_3$ 线性无关。

证明 设有一组数 k_1，k_2，k_3，使

$$k_1\boldsymbol{\beta}_1+k_2\boldsymbol{\beta}_2+k_3\boldsymbol{\beta}_3=\boldsymbol{O}$$

即

$$k_1(\boldsymbol{\alpha}_1+\boldsymbol{\alpha}_2+\boldsymbol{\alpha}_3)+k_2(\boldsymbol{\alpha}_2+\boldsymbol{\alpha}_3)+k_3(\boldsymbol{\alpha}_1+2\boldsymbol{\alpha}_3)=\boldsymbol{O}$$

亦即

$$(k_1+k_3)\boldsymbol{\alpha}_1+(k_1+k_2)\boldsymbol{\alpha}_2+(k_1+k_2+2k_3)\boldsymbol{\alpha}_3=\boldsymbol{O}$$

因为向量组 $\boldsymbol{\alpha}_1$，$\boldsymbol{\alpha}_2$，$\boldsymbol{\alpha}_3$ 线性无关，故有

$$\begin{cases}k_1+\qquad k_3=0\\ k_1+k_2\qquad=0\\ k_1+k_2+2k_3=0\end{cases}$$

上齐次线性方程组的系数矩阵 $\boldsymbol{A}$ 的秩 $R(\boldsymbol{A})=3$，所以只有零解 $k_1=k_2=k_3=0$，从而向量组 $\boldsymbol{\beta}_1$，$\boldsymbol{\beta}_2$，$\boldsymbol{\beta}_3$ 线性无关。

【例 4】 已知向量组 $\boldsymbol{\alpha}_1$，$\boldsymbol{\alpha}_2$，…，$\boldsymbol{\alpha}_r$ 线性相关，试证向量组 $\boldsymbol{\alpha}_1$，$\boldsymbol{\alpha}_2$，…，$\boldsymbol{\alpha}_r$，$\boldsymbol{\alpha}_{r+1}$，…，$\boldsymbol{\alpha}_m$ 也线性相关。

证明 因为向量组 $\boldsymbol{\alpha}_1$，$\boldsymbol{\alpha}_2$，…，$\boldsymbol{\alpha}_r$ 线性相关，所以存在一组不全为零的一组数 k_1，k_2，…，k_r，使

$$k_1\boldsymbol{\alpha}_1+k_2\boldsymbol{\alpha}_2+\cdots+k_r\boldsymbol{\alpha}_r=\boldsymbol{O}$$

从而存在不全为零的一组数 k_1，k_2，…，k_r，0，…，0，使

$$k_1\boldsymbol{\alpha}_1+k_2\boldsymbol{\alpha}_2+\cdots+k_r\boldsymbol{\alpha}_r+0\cdot\boldsymbol{\alpha}_{r+1}+\cdots+0\cdot\boldsymbol{\alpha}_m=\boldsymbol{O}$$

成立，故向量组 $\boldsymbol{\alpha}_1$，$\boldsymbol{\alpha}_2$，…，$\boldsymbol{\alpha}_r$，$\boldsymbol{\alpha}_{r+1}$，…，$\boldsymbol{\alpha}_m$ 线性相关。

由[例 4]可知，如果向量组中的任意部分向量所构成的向量组线性相关。则该向量组必线性相关;反之，如果向量组线性无关，则其任意部分向量所构成的向量组也线性无关。

定理 8 向量组 $\boldsymbol{\alpha}_1$，$\boldsymbol{\alpha}_2$，…，$\boldsymbol{\alpha}_m$ 线性无关，向量组 $\boldsymbol{\alpha}_1$，$\boldsymbol{\alpha}_2$，…，$\boldsymbol{\alpha}_m$，$\boldsymbol{\beta}$ 线性相关

则向量$\boldsymbol{\beta}$能由向量组$\boldsymbol{\alpha}_1, \boldsymbol{\alpha}_2, \cdots, \boldsymbol{\alpha}_m$线性表示，且表示式唯一。

证明 先证向量$\boldsymbol{\beta}$可由向量组$\boldsymbol{\alpha}_1, \boldsymbol{\alpha}_2, \cdots, \boldsymbol{\alpha}_m$线性表示。

因$\boldsymbol{\alpha}_1, \boldsymbol{\alpha}_2, \cdots, \boldsymbol{\alpha}_m, \boldsymbol{\beta}$线性相关，因而存在不全为零的一组数$k_1, k_2, \cdots, k_m, k$使

$$k_1\boldsymbol{\alpha}_1 + k_2\boldsymbol{\alpha}_2 + \cdots + k_m\boldsymbol{\alpha}_m + k\boldsymbol{\beta} = \boldsymbol{O}$$

成立。从而必有$k \neq 0$，否则，上式成为

$$k_1\boldsymbol{\alpha}_1 + k_2\boldsymbol{\alpha}_2 + \cdots + k_m\boldsymbol{\alpha}_m = \boldsymbol{O}$$

且$k_1, k_2, \cdots, k_m$不全为零，这与$\boldsymbol{\alpha}_1, \boldsymbol{\alpha}_2, \cdots, \boldsymbol{\alpha}_m$线性无关矛盾。因此$k \neq 0$。

得

$$\boldsymbol{\beta} = \left(-\frac{k_1}{k}\right)\boldsymbol{\alpha}_1 + \left(-\frac{k_2}{k}\right)\boldsymbol{\alpha}_2 + \cdots + \left(-\frac{k_m}{k}\right)\boldsymbol{\alpha}_m$$

即$\boldsymbol{\beta}$是$\boldsymbol{\alpha}_1, \boldsymbol{\alpha}_2, \cdots, \boldsymbol{\alpha}_m$的线性组合。

再证明表示法唯一。

如果$\boldsymbol{\beta} = h_1\boldsymbol{\alpha}_1 + h_2\boldsymbol{\alpha}_2 + \cdots + h_m\boldsymbol{\alpha}_m$，且

$$\boldsymbol{\beta} = l_1\boldsymbol{\alpha}_1 + l_2\boldsymbol{\alpha}_2 + \cdots + l_m\boldsymbol{\alpha}_m$$

则有$(h_1 - l_1)\boldsymbol{\alpha}_1 + (h_2 - l_2)\boldsymbol{\alpha}_2 + \cdots + (h_m - l_m)\boldsymbol{\alpha}_m = \boldsymbol{O}$成立。

由$\boldsymbol{\alpha}_1, \boldsymbol{\alpha}_2, \cdots, \boldsymbol{\alpha}_m$线性无关可知

$$h_1 - l_1 = h_2 - l_2 = \cdots = h_m - l_m = 0,\ h_1 = l_1,\ h_2 = l_2,\ \cdots,\ h_m = l_m,$$

所以表示法是唯一的。

下面给出线性组合与线性相关之间相联系的一个定理。

定理 9 向量组$\boldsymbol{\alpha}_1, \boldsymbol{\alpha}_2, \cdots, \boldsymbol{\alpha}_m (m \geqslant 2)$线性相关的充分必要条件是：向量组中至少有一个向量是其余$m-1$个向量的线性组合。

证明 必要性 设向量组$\boldsymbol{\alpha}_1, \boldsymbol{\alpha}_2, \cdots, \boldsymbol{\alpha}_m$线性相关，则存在不全为零的一组数$k_1, k_2, \cdots, k_m$，使

$$k_1\boldsymbol{\alpha}_1 + k_2\boldsymbol{\alpha}_2 + \cdots k_m\boldsymbol{\alpha}_m = \boldsymbol{O}$$

因为$k_1, k_2, \cdots, k_m$不全为零，不妨设$k_1 = \boldsymbol{O}$，于是得

$$\boldsymbol{\alpha}_1 = -\frac{k_2}{k_1}\boldsymbol{\alpha}_2 - \frac{k_3}{k_1}\boldsymbol{\alpha}_3 - \cdots - \frac{k_m}{k_1}\boldsymbol{\alpha}_m$$

即 $\boldsymbol{\alpha}_1$ 是向量组 $\boldsymbol{\alpha}_2$，$\boldsymbol{\alpha}_3$，…，$\boldsymbol{\alpha}_m$ 的线性组合。

充分性　设向量组 $\boldsymbol{\alpha}_1$，$\boldsymbol{\alpha}_2$，…，$\boldsymbol{\alpha}_m$ 中有某一向量是其余向量的线性组合，不妨设 $\boldsymbol{\alpha}_m$ 是 $\boldsymbol{\alpha}_1$，$\boldsymbol{\alpha}_2$，…，$\boldsymbol{\alpha}_{m-1}$ 的线性组合，即存在一组数 $\boldsymbol{\lambda}_1$，$\boldsymbol{\lambda}_2$，…，$\boldsymbol{\lambda}_{m-1}$，使

$$\boldsymbol{\alpha}_m=\boldsymbol{\lambda}_1\boldsymbol{\alpha}_1+\boldsymbol{\lambda}_2\boldsymbol{\alpha}_2+\cdots+\boldsymbol{\lambda}_{m-1}\boldsymbol{\alpha}_{m-1}$$

从而

$$\boldsymbol{\lambda}_1\boldsymbol{\alpha}_1+\boldsymbol{\lambda}_2\boldsymbol{\alpha}_2+\cdots+\boldsymbol{\lambda}_{m-1}\boldsymbol{\alpha}_{m-1}+(-1)\boldsymbol{\alpha}_m=\boldsymbol{O}$$

由于 $\boldsymbol{\lambda}_1$，$\boldsymbol{\lambda}_2$，…，$\boldsymbol{\lambda}_{m-1}$，$(-1)$是一组不全为零的数(至少 $-1\neq 0$)，所以向量组 $\boldsymbol{\alpha}_1$，$\boldsymbol{\alpha}_2$，…，$\boldsymbol{\alpha}_m$ 线性相关。

二、向量组的秩

向量组线性相关时，说明有向量能用其余向量线性表示，向量组有冗余。向量组线性无关时，说明向量组中没有多余的向量。对于一个向量组 $\boldsymbol{S}$，我们从中探求具有最大个数的线性无关向量部分组，它可以表征向量组 $\boldsymbol{S}$，这就是向量组 $\boldsymbol{S}$ 的极大无关组。

定义 2　设 $\boldsymbol{S}$ 是 n 维向量所组成的向量组，如果在 $\boldsymbol{S}$ 中有 r 个向量 $\boldsymbol{\alpha}_1$，$\boldsymbol{\alpha}_2$，…，$\boldsymbol{\alpha}_r$，满足

(1) $\boldsymbol{\alpha}_1$，$\boldsymbol{\alpha}_2$，…，$\boldsymbol{\alpha}_r$ 线性无关。

(2) 任意的 $\boldsymbol{\alpha}\in\boldsymbol{S}$，$\boldsymbol{\alpha}$ 可用 $\boldsymbol{\alpha}_1$，$\boldsymbol{\alpha}_2$，…，$\boldsymbol{\alpha}_r$ 线性表示。

则称 $\boldsymbol{\alpha}_1$，$\boldsymbol{\alpha}_2$，…，$\boldsymbol{\alpha}_r$ 是向量组 $\boldsymbol{S}$ 的一个**极大线性无关组**，简称**极大无关组**。

显然，如果向量组 $\boldsymbol{S}$ 线性无关，那么向量组的极大无关组就是本身。

如果向量 $\boldsymbol{\alpha}_1$，$\boldsymbol{\alpha}_2$，…，$\boldsymbol{\alpha}_r$ 是向量组 $\boldsymbol{S}$ 的一个极大无关组，由定义知，向量组 $\boldsymbol{S}$ 中任意向量均可由 $\boldsymbol{\alpha}_1$，$\boldsymbol{\alpha}_2$，…，$\boldsymbol{\alpha}_r$ 线性表示；另一方面，极大无关组 $\boldsymbol{\alpha}_1$，$\boldsymbol{\alpha}_2$，…，$\boldsymbol{\alpha}_r$ 是向量组 $\boldsymbol{S}$ 中向量，所以极大无关组中任意向量均可由向量组 $\boldsymbol{S}$ 线性表示，从而向量组 $\boldsymbol{S}$ 与其极大无关组等价，得如下定理。

定理 10　向量组与其极大无关组等价。

【例 5】　求向量组 $\boldsymbol{\alpha}_1=(-1,3,3,1)^{\mathrm{T}}$，$\boldsymbol{\alpha}_2=(0,1,2,0)^{\mathrm{T}}$，$\boldsymbol{\alpha}_3=(-1,2,1,1)^{\mathrm{T}}$ 的一个极大无关组。

解　由向量组 $\boldsymbol{\alpha}_1$，$\boldsymbol{\alpha}_2$，$\boldsymbol{\alpha}_3$ 构作矩阵 $\boldsymbol{A}$，对矩阵 $\boldsymbol{A}$ 施以初等行变换

$$\boldsymbol{A}=\begin{pmatrix}-1&0&-1\\3&1&2\\3&2&1\\1&0&1\end{pmatrix}\xrightarrow[\substack{r_3+3r_1\\r_4+r_1}]{r_2+3r_1}\begin{pmatrix}-1&0&-1\\0&1&-1\\0&2&-2\\0&0&0\end{pmatrix}\xrightarrow{r_3-2r_2}\begin{pmatrix}-1&0&-1\\0&1&-1\\0&0&0\\0&0&0\end{pmatrix}$$

得 $R(A)=2$，所以 $\boldsymbol{\alpha}_1$，$\boldsymbol{\alpha}_2$，$\boldsymbol{\alpha}_3$ 线性相关。易知 $\boldsymbol{\alpha}_1$，$\boldsymbol{\alpha}_2$ 线性无关，且

$$\begin{cases}\boldsymbol{\alpha}_1=1\cdot\boldsymbol{\alpha}_1+0\cdot\boldsymbol{\alpha}_2\\ \boldsymbol{\alpha}_2=0\cdot\boldsymbol{\alpha}_1+1\cdot\boldsymbol{\alpha}_2\\ \boldsymbol{\alpha}_3=\boldsymbol{\alpha}_1-\boldsymbol{\alpha}_2\end{cases}$$

所以 $\boldsymbol{\alpha}_1$，$\boldsymbol{\alpha}_2$ 是向量组的一个极大无关组。

在[例 5]中，我们还可得出 $\boldsymbol{\alpha}_1$，$\boldsymbol{\alpha}_3$ 或 $\boldsymbol{\alpha}_2$，$\boldsymbol{\alpha}_3$ 也是向量组的极大无关组。由此可见，向量组的极大无关组不一定唯一。但[例 5]说明各极大无关组中所含的向量个数都是 2 个。一般地，有如下定理。

定理 11 向量组的任意两个极大无关组所含向量个数相等。

证明 设 $\boldsymbol{\alpha}_1,\boldsymbol{\alpha}_2,\cdots,\boldsymbol{\alpha}_r$ 与 $\boldsymbol{\beta}_1,\boldsymbol{\beta}_2,\cdots,\boldsymbol{\beta}_t$ 是向量组 $\boldsymbol{S}$ 的两个极大无关组，由 $\boldsymbol{\alpha}_1,\boldsymbol{\alpha}_2,\cdots,\boldsymbol{\alpha}_r$ 构作矩阵 $\boldsymbol{A}$，由 $\boldsymbol{\beta}_1,\boldsymbol{\beta}_2,\cdots,\boldsymbol{\beta}_t$ 构作矩阵 $\boldsymbol{B}$。

据定理 10 知，向量组 $\boldsymbol{S}$ 与其极大无关组 $\boldsymbol{\alpha}_1,\boldsymbol{\alpha}_2,\cdots,\boldsymbol{\alpha}_r$ 等价，又据定理 6 推论得

$$R(\boldsymbol{S})=R(\boldsymbol{A})=R(\boldsymbol{S},\boldsymbol{A})$$

由于 $\boldsymbol{\alpha}_1,\boldsymbol{\alpha}_2,\cdots,\boldsymbol{\alpha}_r$ 是极大无关组，所以 $\boldsymbol{\alpha}_1,\boldsymbol{\alpha}_2,\cdots,\boldsymbol{\alpha}_r$ 线性无关，于是 $R(\boldsymbol{A})=r$，从而 $R(\boldsymbol{S})=r$。

同理，由 $\boldsymbol{\beta}_1,\boldsymbol{\beta}_2,\cdots,\boldsymbol{\beta}_t$ 是向量组 $\boldsymbol{S}$ 的一个极大无关组，可得 $R(\boldsymbol{S})=t$，于是 $r=t$。

由定理 11 可见，向量组的极大无关组中向量个数是由其向量组确定的，是其本质属性，这个数就是向量组的秩。

定义 3 向量组中极大无关组所含向量的个数称为向量组的秩。仅含有零向量的向量组的秩规定为零。

一个 $m\times n$ 矩阵 $\boldsymbol{A}$，可以看成由 m 个 n 维行向量构成，这个向量组的秩称为矩阵 $\boldsymbol{A}$ 的行秩；矩阵 $\boldsymbol{A}$ 也可以看成由 n 个 m 维列向量构成，这个向量组的秩称为矩阵 $\boldsymbol{A}$ 的列秩。矩阵的行秩、列秩、秩之间有什么关系呢？我们有如下定理。

定理 12 矩阵 $\boldsymbol{A}$ 的秩等于矩阵 $\boldsymbol{A}$ 的列秩，也等于矩阵 $\boldsymbol{A}$ 的行秩。

证明 设 $\boldsymbol{\alpha}_1,\boldsymbol{\alpha}_2,\cdots,\boldsymbol{\alpha}_n$ 为 $m\times n$ 矩阵 $\boldsymbol{A}$ 的列向量组，矩阵 $\boldsymbol{A}$ 的秩 $R(\boldsymbol{A})=r$。不妨设矩阵 $\boldsymbol{A}$ 的第 1，2，⋯，r 行与第 1，2，⋯，r 列相交处的元素构成的 r 阶子式 $D_r\neq0$，从而矩阵 $\boldsymbol{A}$ 的任何 $r+1$ 阶子式(若存在)均为零。

由于 $D_r\neq0$，于是由向量组 $\boldsymbol{\alpha}_1,\boldsymbol{\alpha}_2,\cdots,\boldsymbol{\alpha}_r$ 构成的矩阵的秩为 r，据定理 7 推论

1，向量组 $\boldsymbol{\alpha}_1$，$\boldsymbol{\alpha}_2$，…，$\boldsymbol{\alpha}_r$ 线性无关。

由于矩阵 $\boldsymbol{A}$ 的任何 $r+1$ 阶子式均为零，那么由向量组 $\boldsymbol{\alpha}_1$，$\boldsymbol{\alpha}_2$，…，$\boldsymbol{\alpha}_r$，$\boldsymbol{\alpha}_j$($i=1$，2，…，n)构成的矩阵的秩$<r+1$。据定理 7 推论 1，向量组 $\boldsymbol{\alpha}_1$，$\boldsymbol{\alpha}_2$，…，$\boldsymbol{\alpha}_r$，$\boldsymbol{\alpha}_j$ 线性相关;据定理 8 知，向量 $\boldsymbol{\alpha}_j$ 是向量组 $\boldsymbol{\alpha}_1$，$\boldsymbol{\alpha}_2$，…，$\boldsymbol{\alpha}_r$ 的线性组合，$j=1$，2，…，n，即矩阵 $\boldsymbol{A}$ 的任何一个列向量都是向量组 $\boldsymbol{\alpha}_1$，$\boldsymbol{\alpha}_2$，…，$\boldsymbol{\alpha}_r$ 的线性组合。由极大无关组的定义知，向量组 $\boldsymbol{\alpha}_1$，$\boldsymbol{\alpha}_2$，…，$\boldsymbol{\alpha}_r$ 是矩阵 $\boldsymbol{A}$ 的列向量组的一个极大无关组，得矩阵的列秩为 r。

同理可证，矩阵的行秩为 r。

综上所述，矩阵 $\boldsymbol{A}$ 的秩等于矩阵 $\boldsymbol{A}$ 的列秩，也等于矩阵 $\boldsymbol{A}$ 的行秩。

由于初等变换不改变矩阵的秩，据定理 12，求向量组的秩可以转化为求由向量组构成的矩阵的秩。

我们还可以证明：如果对矩阵 $\boldsymbol{A}$ 仅施以初等行变换化为矩阵 $\boldsymbol{B}$，则 $\boldsymbol{B}$ 的列向量组与 $\boldsymbol{A}$ 的列向量组间有相同的线性关系，即

(1) 如果 $\boldsymbol{A}$ 的列向量组 $\boldsymbol{\alpha}_1$，$\boldsymbol{\alpha}_2$，…，$\boldsymbol{\alpha}_n$ 中，部分组 $\boldsymbol{\alpha}_{j_1}$，$\boldsymbol{\alpha}_{j_2}$，…，$\boldsymbol{\alpha}_{j_s}$ 线性无关，则 $\boldsymbol{B}$ 的列向量组 $\boldsymbol{\beta}_1$，$\boldsymbol{\beta}_2$，…，$\boldsymbol{\beta}_n$ 中，对应的 $\boldsymbol{\beta}_{j_1}$，$\boldsymbol{\beta}_{j_2}$，…，$\boldsymbol{\beta}_{j_s}$ 也线性无关。反之亦然。

(2) 如果 $\boldsymbol{A}$ 的列向量组 $\boldsymbol{\alpha}_1$，$\boldsymbol{\alpha}_2$，…，$\boldsymbol{\alpha}_n$ 中，某个向量 $\boldsymbol{\alpha}_j$ 可由其中的 $\boldsymbol{\alpha}_{j_1}$，$\boldsymbol{\alpha}_{j_2}$，…，$\boldsymbol{\alpha}_{j_s}$ 线性表示为

$$\boldsymbol{\alpha}_j = k_1\boldsymbol{\alpha}_{j_1} + k_2\boldsymbol{\alpha}_{j_2} + \cdots + k_s\boldsymbol{\alpha}_{j_s}$$

则 $\boldsymbol{B}$ 的列向量组 $\boldsymbol{\beta}_1$，$\boldsymbol{\beta}_2$，…，$\boldsymbol{\beta}_n$ 中，对应的 $\boldsymbol{\beta}_j$ 可由其中的 $\boldsymbol{\beta}_{j_1}$，$\boldsymbol{\beta}_{j_2}$，…，$\boldsymbol{\beta}_{j_s}$ 线性表示为

$$\boldsymbol{\beta}_j = k_1\boldsymbol{\beta}_{j_1} + k_2\boldsymbol{\beta}_{j_2} + \cdots + k_s\boldsymbol{\beta}_{j_s}$$

类似地，如果对矩阵 $\boldsymbol{A}$ 仅施以初等列变换化为矩阵 $\boldsymbol{C}$，则 $\boldsymbol{C}$ 的行向量组与 $\boldsymbol{A}$ 的行向量组间有相同的线性关系。

简言之，矩阵的初等行(列)变换不改变其列(行)向量间的线性关系。

综上所述，我们得到求向量组 $\boldsymbol{\alpha}_1$，$\boldsymbol{\alpha}_2$，…，$\boldsymbol{\alpha}_m$ 的秩及一个极大无关组的方法和步骤如下：

(1) 由向量组 $\boldsymbol{\alpha}_1$，$\boldsymbol{\alpha}_2$，…，$\boldsymbol{\alpha}_m$ 构作一个矩阵 $\boldsymbol{A}$，使矩阵 $\boldsymbol{A}$ 的第 i 列元素为向量 $\boldsymbol{\alpha}_i$ 的分量。

(2) 对矩阵 $\boldsymbol{A}$ 施以初等行变换，将 $\boldsymbol{A}$ 化为行阶梯形矩阵 $\boldsymbol{B}$，于是向量组 $\boldsymbol{\alpha}_1$，$\boldsymbol{\alpha}_2$，…，$\boldsymbol{\alpha}_n$ 的秩等于 $R(\boldsymbol{B})$。

(3) 与矩阵 $\boldsymbol{B}$ 的非零行第一个非零元素对应的矩阵 $\boldsymbol{A}$ 的列向量组，即为向量组 $\boldsymbol{\alpha}_1, \boldsymbol{\alpha}_2, \cdots, \boldsymbol{\alpha}_m$ 的一个极大无关组。

如果要将其余向量用此极大无关组表示，须将矩阵 $\boldsymbol{A}$ 化为行最简阶梯形矩阵。

【例 6】 求向量组 $\boldsymbol{\alpha}_1=(1, 2, 3, -2)^{\mathrm{T}}$，$\boldsymbol{\alpha}_2=(1, 1, -2, -2)^{\mathrm{T}}$，$\boldsymbol{\alpha}_3=(-2, -3, -1, 0)^{\mathrm{T}}$，$\boldsymbol{\alpha}_4=(0, 1, 2, 1)^{\mathrm{T}}$，$\boldsymbol{\alpha}_5=(7, 8, 0, -5)^{\mathrm{T}}$ 的一个极大无关组，并将其余向量用此极大无关组线性表示。

解 由向量组 $\boldsymbol{\alpha}_1, \boldsymbol{\alpha}_2, \boldsymbol{\alpha}_3, \boldsymbol{\alpha}_4, \boldsymbol{\alpha}_5$ 构作矩阵 $\boldsymbol{A}=(\boldsymbol{\alpha}_1, \boldsymbol{\alpha}_2, \boldsymbol{\alpha}_3, \boldsymbol{\alpha}_4, \boldsymbol{\alpha}_5)$，对 $\boldsymbol{A}$ 施以初等行变换，将其化为行最简阶梯形矩阵

$$\boldsymbol{A}\xrightarrow[r_4+2r_1]{\substack{r_2-2r_1\\ r_3-3r_1}}\begin{pmatrix}1&1&-2&0&7\\0&-1&1&1&-6\\0&-5&5&2&-21\\0&4&-4&1&9\end{pmatrix}\xrightarrow[r_4+4r_2]{\substack{r_1+r_2\\ r_3-5r_2}}\begin{pmatrix}1&0&-1&1&1\\0&-1&1&1&-6\\0&0&0&-3&9\\0&0&0&5&-15\end{pmatrix}$$

$$\xrightarrow[-\frac{1}{3}r_3]{-r_2}\begin{pmatrix}1&0&-1&1&1\\0&1&-1&-1&6\\0&0&0&1&-3\\0&0&0&5&-15\end{pmatrix}\xrightarrow[r_4-5r_3]{\substack{r_1-r_3\\ r_2+r_3}}\begin{pmatrix}1&0&-1&0&4\\0&1&-1&0&3\\0&0&0&1&-3\\0&0&0&0&0\end{pmatrix}=\boldsymbol{B}$$

得 $R(\boldsymbol{A})=3$，所以向量组的秩为 3。向量组的极大无关组含有 3 个向量。矩阵 $\boldsymbol{B}$ 中 3 个非零行的首非零元在第 1，2，4 列，所以 $\boldsymbol{\alpha}_1, \boldsymbol{\alpha}_2, \boldsymbol{\alpha}_4$ 为向量组的一个极大无关组。

设 $\boldsymbol{\beta}_1, \boldsymbol{\beta}_2, \cdots, \boldsymbol{\beta}_5$ 为矩阵 $\boldsymbol{B}$ 的第 1 列，第 2 列，…，第 5 列的列向量，显然可得

$$\boldsymbol{\beta}_3=-\boldsymbol{\beta}_1-\boldsymbol{\beta}_2,\ \boldsymbol{\beta}_5=4\boldsymbol{\beta}_1+3\boldsymbol{\beta}_2-3\boldsymbol{\beta}_4$$

从而，矩阵 $\boldsymbol{A}$ 的列向量也有如此关系，即

$$\boldsymbol{\alpha}_3=-\boldsymbol{\alpha}_1-\boldsymbol{\alpha}_2,\ \boldsymbol{\alpha}_5=4\boldsymbol{\alpha}_1+3\boldsymbol{\alpha}_2-3\boldsymbol{\alpha}_4$$

注:以讨论其余向量用极大无关组线性表示时，不必如[例 6]那样讨论 $\boldsymbol{\beta}_1, \boldsymbol{\beta}_2, \cdots, \boldsymbol{\beta}_5$，而直接由行最简阶梯形矩阵写出 $\boldsymbol{\alpha}_3, \boldsymbol{\alpha}_5$ 由极大无关组 $\boldsymbol{\alpha}_1, \boldsymbol{\alpha}_2, \boldsymbol{\alpha}_4$ 线性表示的表达式。

习 题 3-3

1. 利用矩阵的初等变换，判别向量组的线性相关性。

(1) $\boldsymbol{\alpha}_1=(3, 1, 0, 2)^{\mathrm{T}}$，$\boldsymbol{\alpha}_2=(1, -1, 2, -1)^{\mathrm{T}}$，$\boldsymbol{\alpha}_3=(1, 3, -4, 4)^{\mathrm{T}}$。

(2) $\boldsymbol{\alpha}_1=(3, 2, -1, -3, -2)^T$, $\boldsymbol{\alpha}_2=(2, -1, 3, 1, -3)^T$, $\boldsymbol{\alpha}_3=(7, 0, 5, -1, -8)^T$。

(3) $\boldsymbol{\alpha}_1=(1, 0, -1, 0, 1)^T$, $\boldsymbol{\alpha}_2=(1, 1, 3, 1, 1)^T$, $\boldsymbol{\alpha}_3=(2, 2, 0, 0, 0)^T$, $\boldsymbol{\alpha}_4=(0, 0, 1, 1, 1)^T$。

(4) $\boldsymbol{\alpha}_1=(1, 2, 3, 1, 2, 3)^T$, $\boldsymbol{\alpha}_2=(3, 2, 1, 3, 2, 1)^T$, $\boldsymbol{\alpha}_3=(1, 1, 1, 1, 1, 1)^T$, $\boldsymbol{\alpha}_4=(2, 2, 2, 2, 2, 2)^T$。

2. 设向量 $\boldsymbol{\alpha}_1=(6, a+1, 3)^T$, $\boldsymbol{\alpha}_2=(a, 2, -2)^T$, $\boldsymbol{\alpha}_3=(a, 1, 0)^T$, $\boldsymbol{\alpha}_4=(0, 1, a)^T$。试问:

(1) a 为何值时，向量组 $\boldsymbol{\alpha}_1$, $\boldsymbol{\alpha}_2$, $\boldsymbol{\alpha}_3$ 线性相关?

(2) a 为何值时，向量组 $\boldsymbol{\alpha}_1$, $\boldsymbol{\alpha}_2$, $\boldsymbol{\alpha}_3$, $\boldsymbol{\alpha}_4$ 线性无关?

3. 已知向量组 $\boldsymbol{\alpha}_1=(k, 2, 1)$, $\boldsymbol{\alpha}_2=(2, k, 0)$, $\boldsymbol{\alpha}_3=(1, -1, 1)$ 线性无关，求 k 的值。

4. 如果向量组 $\boldsymbol{\alpha}_1$, $\boldsymbol{\alpha}_2$, …, $\boldsymbol{\alpha}_s$ 线性无关，试证:向量组 $\boldsymbol{\alpha}_1$, $\boldsymbol{\alpha}_1+\boldsymbol{\alpha}_2$, …, $\boldsymbol{\alpha}_1+\boldsymbol{\alpha}_2+\cdots+\boldsymbol{\alpha}_s$ 线性无关。

5. 设向量组 $\boldsymbol{\alpha}_1$, $\boldsymbol{\alpha}_2$, …, $\boldsymbol{\alpha}_m$ 线性无关，且向量 $\boldsymbol{\beta}_1$ 可由向量组 $\boldsymbol{\alpha}_1$, $\boldsymbol{\alpha}_2$, …, $\boldsymbol{\alpha}_m$ 线性表示，而向量 $\boldsymbol{\beta}_2$ 不能用向量组 $\boldsymbol{\alpha}_1$, $\boldsymbol{\alpha}_2$, …, $\boldsymbol{\alpha}_m$,线性表示,证明向量组 $\boldsymbol{\alpha}_1$, $\boldsymbol{\alpha}_2$, … $\boldsymbol{\alpha}_m$, $t\boldsymbol{\beta}_1+\boldsymbol{\beta}_2$ 线性无关，其中 t 是任意常数。

6. 求下列向量组的一个极大无关组，并将其余向量用此极大无关组线性表示。

(1) $\boldsymbol{\alpha}_1=(1, 2, 1)^T$, $\boldsymbol{\alpha}_2=(2, 1, 3)^T$, $\boldsymbol{\alpha}_3=(3, 0, 4)^T$, $\boldsymbol{\alpha}_4=(5, 1, 6)^T$。

(2) $\boldsymbol{\alpha}_1=(1, 1, 1)^T$, $\boldsymbol{\alpha}_2=(1, 1, 0)^T$, $\boldsymbol{\alpha}_3=(1, 0, 0)^T$, $\boldsymbol{\alpha}_4=(1, 2, -3)^T$。

(3) $\boldsymbol{\alpha}_1=(2, 1, 1, 1)^T$, $\boldsymbol{\alpha}_2=(-1, 1, 7, 10)^T$, $\boldsymbol{\alpha}_3=(3, 1, -1, -2)^T$, $\boldsymbol{\alpha}_4=(5, 8, 9, 11)^T$。

(4) $\boldsymbol{\alpha}_1=(1, 1, 3, 1)^T$, $\boldsymbol{\alpha}_2=(-1, 1, -1, 3)^T$, $\boldsymbol{\alpha}_3=(5, -2, 8, -9)^T$, $\boldsymbol{\alpha}_4=(-1, 3, 1, 7)^T$。

7. 设向量组 $\boldsymbol{\alpha}_1=(a, 3, 1)^T$, $\boldsymbol{\alpha}_2=(2, d, 3)^T$, $\boldsymbol{\alpha}_3=(1, 2, 1)^T$, $\boldsymbol{\alpha}_4=(2, 3, 1)^T$ 的秩为 2，求 a, d 的值。

第四节　线性方程组解的结构

对于线性方程组，已经解决了方程组如何求解及解的判定问题。现在我们在线性方程组有无穷多解的条件下，应用向量的线性表示、线性相关性讨论线性方程组解的结构。

一、齐次线性方程组解的结构

对于齐次线性方程组(3-4)，即

$$\begin{cases} a_{11}x_1+a_{12}x_2+\cdots+a_{1n}x_n=0 \\ a_{21}x_1+a_{22}x_2+\cdots+a_{2n}x_n=0 \\ \cdots \quad \cdots \quad \cdots \quad \cdots \quad \cdots \\ a_{m1}x_1+a_{m2}x_2+\cdots+a_{mn}x_n=0 \end{cases}$$

设

$$\boldsymbol{A}=\begin{pmatrix} a_{11} & a_{12} & \cdots & a_{1n} \\ a_{21} & a_{22} & \cdots & a_{2n} \\ \cdots & \cdots & \cdots & \cdots \\ a_{m1} & a_{m2} & \cdots & a_{mn} \end{pmatrix},\ \boldsymbol{X}=\begin{pmatrix} x_1 \\ x_2 \\ \vdots \\ x_n \end{pmatrix}$$

则(3-4)可写成矩阵方程形式

$$\boldsymbol{AX}=\boldsymbol{O} \tag{3-16}$$

如果 $x_1=\boldsymbol{\lambda}_1$，$x_2=\boldsymbol{\lambda}_2$，…，$x_n=\boldsymbol{\lambda}_n$ 为方程组(3-4)的解，则列向量

$$\begin{pmatrix} \boldsymbol{\lambda}_1 \\ \boldsymbol{\lambda}_2 \\ \vdots \\ \boldsymbol{\lambda}_n \end{pmatrix}$$

称为方程组(3-4)的**解向量**，它也是矩阵方程(3-16)的解。

齐次线性方程组的解具有如下性质：

性质 1 若 $\boldsymbol{X}=\boldsymbol{\xi}_1$，$\boldsymbol{X}=\boldsymbol{\xi}_2$ 是(3-16)的解，则 $\boldsymbol{\xi}_1+\boldsymbol{\xi}_2$ 也是(3-16)的解。

证明 因为 $\boldsymbol{\xi}_1$，$\boldsymbol{\xi}_2$ 是(3-16)的解，所以 $\boldsymbol{A\xi}_1=\boldsymbol{0}$，$\boldsymbol{A\xi}_2=\boldsymbol{0}$，于是

$$\boldsymbol{A}(\boldsymbol{\xi}_1+\boldsymbol{\xi}_2)=\boldsymbol{A\xi}_1+\boldsymbol{A\xi}_2=\boldsymbol{0}+\boldsymbol{0}=\boldsymbol{0}$$

即 $\boldsymbol{\xi}_1+\boldsymbol{\xi}_2$ 是(3-16)的解。

性质 2 若 $\boldsymbol{X}=\boldsymbol{\xi}$ 是(3-16)的解，k 是实数，则 $k\boldsymbol{\xi}$ 也是(3-16)的解。

证明 因为 $\boldsymbol{\xi}$ 是(3-16)的解，所以有 $\boldsymbol{A\xi}=\boldsymbol{0}$，于是

$$\boldsymbol{A}(k\boldsymbol{\xi})=k(\boldsymbol{A\xi})=k\cdot\boldsymbol{0}=\boldsymbol{0}$$

即 $k\boldsymbol{\xi}$ 是(3－16)的解。

由这两个性质容易推出如下结论：

若 $\boldsymbol{\xi}_1$，$\boldsymbol{\xi}_2$，…，$\boldsymbol{\xi}_t$ 是(3－16)的解，则 $\boldsymbol{\xi}_1$，$\boldsymbol{\xi}_2$，…，$\boldsymbol{\xi}_t$ 的线性组合

$$k_1\boldsymbol{\xi}_1+k_2\boldsymbol{\xi}_2+\cdots+k_t\boldsymbol{\xi}_t$$

也是(3－16)的解，其中 k_1，k_2，…，k_t 是实数。

为讨论齐次线性方程组解的结构，我们先引进基础解系概念。

定义 1 设 $\boldsymbol{\xi}_1$，$\boldsymbol{\xi}_2$，…，$\boldsymbol{\xi}_s$ 是齐次线性方程组(3－16)的解向量，并且满足：

(1) $\boldsymbol{\xi}_1$，$\boldsymbol{\xi}_2$，…，$\boldsymbol{\xi}_s$ 线性无关。

(2) 方程组(3－16)的任意一个解向量都可由向量组 $\boldsymbol{\xi}_1$，$\boldsymbol{\xi}_2$，…，$\boldsymbol{\xi}_s$ 线性表示，则称 $\boldsymbol{\xi}_1$，$\boldsymbol{\xi}_2$，…，$\boldsymbol{\xi}_s$ 是齐次线性方程组(3－16)的一个**基础解系**。

对于齐次线性方程组(3－4)，设其系数矩阵 $\boldsymbol{A}$ 的秩为 r，且 $R(\boldsymbol{A})=r<n$，并不妨设矩阵 $\boldsymbol{A}$ 施以有限次初等行变换后化为如下行最简阶梯形矩阵

$$\begin{pmatrix} 1 & 0 & \cdots & 0 & a'_{1,r+1} & a'_{1,r+2} & \cdots & a'_{1n} \\ 0 & 1 & \cdots & 0 & a'_{2,r+1} & a'_{2,r+2} & \cdots & a'_{2n} \\ \cdots & \cdots & \cdots & \cdots & \cdots & \cdots & \cdots & \cdots \\ 0 & 0 & \cdots & 1 & a'_{r,r+1} & a'_{r,r+2} & \cdots & a'_{rn} \\ 0 & 0 & \cdots & 0 & 0 & 0 & \cdots & 0 \\ \cdots & \cdots & \cdots & \cdots & \cdots & \cdots & \cdots & \cdots \\ 0 & 0 & \cdots & 0 & 0 & 0 & \cdots & 0 \end{pmatrix}$$

$r<n$ 时，方程组(3－4)的无穷多解为

$$\begin{cases} x_1=-a'_{1r+1}c_1-a'_{1r+2}c_2-\cdots-a'_{1n}c_{n-r} \\ x_2=-a'_{2r+1}c_1-a'_{2r+2}c_2-\cdots-a'_{2n}c_{n-r} \\ \cdots\cdots \\ x_r=-a'_{r,r+1}c_1-a'_{r,r+2}c_2-\cdots-a'_{rn}c_{n-r} \\ x_{r+1}=\quad c_1 \\ x_{r+2}=\quad\quad c_2 \\ \cdots\cdots \\ x_n=\quad\quad\quad c_{n-r} \end{cases}$$

其中 c_1，c_2，…，c_{n-r} 取任意实数。

记$\boldsymbol{X}=\begin{pmatrix}x_1\\x_2\\\vdots\\x_r\\x_{r+1}\\x_{r+2}\\\vdots\\x_n\end{pmatrix}$，$\boldsymbol{\xi}_1=\begin{pmatrix}-a'_{1,r+1}\\-a'_{2,r+1}\\\vdots\\-a'_{r,r+1}\\1\\0\\\vdots\\0\end{pmatrix}$，$\boldsymbol{\xi}_2=\begin{pmatrix}-a'_{1,r+2}\\-a'_{2,r+2}\\\vdots\\-a'_{r,r+2}\\0\\1\\\vdots\\0\end{pmatrix}$，…，$\boldsymbol{\xi}_{n-r}=\begin{pmatrix}-a'_{1n}\\-a'_{2n}\\\vdots\\-a'_{rn}\\0\\0\\\vdots\\1\end{pmatrix}$

则(3-4)的全部解(3-17)可表示为

$$\boldsymbol{X}=c_1\boldsymbol{\xi}_1+c_2\boldsymbol{\xi}_2+\cdots+c_{n-r}\boldsymbol{\xi}_{n-r} \tag{3-18}$$

(3-18)称为齐次线性方程组(3-4)的**通解**。

显然，$\boldsymbol{\xi}_1$，$\boldsymbol{\xi}_2$，…，$\boldsymbol{\xi}_{n-r}$是齐次线性方程组(3-4)的解，且方程组(3-4)的任意一个解向量都可由向量组$\boldsymbol{\xi}_1$，$\boldsymbol{\xi}_2$，…，$\boldsymbol{\xi}_{n-r}$线性表示。

另一方面，由向量组$\boldsymbol{\xi}_1$，$\boldsymbol{\xi}_2$，…，$\boldsymbol{\xi}_{n-r}$构作$n\times(n-r)$矩阵$\boldsymbol{B}$

$$B=\begin{pmatrix}-a'_{1,r+1} & -a'_{1,r+2} & \cdots & -a'_{1n}\\ -a'_{2,r+1} & -a'_{2,r+2} & \cdots & -a'_{2n}\\ \cdots & \cdots & \cdots & \cdots\\ -a'_{r,r+1} & -a'_{r,r+2} & \cdots & -a'_{m}\\ 1 & 0 & \cdots & 0\\ 0 & 1 & \cdots & 0\\ \cdots & \cdots & \cdots & \cdots\\ 0 & 0 & \cdots & 1\end{pmatrix}$$

易知$R(\boldsymbol{B})=n-r$，因此向量组$\boldsymbol{\xi}_1$，$\boldsymbol{\xi}_2$，…，$\boldsymbol{\xi}_{n-r}$线性无关。这就证明了$\boldsymbol{\xi}_1$，$\boldsymbol{\xi}_2$，…，$\boldsymbol{\xi}_{n-r}$是齐次线性方程组(3-4)的一个基础解系。

综上所述，得如下定理。

定理 13 如果齐次线性方程组(3-4)的系数矩阵$\boldsymbol{A}$的秩，$R(\boldsymbol{A})=r<n$，则齐次线性方程组(3-4)的基础解系存在，且基础解系中有$n-r$个解向量。如果$\boldsymbol{\xi}_1$，$\boldsymbol{\xi}_2$，…，$\boldsymbol{\xi}_{n-r}$是齐次线性方程组(3-4)的一个基础解系，则齐次线性方程组(3-4)的通解为

$$\boldsymbol{X}=c_1\boldsymbol{\xi}_1+c_2\boldsymbol{\xi}_2+\cdots+c_{n-r}\boldsymbol{\xi}_{n-r}，c_1，c_2，\cdots，c_{n-r}，\text{取任意实数。}$$

【例 1】 求齐次线性方程组 $\begin{cases}2x_1+2x_2-3x_3-4x_4-7x_5=0\\ x_1+x_2-x_3+2x_4+3x_5=0\\ -x_1-x_2+2x_3-x_4+3x_5=0\end{cases}$ 的一个基础解系及通解。

解 对系数矩阵 $\boldsymbol{A}$ 施以初等行变换，将其化为行最简阶梯形矩阵

$$\boldsymbol{A}=\begin{pmatrix}2&2&-3&-4&-7\\1&1&-1&2&3\\-1&-1&2&-1&3\end{pmatrix}\xrightarrow{r_1\leftrightarrow r_2}\begin{pmatrix}1&1&-1&2&3\\2&2&-3&-4&-7\\-1&-1&2&-1&3\end{pmatrix}$$

$$\xrightarrow[r_3+r_1]{r_2-2r_1}\begin{pmatrix}1&1&-1&2&3\\0&0&-1&-8&-13\\0&0&1&1&6\end{pmatrix}\xrightarrow[r_1-r_2]{r_3+r_2}\begin{pmatrix}1&1&0&10&16\\0&0&-1&-8&-13\\0&0&0&-7&-7\end{pmatrix}$$

$$\xrightarrow[-\frac{1}{7}r_3]{-1r_2}\begin{pmatrix}1&1&0&10&16\\0&0&1&8&13\\0&0&0&1&1\end{pmatrix}\xrightarrow[r_2-8r_3]{r_1-10r_3}\begin{pmatrix}1&1&0&0&6\\0&0&1&0&5\\0&0&0&1&1\end{pmatrix}.$$

得 $R(\boldsymbol{A})=3<5$。因此，方程组的解为

$$\begin{cases}x_1=-c_1-6c_2\\x_2=c_1\\x_3=-5c_2\quad(c_1、c_2\text{ 取任意实数})\\x_4=-c_2\\x_5=c_2\end{cases}$$

从而方程组的一个基础解系为

$$\boldsymbol{\xi}_1=(-1,1,0,0,0)^{\mathrm{T}},\ \boldsymbol{\xi}_2=(-6,0,-5,-1,1)^{\mathrm{T}}$$

方程组的通解为

$$\boldsymbol{X}=c_1\boldsymbol{\xi}_1+c_2\boldsymbol{\xi}_2\ (c_1,\ c_2\text{ 取任意实数})$$

二、非齐次线性方程组解的结构

对于非齐次线性方程组(3-1)，即

$$\begin{cases} a_{11}x_1 + a_{12}x_2 + \cdots + a_{1n}x_n = b_1 \\ a_{21}x_1 + a_{22}x_2 + \cdots + a_{2n}x_n = b_2 \\ \cdots \quad \cdots \quad \cdots \quad \cdots \quad \cdots \\ a_{m1}x_1 + a_{m2}x_2 + \cdots + a_{mn}x_n = b_m \end{cases}$$

用矩阵形式表示为 $\boldsymbol{AX} = b$，则称方程组

$$\begin{cases} a_{11}x_1 + a_{12}x_2 + \cdots + a_{1n}x_n = 0 \\ a_{21}x_1 + a_{22}x_2 + \cdots + a_{2n}x_n = 0 \\ \cdots \quad \cdots \quad \cdots \quad \cdots \quad \cdots \\ a_{m1}x_1 + a_{m2}x_2 + \cdots + a_{mn}x_n = 0 \end{cases} \tag{3-19}$$

为非齐次线性方程组(3－1)所对应的齐次线性方程组，即为 $\boldsymbol{AX} = \boldsymbol{O}$。

非齐次线性方程组(3－1)的解有如下性质。

性质 1 设 $\boldsymbol{\xi}$ 是非齐次方程组(3－1)对应的齐次线性方程组(3－19)的一个解，$\boldsymbol{\eta}$ 是非齐次线性方程(3－1)的一个解；则 $\boldsymbol{\eta}+\boldsymbol{\xi}$ 也是非齐次线性方程组(3－1)的一个解。

证明 因为 $\boldsymbol{\eta}$ 是非齐次线性方程组(3－1)的一个解，所以

$$\boldsymbol{A\eta} = b$$

同理

$$\boldsymbol{A\xi} = \boldsymbol{0}$$

于是

$$\boldsymbol{A}(\boldsymbol{\eta}+\boldsymbol{\xi}) = \boldsymbol{A\eta} + \boldsymbol{A\xi} = b + \boldsymbol{0} = b$$

所以 $\boldsymbol{\eta}+\boldsymbol{\xi}$ 是非齐次线性方程组(3－1)的一个解。

性质 2 如果 $\boldsymbol{\eta}_1$，$\boldsymbol{\eta}_2$ 是非齐次线性方程组(3－1)的两个解，则 $\boldsymbol{\eta}_1-\boldsymbol{\eta}_2$ 是对应的齐次线性方程组(3－19)的一个解。

证明 因为 $\boldsymbol{\eta}_1$，$\boldsymbol{\eta}_2$ 是非齐次线性方程组(3－1)的两个解，所以

$$\boldsymbol{A\eta}_1 = b,\ \boldsymbol{A\eta}_2 = b$$

从而

$$\boldsymbol{A}(\boldsymbol{\eta}_1 - \boldsymbol{\eta}_2) = \boldsymbol{A\eta}_1 - \boldsymbol{A\eta}_2 = b - b = \boldsymbol{0}$$

所以 $\boldsymbol{\eta}_1 - \boldsymbol{\eta}_2$ 是对应的齐次线性方程组(3－19)的一个解。

当非齐次线性方程组(3－1)的系数矩阵 $\boldsymbol{A}$ 的秩等于其增广矩阵 $\widetilde{\boldsymbol{A}}$ 的秩、且

$R(\mathbf{A})=R(\widetilde{\mathbf{A}})=r<n$ 时，对增广矩阵 $\widetilde{\mathbf{A}}$ 施以有限次初等行变换，化其为行最简阶梯形矩阵，本章在第一节已得解，见(3-9)，即

$$\begin{cases} x_1=-a'_{1,r+1}c_1-a'_{1,r+2}c_2-\cdots-a'_{1n}c_{n-r}+b'_1 \\ x_2=-a'_{2,r+1}c_1-a'_{2,r+2}c_2-\cdots-a'_{2n}c_{n-r}+b'_2 \\ \cdots\quad\cdots\quad\cdots\quad\cdots\quad\cdots\quad\cdots \\ x_r=-a'_{r,r+1}c_1-a'_{r,r+2}c_2-\cdots-a'_{rn}c_{n-r}+b'_r \\ x_{r+1}=c_1 \\ x_{r+2}=c_2 \\ \cdots\quad\cdots \\ x_n=c_{n-r} \end{cases}\quad (c_1,c_2,\cdots,c_{n-r}\text{ 取任意实数})$$

记 $\mathbf{X}=\begin{pmatrix}x_1\\x_2\\\vdots\\x_r\\x_{r+1}\\x_{r+2}\\\vdots\\x_n\end{pmatrix}$，$\boldsymbol{\xi}_1=\begin{pmatrix}-a'_{1,r+1}\\-a'_{2,r+1}\\\vdots\\-a'_{r,r+1}\\1\\0\\\vdots\\0\end{pmatrix}$，$\boldsymbol{\xi}_2=\begin{pmatrix}-a'_{1,r+2}\\-a'_{2,r+2}\\\vdots\\-a'_{r,r+2}\\0\\1\\\vdots\\0\end{pmatrix}$，$\cdots\boldsymbol{\xi}_{n-r}=\begin{pmatrix}-a'_{1n}\\-a'_{2n}\\\vdots\\-a'_{rn}\\0\\0\\\vdots\\1\end{pmatrix}$，$\eta=\begin{pmatrix}b'_1\\b'_2\\\vdots\\b'_r\\0\\0\\\vdots\\0\end{pmatrix}$

则得

$$\mathbf{X}=\boldsymbol{\eta}+c_1\boldsymbol{\xi}_1+c_2\boldsymbol{\xi}_2+\cdots+c_{n-r}\boldsymbol{\xi}_{n-r} \tag{3-20}$$

显然，$\boldsymbol{\eta}$ 是方程组(3-1)的一个解，称为**特解**，解(3-20)称为非齐次线性方程组(3-1)的**通解**。

易知，向量组 $\boldsymbol{\xi}_1,\boldsymbol{\xi}_2,\cdots,\boldsymbol{\xi}_{n-r}$ 是非齐次线性方程组(3-1)对应的齐次线性方程组(3-19)式的一个基础解系，因此，非齐次线性方程组的通解等于它的一个特解加上对应的齐次线性方程组的通解，得如下定理。

定理 14　设 n 元非齐次线性方程组(3-1)的系数矩阵 $\mathbf{A}$ 和增广矩阵 $\widetilde{\mathbf{A}}$ 的秩满足 $R(\mathbf{A})=R(\widetilde{\mathbf{A}})=r<n$，则方程组(3-1)的通解等于它的一个特解加上对应的齐次线性方程组的通解，即

$$\mathbf{X}=\boldsymbol{\eta}+c_1\boldsymbol{\xi}_1+c_2\boldsymbol{\xi}_2+\cdots+c_{n-r}\boldsymbol{\xi}_{n-r}$$

其中，$\boldsymbol{\xi}_1, \boldsymbol{\xi}_2, \cdots, \boldsymbol{\xi}_{n-r}$为非齐次线性方程组(3-1)对应的齐次线性方程组的一个基础解系，$\boldsymbol{\eta}$为非齐次线性方程组(3-1)的一个特解。

【例 2】 求非齐次线性方程组$\begin{cases} 2x_1-3x_2+6x_3-5x_4=3, \\ -x_1+2x_2-5x_3+3x_4=-1 \\ 4x_1-5x_2+8x_3-9x_4=7 \end{cases}$的通解。

解 对增广矩阵$\widetilde{\boldsymbol{A}}$施以初等行变换，将其化为行最简阶梯形矩阵

$$\widetilde{\boldsymbol{A}} \xrightarrow[r_1+2r_2]{r_3-2r_1} \begin{pmatrix} 0 & 1 & -4 & 1 & 1 \\ -1 & 2 & -5 & 3 & -1 \\ 0 & 1 & -4 & 1 & 1 \end{pmatrix} \xrightarrow[-r_2]{r_3-r_1} \begin{pmatrix} 0 & 1 & -4 & 1 & 1 \\ 1 & -2 & 5 & -3 & 1 \\ 0 & 0 & 0 & 0 & 0 \end{pmatrix}$$

$$\xrightarrow{r_1 \leftrightarrow r_2} \begin{pmatrix} 1 & -2 & 5 & -3 & 1 \\ 0 & 1 & -4 & 1 & 1 \\ 0 & 0 & 0 & 0 & 0 \end{pmatrix} \xrightarrow{r_1+2r_2} \begin{pmatrix} 1 & 0 & -3 & -1 & 3 \\ 0 & 1 & -4 & 1 & 1 \\ 0 & 0 & 0 & 0 & 0 \end{pmatrix}$$

得解

$$\begin{cases} x_1=3c_1+c_2+3 \\ x_2=4c_1-c_2+1 \\ x_3=c_1 \\ x_4=c_2 \end{cases} \quad (c_1、c_2 \text{ 取任意实数})$$

即通解为

$$\boldsymbol{X}=c_1\begin{pmatrix} 3 \\ 4 \\ 1 \\ 0 \end{pmatrix}+c_2\begin{pmatrix} 1 \\ -1 \\ 0 \\ 1 \end{pmatrix}+\begin{pmatrix} 3 \\ 1 \\ 0 \\ 0 \end{pmatrix}$$

其中

$$\boldsymbol{\xi}_1=(3,4,1,0)^{\mathrm{T}}, \boldsymbol{\xi}_2=(1,-1,0,1)^{\mathrm{T}}$$

是对应的齐次线性方程组的一个基础解系。

【例 3】 设$\boldsymbol{\eta}$是非齐次线性方程组$\boldsymbol{AX}=\boldsymbol{b}$的一个解，$R(\boldsymbol{A})=r$，$\boldsymbol{\xi}_1, \boldsymbol{\xi}_2, \cdots, \boldsymbol{\xi}_{n-r}$是对应的齐次线性方程组$\boldsymbol{AX}=\boldsymbol{O}$的一个基础解系。

证明向量组$\boldsymbol{\eta}, \boldsymbol{\xi}_1, \boldsymbol{\xi}_2, \cdots, \boldsymbol{\xi}_{n-r}$线性无关。

证明 设有一组数$k, k_1, k_2, \cdots, k_{n-r}$，使

$$k\boldsymbol{\eta}+k_1\boldsymbol{\xi}_1+k_2\boldsymbol{\xi}_2+\cdots+k_{n-r}\boldsymbol{\xi}_{n-r}=\boldsymbol{O} \tag{3-21}$$

于是

$$\boldsymbol{A}(k\boldsymbol{\eta}+k_1\boldsymbol{\xi}_1+k_2\boldsymbol{\xi}_2+\cdots+k_{n-r}\boldsymbol{\xi}_{n-r})=k\boldsymbol{A\eta}+k_1\boldsymbol{A\xi}_1+k_2\boldsymbol{A\xi}_2+\cdots+k_{n-r}\boldsymbol{A\xi}_{n-r}$$
$$=k\boldsymbol{b}=\boldsymbol{O}$$

因为 $\boldsymbol{b}\neq 0$，得 $k=0$，从而有

$$k_1\boldsymbol{\xi}_1+k_2\boldsymbol{\xi}_2+\cdots+k_{n-r}\boldsymbol{\xi}_{n-r}=\boldsymbol{O} \tag{3-22}$$

由于 $\boldsymbol{\xi}_1$，$\boldsymbol{\xi}_2$，…，$\boldsymbol{\xi}_{n-r}$是$\boldsymbol{AX}=\boldsymbol{O}$的一个基础解系，所以向量组 $\boldsymbol{\xi}_1$，$\boldsymbol{\xi}_2$，…，$\boldsymbol{\xi}_{n-r}$线性无关。由(3－22)式得

$$k_1=k_2=\cdots=k_{n-r}=0$$

于是，要使(3－21)式成立，只有 $k=k_1=k_2=\cdots=k_{n-r}=0$。从而向量组 $\boldsymbol{\eta}$，$\boldsymbol{\xi}_1$，$\boldsymbol{\xi}_2$，…，$\boldsymbol{\xi}_{n-r}$线性无关。

习 题 3－4

1. 齐次线性方程组的系数矩阵 $\boldsymbol{A}$ 施行若干初等行变换后，化为如下行最简阶梯形矩阵，试写出该方程组的一个基础解系。

(1) $\begin{pmatrix}1&0&-1&1\\0&1&2&1\\0&0&0&0\end{pmatrix}$　　(2) $\begin{pmatrix}1&-1&0&2&0\\0&0&1&-1&0\\0&0&0&0&1\end{pmatrix}$

2. 非齐次线性方程组的增广矩阵 $\widetilde{\boldsymbol{A}}$ 施行若干初等行变换后，化为如下行最简阶梯形矩阵，试写出该方程组的通解。

(1) $\begin{pmatrix}1&0&0&3\\0&1&1&2\\0&0&0&0\end{pmatrix}$　　(2) $\begin{pmatrix}1&2&0&1&2\\0&0&1&-1&3\\0&0&0&0&0\end{pmatrix}$

3. 求下列齐次线性方程组的一个基础解系及通解。

(1) $\begin{cases}3x_1+7x_2+8x_3=0\\x_1+2x_2+5x_3=0\\x_1+3x_2-2x_3=0\end{cases}$　　(2) $\begin{cases}2x_1-x_2+8x_3+7x_4=0\\x_1+3x_2-x_3+2x_4=0\\4x_1+5x_2+6x_3+11x_4=0\end{cases}$

(3) $\begin{cases}3x_1+5x_2+6x_3-4x_4=0\\x_1+2x_2+4x_3-3x_4=0\\4x_1+5x_2-2x_3+3x_4=0\\3x_1+8x_2+24x_3-19x_4=0\end{cases}$　　(4) $\begin{cases}2x_1-4x_2+6x_3+2x_4+x_5=0\\3x_1-6x_2+9x_3+3x_4+x_5=0\\4x_1-8x_2+12x_3+4x_4+x_5=0\end{cases}$

4. 求下列非齐次线性方程组的通解。

(1) $\begin{cases} x_1 - x_2 - x_3 + x_4 = 0 \\ x_1 - x_2 + x_3 - 3x_4 = 1 \\ x_1 - x_2 - 2x_3 + 3x_4 = -\dfrac{1}{2} \end{cases}$　　(2) $\begin{cases} x_1 + x_2 + 2x_3 + x_4 = 5 \\ 2x_1 + 3x_2 - x_3 - 2x_4 = 2 \\ 4x_1 + 5x_2 + 3x_3 = 12 \end{cases}$

(3) $\begin{cases} x_1 + 2x_2 - x_3 + 2x_4 = 1 \\ 2x_1 + 4x_2 + x_3 + x_4 = 5 \\ -x_1 - 2x_2 - 2x_3 + x_4 = -4 \end{cases}$　　(4) $\begin{cases} 2x_1 - 3x_2 + 5x_3 + 7x_4 = 1 \\ 4x_1 - 6x_2 + 2x_3 + 3x_4 = 2 \\ 2x_1 - 3x_2 - 11x_3 - 15x_4 = 1 \end{cases}$

5. λ 为何值时，线性方程组

$$\begin{cases} \lambda x_1 + x_2 + x_3 = \lambda - 3 \\ x_1 + \lambda x_2 + x_3 = -2 \\ x_1 + x_2 + \lambda x_3 = -2 \end{cases}$$

(1) 无解？(2) 有唯一解？(3) 有无穷解？并求出其通解。

6. 设 $\boldsymbol{A}$ 为 $m\times n$ 矩阵，$\boldsymbol{B}$ 为 n 阶方阵，$R(\boldsymbol{A})=n$，且 $\boldsymbol{AB}=\boldsymbol{O}$，证明 $\boldsymbol{B}=\boldsymbol{O}$。

7. 设 $\boldsymbol{\eta}$ 是 n 元非齐次线性方程组 $\boldsymbol{AX}=\boldsymbol{b}$ 的一个解，$R(\boldsymbol{A})=r$，$\boldsymbol{\xi}_1$，$\boldsymbol{\xi}_2$，…，$\boldsymbol{\xi}_{n-r}$ 是对应的齐次线性方程组 $\boldsymbol{AX}=\boldsymbol{O}$ 的一个基础解系，证明向量组 $\boldsymbol{\eta}$，$\boldsymbol{\eta}+\boldsymbol{\xi}_1$，$\boldsymbol{\eta}+\boldsymbol{\xi}_2$，…，$\boldsymbol{\eta}+\boldsymbol{\xi}_{n-r}$ 线性无关。

复习题三

1. 选择题。

(1) 设 $\boldsymbol{A}$ 为 $m\times n$ 矩阵，$\widetilde{\boldsymbol{A}}$ 为线性方程组 $\boldsymbol{AX}=\boldsymbol{b}$ 的增广矩阵，线性方程有无穷个解的充分必要条件是(　　)。

A. $R(\boldsymbol{A})=R(\widetilde{\boldsymbol{A}})<n$　　B. $R(A)=R(\widetilde{\boldsymbol{A}})=n$

C. $R(\widetilde{\boldsymbol{A}})<n$　　D. $m=n$

(2) 设 $\boldsymbol{\alpha}_1$，$\boldsymbol{\alpha}_2$，…，$\boldsymbol{\alpha}_m$ 是 n 维列向量，由此构成矩阵 $\boldsymbol{A}=(\boldsymbol{\alpha}_1, \boldsymbol{\alpha}_2, \cdots, \boldsymbol{\alpha}_m)$，下列结论中不正确的是(　　)。

A. 若 $R(\boldsymbol{A})=r<m$，则 $\boldsymbol{\alpha}_1$，$\boldsymbol{\alpha}_2$，…，$\boldsymbol{\alpha}_m$ 线性相关

B. 若 $R(\boldsymbol{A})=r=m$，则 $\boldsymbol{\alpha}_1$，$\boldsymbol{\alpha}_2$，…，$\boldsymbol{\alpha}_m$ 线性无关

C. 因为 $0\cdot\boldsymbol{\alpha}_1+0\cdot\boldsymbol{\alpha}_2+\cdots+0\cdot\boldsymbol{\alpha}_m=\boldsymbol{O}$，所以 $\boldsymbol{\alpha}_1$，$\boldsymbol{\alpha}_2$，…，$\boldsymbol{\alpha}_m$ 线性无关

D. 设 $R(\boldsymbol{A})=r$，则 $\boldsymbol{\alpha}_1, \boldsymbol{\alpha}_2, \cdots, \boldsymbol{\alpha}_m$ 的秩为 r

2. 填空题。

(1) 设 $\boldsymbol{A}$ 为 $m\times n$ 矩阵，齐次线性方程组 $\boldsymbol{AX}=\boldsymbol{O}$ 当 $R(\boldsymbol{A})$ 满足________时，有非零解。

(2) 向量 $\boldsymbol{\beta}$ 是向量组 $\boldsymbol{\alpha}_1, \boldsymbol{\alpha}_2, \cdots, \boldsymbol{\alpha}_m$ 的线性组合，则向量组 $\boldsymbol{\beta}, \boldsymbol{\alpha}_1, \boldsymbol{\alpha}_2, \cdots, \boldsymbol{\alpha}_m$ 的线性相关性是________。

3. 用消元法解下列线性方程组。

(1) $\begin{cases} x_1-x_2+x_3-x_4=1 \\ x_1-x_2-x_3+x_4=0 \\ x_1-x_2-2x_3+2x_4=-\dfrac{1}{2} \end{cases}$ (2) $\begin{cases} x_1+x_2-3x_4-x_5=0 \\ x_1-x_2+2x_3-x_4=0 \\ 4x_1-2x_2+6x_3+3x_4-4x_5=0 \\ 2x_1+4x_2-2x_3+4x_4-7x_5=0 \end{cases}$

4. 求齐次线性方程组的一个基础解系

$$\begin{cases} 2x_1+x_2-x_3+x_4=0 \\ 3x_1-2x_2+x_3-3x_4=0 \\ x_1+4x_2-3x_3+5x_4=0 \end{cases}。$$

5. $\boldsymbol{\lambda}$ 为何值时，线性方程组

$$\begin{cases} x_1+x_2+\boldsymbol{\lambda}x_3=\boldsymbol{\lambda}, \\ x_1+\boldsymbol{\lambda}x_2+\boldsymbol{\lambda}^2x_3=1 \\ \boldsymbol{\lambda}x_1+x_2+2x_3=1 \end{cases}$$

(1) 有唯一解？(2) 无解？(3) 有无穷多解？并求出其通解。

6. 试问向量组 $\boldsymbol{\alpha}_1=(2,1,3)^{\mathrm{T}}$，$\boldsymbol{\alpha}_2=(3,4,-1)^{\mathrm{T}}$，$\boldsymbol{\alpha}_3=(1,3,-4)^{\mathrm{T}}$ 是否线性相关？

7. 求向量组 $\boldsymbol{\alpha}_1=(1,1,3,1)^{\mathrm{T}}$，$\boldsymbol{\alpha}_2=(-1,1,-1,3)^{\mathrm{T}}$，$\boldsymbol{\alpha}_3=(5,3,13,1)^{\mathrm{T}}$，$\boldsymbol{\alpha}_4=(-1,3,1,7)^{\mathrm{T}}$ 的一个极大无关组，并将其余向量用此极大无关组线性表示。

8. 设 $\boldsymbol{\eta}_1, \boldsymbol{\eta}_2, \boldsymbol{\eta}_3$ 是四元非齐次线性方程组 $\boldsymbol{AX}=\boldsymbol{b}$ 的三个解向量，$R(\boldsymbol{A})=3$，且 $\boldsymbol{\eta}_1=(2,3,4,5)^{\mathrm{T}}$，$\boldsymbol{\eta}_2+\boldsymbol{\eta}_3=(1,2,3,4)^{\mathrm{T}}$，求该方程组的通解。

9. 设 $\boldsymbol{\eta}_1, \boldsymbol{\eta}_2, \cdots, \boldsymbol{\eta}_t$ 是非齐次线性方程组 $\boldsymbol{AX}=\boldsymbol{b}$ 的 t 个解向量，$k_1, k_2, \cdots, k_t$ 是 t 个实数，且满足

$$k_1+k_2+\cdots+k_t=1$$

证明：$k_1\boldsymbol{\eta}_1+k_2\boldsymbol{\eta}_2+\cdots+k_t\boldsymbol{\eta}_t$ 也是非齐次线性方程组 $\boldsymbol{AX}=\boldsymbol{b}$ 的一个解向量。

第四章　线 性 规 划

线性规划主要研究的是:如何有效地利用现有的人力、物力完成更多的任务,或在预定的任务目标下,如何耗用最少的人力、物力去实现。这类问题用数学语言表达就是,首先根据问题要达到的目标选取适当的变量;然后将问题的目标通过用变量的函数形表示,称此函数为目标函数;最后将问题的限制条件用有关变量的等式或不等式来表达,这些限制统称为约束条件,称这类问题为线性规划问题。由此可见,线性规划问题是求目标函数在附带约束条件下的极值问题。由于变量多、约束条件多,这类极值问题不能用微积分中求极值的方法来解决,须应用特殊的方法——解线性规划问题的方法来解决。

本章介绍线性规划的基本概念、求解方法及应用。

第一节　线性规划问题的数学模型

我们看几个实际问题。

【例 1】(生产计划问题)　某工厂拥有 a,b 两种原料生产 A 型、B 型两种型号的产品。现有设备使用限量为 8 小时,已知每件产品的利润、使用设备时间及原材料的消耗如表 4-1 所示。试问在计划期内如何安排生产计划才能使工厂获得的利润最大?试建立求解的模型。

表 4-1　设备、材料及利润

产品型号 / 原材料	A	B	原材料总量
a(千克)	4	0	16
b(千克)	0	4	12
利润(万元)	2	3	
设备(小时)	1	2	

解　为了获得最大利润,设计划期内生产 A 型、B 型的产量分别为 x_1(件)、

x_2(件)，那么该工厂所获得的利润为 $L=2x_1+3x_2$，这就是目标函数。因设备在计划期内的可用时间为 8 小时，不允许超限，于是 $x_1+2x_2\leqslant 8$。同样地，由原材料的限量，也可列类似的不等式：$4x_1\leqslant 16$；$4x_2\leqslant 12$。企业的目标是在原材料和设备能力允许的条件下，即约束于(Subject to，简记为 s. t.)

$$\begin{cases} x_1+2x_2\leqslant 8 \\ 4x_1\leqslant 16 \\ 4x_2\leqslant 12 \\ x_1\geqslant 0,\ x_2\geqslant 0 \end{cases}$$

使目标函数 $L=2x_1+3x_2$ 为最大。

【例 2】(材料配伍问题)　现有 5 种由铅、锌、锡组成的合金 A_1，A_2，A_3，A_4，A_5，它们的铅、锌、锡的含量及其价格如表 4－2 所示。某工厂想把这 5 种合金混合起来，成为一种含铅 30%、含锌 20%及含锡 50%的合金，试问应按怎样的比例来混合这些合金，才能以最小的费用生产新合金。

表 4－2　合金含铅、锌、锡的比例及价格表

成分＼含量＼合金	A_1	A_2	A_3	A_4	A_5
含铅	30%	10%	50%	10%	50%
含锌	60%	20%	20%	10%	10%
含锡	10%	70%	30%	80%	40%
价格(元/千克)	85	60	89	57	88

解　设 x_1 为生产 1 千克新合金时所需合金 A_i 的用量，L 是费用，于是 $L=85x_1+60x_2+89x_3+57x_4+88x_5$，这是目标函数。

由于新合金的含铅量为 30%，于是

$$0.3x_1+0.1x_2+0.5x_3+0.1x_4+0.5x_5=0.3$$

由于新合金的含锌量为 20%，于是

$$0.6x_1+0.2x_2+0.2x_3+0.1x_4+0.1x_5=0.2$$

由于新合金的含锡量为 50%，于是

$$0.1x_1+0.7x_2+0.3x_3+0.8x_4+0.4x_5=0.5$$

并且 $x_1, x_2, \cdots, x_5 \geqslant 0$，则

该工厂在新合金含铅、锌、锡的要求下或限制下

$$\text{s.t.}\begin{cases} x_1 + x_2 + x_3 + x_4 + x_5 = 1 \\ 0.3x_1 + 0.1x_2 + 0.5x_3 + 0.1x_4 + 0.5x_5 = 0.3 \\ 0.6x_1 + 0.2x_2 + 0.2x_3 + 0.1x_4 + 0.1x_5 = 0.2 \\ 0.1x_1 + 0.7x_2 + 0.3x_3 + 0.8x_4 + 0.4x_5 = 0.5 \\ x_1, x_2, x_3, x_4, x_5 \geqslant 0 \end{cases}$$

使目标函数 $L = 85x_1 + 60x_2 + 89x_3 + 57x_4 + 88x_5$ 的值最小。

上述几个实际问题所涉及的量的具体含义各不相同，但是用以解决问题的数学方法却是相同的，都化为一种特定的数学结构，即数学模型。从上述例子看到这个数学模型包含三个组成要素：

(1) 决策变量，为实现问题的目标，提出的需确定的变量。

(2) 目标函数，指问题要达到的要求，以决策变量的线性函数表示。

(3) 约束条件，指决策变量取值时受到的各种可用资源的限制，以决策变量线性等式或线性不等式来表示。

这类数学模型称为线性规划问题的数学模型。

线性规划问题的数学模型的一般形式是：

$$\max(\text{或}\min)L = c_1x_1 + c_2x_2 + \cdots + c_nx_n$$

$$\text{s.t.}\begin{cases} a_{11}x_1 + a_{12}x_2 + \cdots + a_{1n}x_n \leqslant (\text{或} =, \text{或} \geqslant) b_1 \\ a_{21}x_1 + a_{22}x_2 + \cdots + a_{2n}x_n \leqslant (\text{或} =, \text{或} \geqslant) b_2 \\ \cdots \quad \cdots \quad \cdots \quad \cdots \quad \cdots \\ a_{m1}x_1 + a_{m2}x_2 + \cdots + a_{mn}x_n \leqslant (\text{或} =, \text{或} \geqslant) b_m \\ x_1, x_2, \cdots, x_n \geqslant 0 \end{cases}$$

满足约束条件的一组变量的值称为线性规划问题的一个可行解，全部可行解的集合称为可行域，使目标函数 L 取得最大值(或最小值)的可行解称为最优解，此时目标函数的值称为最优值。

例如，在[例 1]中，若变量 x_1，x_2 取值为 $x_1 = 1$，$x_2 = 2$ 时，满足约束条件，因此 $x_1 = 1$，$x_2 = 2$ 是该问题的一个可行解，此时目标函数的值为 8。

下面我们再举几个具体的线性规划问题的实例。

【例 3】(汽车厂生产计划问题)　一汽车厂生产小、中、大 3 种类型的汽车，已知各类型每辆车对钢材、劳动时间的需求，利润以及每月工厂钢材、劳动时间的现有量

如表 4－3 所示，试制定月生产计划，使工厂的利润最大。

表 4－3　材料、时间及利润表

	小型	中型	大型	现有量
钢材(吨)	1.5	3	5	600
劳动时间(小时)	280	250	400	60 000
利润(万元)	2	3	4	

解　设每月生产小、中、大型汽车的数量分别为 x_1，x_2，x_3，工厂的月利润为 L，在题目所给参数均不随生产数量变化的假设下，立即可得线性规划问题如下：

$$\max L = 2x_1 + 3x_2 + 4x_3$$
$$\text{s. t.}\begin{cases} 1.5x_1 + 3x_2 + 5x_3 \leqslant 600 \\ 280x_1 + 25x_2 + 400x_3 \leqslant 60\,000 \\ x_1,\ x_2,\ x_3 \geqslant 0 \end{cases}$$

解[例 3]这个汽车生产计划问题，得最优解 $x_1 = 64.516\,129$，$x_2 = 167.741\,928$，$x_3 = 0$，出现小数，显然不合适。

对于这个实际问题，变量 x_1，x_2，x_3 只能取整数，我们必须在上述所建立的线性规划模型中增加约束条件：x_1，x_2，x_3 为整数。

于是，[例 3]所得的线性规划问题为

$$\max L = 4x_1 + 3x_2 + 2x_3$$
$$\text{s. t.}\begin{cases} 1.5x_1 + 3x_2 + 5x_3 \leqslant 600 \\ 280x_1 + 25x_2 + 400x_3 \leqslant 60\,000 \\ x_1 \geqslant 0,\ x_2 \geqslant 0,\ x_3 \geqslant 0 \\ x_1,\ x_2,\ x_3\ \text{均为整数} \end{cases}$$

附加了整数约束条件的线性规划模型称为整数规划模型。

再解这个线性规划问题。最优解为 $x_1 = 64$，$x_2 = 168$，$x_3 = 0$；最优值为 $L = 632$。即月生产计划为生产小型车 64 辆，中型车 168 辆，不生产大型车。

【例 4】(工作选择人员问题或指派问题)　设有 A_1，A_2，A_3，A_4 4 个人完成 B_1，B_2，B_3，B_4 4 项工作，每人只做一项工作，且每项工作仅由一人担任。A_i 完成工作 B_j 所需时间为 c_{ij}(i，j=1，2，3，4)(单位：天)，如表 4－4 所示。

表 4-4 效率表

B_j c_{ij} A_i	B_1	B_2	B_3	B_4
A_1	8	13	18	23
A_2	10	14	16	27
A_3	2	10	21	26
A_4	14	22	26	28

试问应分配哪个人去承担哪项工作，才能使 4 个人完成这 4 项工作的总时间为最少？试建立求解的模型。

解 前述各例所设的变量都是问题中所要求的数量，而这个例题中我们要引入的变量必须具有指定某人做某项工作而其他人不能做该项工作的作用。数 0，1 就起到了这种作用，变量取 1，说明某人做这项工作，在总的花费时间中贡献时间，变量取 0 表示不做这项工作，从而在总的花费时间中不作出贡献。

引入 16 个变量

$$x_{ij}=\begin{cases}1\text{，当指派 }A_i\text{ 承担工作 }B_j\text{ 时}\\0\text{，当指派 }A_i\text{ 不承担工作 }B_j\text{ 时}\end{cases}(i,\ j=1,\ 2,\ 3,\ 4)$$

由于每人只做 1 项工作，得

$$\begin{aligned}x_{11}+x_{12}+x_{13}+x_{14}&=1\\x_{21}+x_{22}+x_{23}+x_{24}&=1\\x_{31}+x_{32}+x_{33}+x_{34}&=1\\x_{41}+x_{42}+x_{43}+x_{44}&=1\end{aligned}$$

由于每项工作仅由 1 人担任，得

$$\begin{aligned}x_{11}+x_{21}+x_{31}+x_{14}&=1\\x_{12}+x_{22}+x_{32}+x_{42}&=1\\x_{13}+x_{23}+x_{33}+x_{43}&=1\\x_{14}+x_{24}+x_{34}+x_{44}&=1\end{aligned}$$

得线性规划如下：

$$\min T = \begin{aligned}[t] & 8x_{11} + 13x_{12} + 18x_{13} + 24x_{14} \\ & + 10x_{21} + 14x_{22} + 16x_{23} + 27x_{24} \\ & + 2x_{31} + 10x_{32} + 21x_{33} + 26x_{34} \\ & + 14x_{41} + 22x_{42} + 26x_{43} + 28x_{44} \end{aligned}$$

$$\begin{cases} \sum\limits_{i=1}^{4} x_{ij} = 1,\ j = 1,\ 2,\ 3,\ 4 \\ \sum\limits_{j=1}^{4} x_{ij} = 1,\ j = 1,\ 2,\ 3,\ 4 \\ x_{ij} = 0 \text{ 或 } 1 \end{cases}$$

这种线性规划称为 0—1 规划。

习 题 4-1

1. 某厂生产 3 种规格健身器，需经加工、装配和检验工序完成，每件所需要的时间及销售利润如下表 4-5 所示。

表 4-5 每件所需时间、销售利润

	Ⅰ	Ⅱ	Ⅲ	可用时间(分)
加工装配(分/件)	45	10	30	1 200
检验(分/件)	8	4	4	600
利润(元/件)	30	10	15	

市场预测表明:需求健身器Ⅰ型 50 件、Ⅱ型 80 件、Ⅲ型 150 件。问要使总利润最大，应如何安排生产，试列出生产计划的数学模型。

2. 某制帽厂生产甲、乙两种帽子，每顶利润分别是 8 元和 5 元。甲帽每顶所需加工时间是乙帽的 2 倍。如果全部生产乙帽，则每天可生产 500 顶。市场每天最多可销售甲帽 150 顶和乙帽 250 顶，为获得最大利润，应如何制定生产计划？试建立问题的数学模型。

3. 某企业的资金用于 A，B，C 3 个工程项目的投资，所得净效益分别为 18%、15%、10%。资金分别上须满足:用于项目 A 的投资不大于其他各项投资之和;而用于项目 B 的投资不小于投资项目 C 的投资，现要确定获得最大效益的投资分配方案，试建立数学模型。

4. 现有 300 厘米长的钢管 500 根。需将其截成 70 厘米和 80 厘米长的 2 种规格。每套由 70 厘米长 3 根、80 厘米长 2 根组成，有如表 4－6 所示的 4 种截法。求使余料最少的最优下料方案。试列出线性规划模型。

表 4－6　钢管的截法

方案	截成长为 70 厘米的根数（根）	截成长为 80 厘米的根数（根）	余料（厘米）
a	4	0	20
b	3	1	10
c	2	2	0
d	0	3	60

第二节　图　解　法

两个变量的线性规划问题可用图解法求解，图解法的步骤是：

(1) 建立平面直角坐标系。

(2) 将约束条件中的两个变量的线性等式或线性不等式，在坐标平面内用一条直线或一个半平面表示。确定满足约束条件的解的范围，即线性规划问题的可行域。

(3) 绘制出目标函数的图形，确定最优解是否存在。若存在，求最优解。

下面举例说明。

【例 1】 求解线性规划问题(第一节[例 1])

$$\max L = 2x_1 + 3x_2$$

$$\text{s. t.}\begin{cases} x_1 + 2x_2 \leqslant 8 \\ 4x_1 \leqslant 16 \\ 4x_2 \leqslant 12 \\ x_1 \geqslant 0,\ x_2 \geqslant 0 \end{cases}$$

解　(1) 以 x_1 和 x_2 为坐标轴建立平面直角坐标系 x_1Ox_2，如图 4－1 所示。

(2) 将约束条件在平面坐标系 x_1Ox_2 中的图形表示出来。

约束条件 $x_1 + 2x_2 \leqslant 8$ 的图示。先取 $x_2 + 2x_2 = 8$，这是一条直线，在 x_1Ox_2 坐标系中绘出这条直线。这条直线将平面分成两个部分。由于原点(0, 0)满足不等式，于是直线 $x_1 + 2x_2 = 8$ 上和含(0, 0)的半个平面内的所有点满足约束条件 $x_1 + 2x_2 \leqslant 8$，如图 4－1 所示。

同理，满足约束条件 $4x_1 \leqslant 16$ 的点是直线 $4x_1 = 16$ 上和这条直线左边含(0, 0)的半个平面内的所有点；满足约束条件 $4x_2 \leqslant 12$ 的点是直线 $4x_2 = 12$ 上和这条直线下方的含(0, 0)的半个平面内的所有点。

显然，满足 $x_1 \geqslant 0$ 的点是直线 $x_1 = 0$ 上和这条直线右边半个平面内的所有点；满足 $x_2 \geqslant 0$ 的点是直线 $x_2 = 0$ 上和这条直线上面半个平面内的所有点。

由上述讨论可得，满足所有约束条件的点落在由 x_1，x_2 两个坐标轴与上述三条直线所围成的多边形 $OP_1P_2P_3P_4$ 内及其边界上，因此多边形 $OP_1P_2P_3P_4$ 内及边界上的点即为该问题的可行域，如图 4－2 所示。

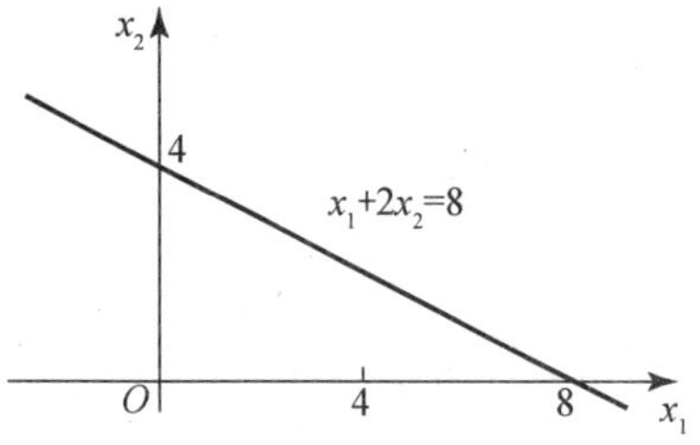

图 4－1　满足 $x_1+2x_2 \leqslant 8$ 的点集

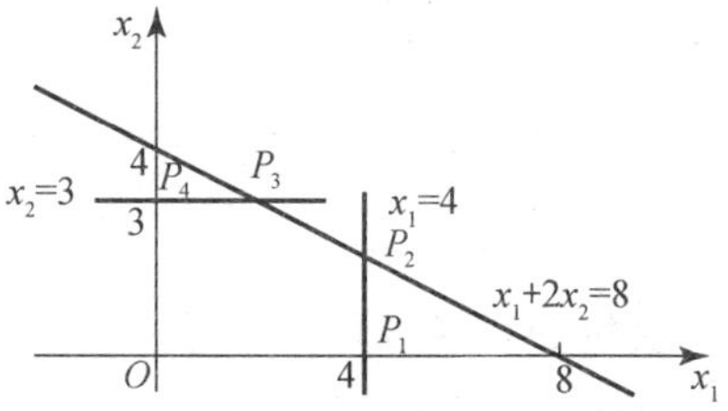

图 4－2　可行域

(3) 绘制目标函数的图形。目标函数 $L = 2x_1 + 3x_2$ 改写为

$$x_2 = -\frac{2}{3}x_1 + \frac{L}{3}$$

这是以 L 为参数，斜率为 $-\frac{2}{3}$ 的一族平行的直线，如图 4－3 所示。

由图 4－3 可见，这族平行直线中，离 O 点越远的直线其 L 值越大。

最优解必须满足约束条件，并且使目标函数达到最优值。为此，将图 4－2 与图 4－3 合并成图 4－4。

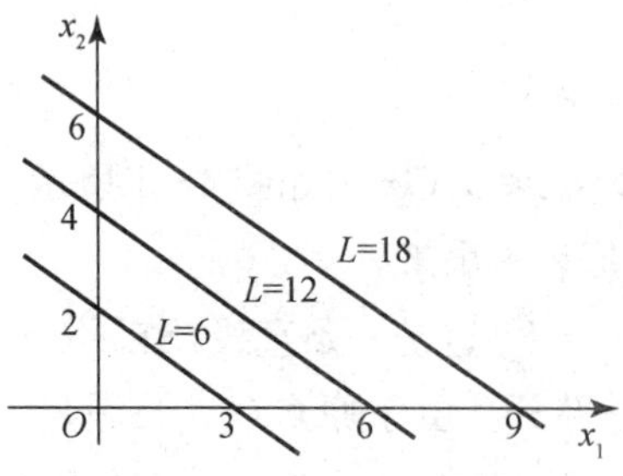

图 4－3　目标函数的图形

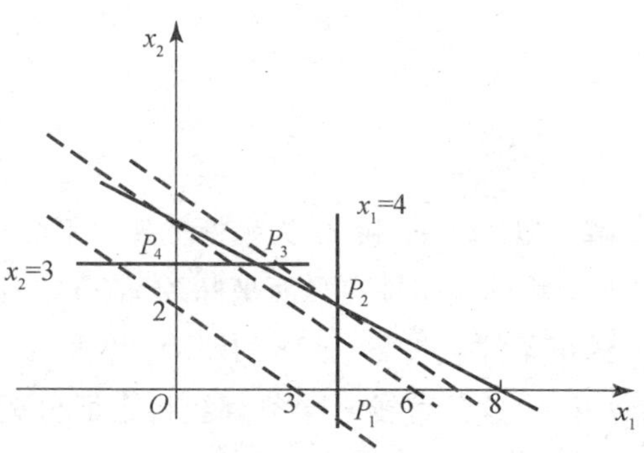

图 4－4　图解法图

由图 4-4 可见，当代表目标函数的直线向右上方移动时，目标函数 L 的值逐渐增大，当直线移动到与多边形 $OP_1P_2P_3P_4$ 的交点 P_2 时，再继续向右上方移动，虽然目标函数 L 的值可以增大，但是目标函数的直线上的点不在多边形 $OP_1P_2P_3P_4$ 内或边界上，即不满足约束条件。所以目标函数的直线与多边形 $OP_1P_2P_3P_4$ 的交点 P_2 的坐标(4，2)就是最优解，即 $x_1=4$，$x_2=2$。最优值 $L=14$。该厂生产 A 型产品 4 件、B 型产品 2 件时，获得 14 万元的最大利润。

一般地，对于目标函数 $L=c_1x_1+c_2x_2$，只需在 x_1Ox_2 坐标平面上作出坐标为 (c_1, c_2) 的点 C，那么目标函数的直线 $L=c_1x_1+c_2x_2$ 必与 $\overrightarrow{OC}$ 垂直，且 $\overrightarrow{OC}$ 的方向就是目标函数值增大方向，$\overrightarrow{OC}$ 的反向则为目标函数值减少的方向。

【例 2】 用图解法解线性规划问题。

$$\min L=100x_1+150x_2$$

$$\text{s. t.}\begin{cases} x_1\leqslant 400 \\ 2x_1-x_2\geqslant 100 \\ x_1+x_2=500 \\ x_1\geqslant 0,\ x_2\geqslant 0 \end{cases}$$

解 在 x_1Ox_2 坐标平面中作出可行域 K。可行域为图 4-5 中的线段 P_1P_2 上的点集。

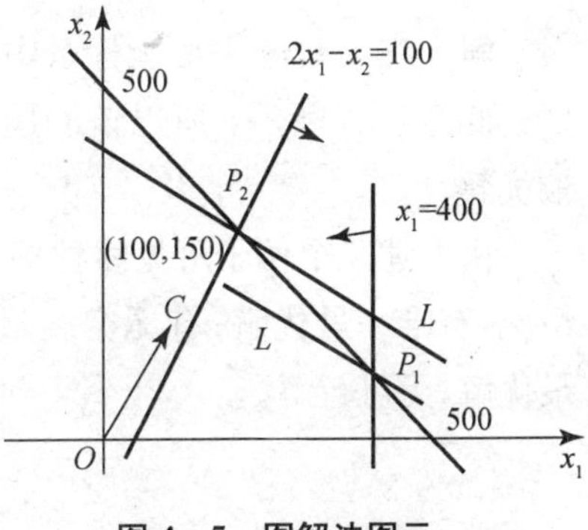

图 4-5 图解法图示

取点 $C(100, 150)$，作出向量 $\overrightarrow{OC}$，目标函数的直线沿 $\overrightarrow{OC}$ 的反方向移动，目标函数 L 的值逐渐减少，最后与点 P_1 相交。解方程组

$$\begin{cases} x_1+x_2=500 \\ x_1=400 \end{cases}$$

得最优解为 $x_1=400$，$x_2=100$，最优值 $L=55\,000$(元)。即男生为 400 人、女生为 100 人时，服装费支出最少，为 55 000 元。

【例 3】 用图解法求解线性规划问题。

$$\max L=x_1+x_2$$

$$\text{s. t.}\begin{cases} x_1+\quad x_2\geqslant 1 \\ -x_1+\quad 3x_2\leqslant 3 \\ x_1\geqslant 0,\ x_2\geqslant 0 \end{cases}$$

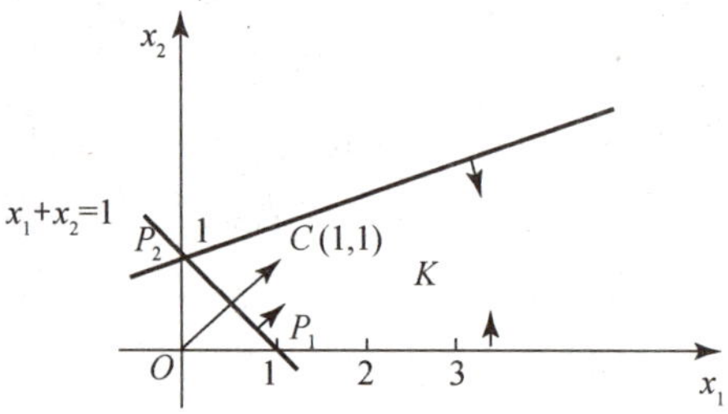

图 4－6　图解法图

解　建立平面 x_1Ox_2 坐标系，作出可行域 K 和向量$\overrightarrow{OC}$，如图 4－6 所示。

目标函数直线沿$\overrightarrow{OC}$方向可以无限制地移动，目标函数的值也可无限制地增大，所以该问题有可行解，但是无最优解。

若将[例 2]中的目标函数改为

$$\min L = x_1 + x_2$$

目标函数直线沿$\overrightarrow{OC}$的反方向移动，目标函数的值逐渐减少，最后与可行域 K 相交于线段 P_1P_2，所以线段 P_1P_2 上的点均是最优解，最优值 $L=1$。

【例 4】　用图解法求解线性规划问题。

$$\max L = x_1 + 2x_2$$

$$\text{s. t.}\begin{cases} x_1 + x_2 \leqslant 10 \\ 2x_1 + x_3 \geqslant 30 \\ x_1 \geqslant 0,\ x_2 \geqslant 0 \end{cases}$$

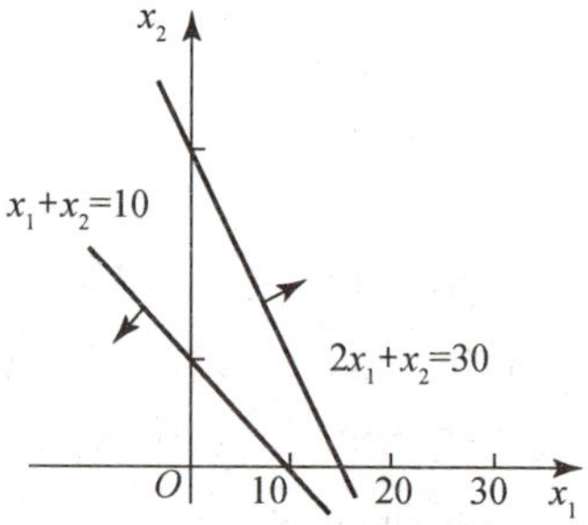

图 4－7　[例 4]图解法图

解　在 x_1Ox_2 平面坐标系中作出可行域 K，$K=\varnothing$，如图 4－7 所示，所以该问题无可行解，从而也无最优解。

由上述几个例子可见线性规划问题的解有这几种情况：有唯一最优解；有无穷多最优解；有可行解但无最优解；无可行解。

习　题　4－2

用图解法求解下列线性规划问题。

1. $\max f = 2x_1 + 5x_2$

$$\begin{cases} x_1 + 2x_2 \leqslant 16 \\ 2x_1 + x_2 \leqslant 12 \\ x_1 \geqslant 0,\ x_2 \geqslant 0 \end{cases}$$

2. $\min f = 3x_1 + 2x_2$

$$\begin{cases} x_1 + 2x_2 \geqslant 4 \\ x_1 + 6x_2 \geqslant 6 \\ x_1 \geqslant 0,\ x_2 \geqslant 0 \end{cases}$$

3. $\max f = 6x_1 - 2x_2$

$$\begin{cases} 2x_1 - x_2 \geqslant 2 \\ 2x_1 - 3x_2 \leqslant 6 \\ x_1 \leqslant 6 \\ x_1 \geqslant 0,\ x_2 \geqslant 0 \end{cases}$$

4. $\min f = 3x_1 + 2x_2$

$$\begin{cases} 2x_1 + x_2 \geqslant 4 \\ x_1 + x_2 \leqslant 1 \\ x_1 \geqslant 0,\ x_2 \geqslant 0 \end{cases}$$

5. $\max f = 2x_1 + 3x_2$

$$\begin{cases} x_1 + x_2 \leqslant 2 \\ 4x_1 + 6x_2 \leqslant 9 \\ x_1 \geqslant 0,\ x_2 \geqslant 0 \end{cases}$$

6. $\max f = x_1 + x_2$

$$\begin{cases} 2x_1 - x_2 \leqslant 4 \\ x_1 \geqslant 0,\ x_2 \geqslant 0 \end{cases}$$

复 习 题 四

1. 设某种物资从 2 个产地 A_1，A_2 运到 3 个销地 B_1，B_2，B_3。产地 A_1，A_2 的产量分别为 600 件和 500 件；销地 B_1，B_2，B_3 的销量分别为 550 件、350 件和 200 件。每个产地的物资运到每个销地的单位运价（单位：元/件）如表 4－7 所示。试问如何调运使总运费用最少？试建立问题的线性规划模型。

单位：元/件

表 4－7　单位运价表

单位运价 销地 / 产地	B_1	B_2	B_3
A_1	6	5	7
A_2	4	5	6

2. 用图解法求解线性规则问题。

(1) $\max L = x_1 + x_2$

$$\text{s. t.} \begin{cases} x_1 \leqslant 2 \\ -x_1 + x_2 \leqslant 2 \\ x_1,\ x_2 \geqslant 0 \end{cases}$$

(2) $\min L = 2x_1 + x_2$

$$\text{s. t.} \begin{cases} 2x_1 + x_2 \geqslant 2 \\ x_1 + 3x_2 \geqslant 3 \\ x_1,\ x_2 \geqslant 0 \end{cases}$$

第五章　特征值、特征向量及二次型

本章首先讨论方阵对角化问题，即，对于方阵 $\boldsymbol{A}$，求一个可逆矩阵 $\boldsymbol{P}$，使得 $\boldsymbol{P}^{-1}\boldsymbol{AP}$为对角阵，为此引入特征值、特征向量及内积的概念，然后我们讨论如何将二次型化为标准型。

第一节　矩阵的特征值与特征向量

一、矩阵的特征值与特征向量的概念

定义 1　设 $\boldsymbol{A}$ 是 n 阶方阵，若存在着一个数 λ 和一个 n 维非零列向量 $\boldsymbol{X}$，使得

$$\boldsymbol{AX}=\lambda\boldsymbol{X} \tag{5-1}$$

则称 λ 是方阵 $\boldsymbol{A}$ 的**特征值**，非零向量 $\boldsymbol{X}$ 称为方阵 $\boldsymbol{A}$ 对应于特征值 λ 的**特征向量**。

下面我们讨论特征值与特征向量的求法。

(5－1)式可写成

$$(\boldsymbol{A}-\lambda\boldsymbol{E})\boldsymbol{X}=\boldsymbol{O} \tag{5-2}$$

由此可见，特征向量是齐次线性方程组(5－2)的非零解。根据齐次线性方程组有非零解的充分必要条件，得到齐次线性方程组的系数行列式

$$|\boldsymbol{A}-\lambda\boldsymbol{E}|=0 \tag{5-3}$$

即

$$\begin{vmatrix} a_{11}-\lambda & a_{12} & \cdots & a_{1n} \\ a_{21} & a_{22}-\lambda & \cdots & a_{2n} \\ \cdots & \cdots & \cdots & \cdots \\ a_{n1} & a_{n2} & \cdots & a_{nn}-\lambda \end{vmatrix}=0$$

上式是以 λ 为未知数的方程，称为 $\boldsymbol{A}$ 的**特征方程**。其左端是 λ 的 n 次多项式，记作

$f(\lambda)$，称为 $\boldsymbol{A}$ 的**特征多项式**。方阵 $\boldsymbol{A}$ 的特征方程的根就是 $\boldsymbol{A}$ 的特征值。将所求得的特征值代入齐次线性方程组(5-2)式，可求得对应的特征向量。

设 λ_0 是特征方程(5-3)式的根，即 λ_0 是 $\boldsymbol{A}$ 的特征值。为了求出对应于特征值 λ_0 的特征向量，解齐次线性方程组

$$(\boldsymbol{A}-\lambda_0\boldsymbol{E})\boldsymbol{X}=\boldsymbol{O} \tag{5-4}$$

若设 $\boldsymbol{\xi}_1$，$\boldsymbol{\xi}_2$，…，$\boldsymbol{\xi}_r$ 为它的一组基础解系，则 $\boldsymbol{C}_1\boldsymbol{\xi}_1+\boldsymbol{C}_2\boldsymbol{\xi}_2+\cdots+\boldsymbol{C}_r\boldsymbol{\xi}_r$，($\boldsymbol{C}_1$，$\boldsymbol{C}_2$，…，$\boldsymbol{C}_r$ 取任意常数)为(5-4)式的所有解。从而，方阵 $\boldsymbol{A}$ 对应于 λ_0 的特征向量为 $\boldsymbol{C}_1\boldsymbol{\xi}_1+\boldsymbol{C}_2\boldsymbol{\xi}_2+\cdots+\boldsymbol{C}_r\boldsymbol{\xi}_r$，其中 $\boldsymbol{C}_1$，$\boldsymbol{C}_2$，…，$\boldsymbol{C}_r$ 取不全为零的任意实数。

【例 1】 求矩阵 $\boldsymbol{A}=\begin{pmatrix}-1&1&0\\-4&3&0\\1&0&2\end{pmatrix}$ 的特征值和特征向量。

解 解特征方程

$$|\boldsymbol{A}-\lambda\boldsymbol{E}|=\begin{vmatrix}-1-\lambda&1&0\\-4&3-\lambda&0\\1&0&2-\lambda\end{vmatrix}=(1-\lambda)^2(2-\lambda)=0$$

得 $\boldsymbol{A}$ 的特征值为 $\lambda_1=2$，$\lambda_2=\lambda_3=1$。

当 $\lambda_1=2$ 时，解齐次线性方程组 $(\boldsymbol{A}-2\boldsymbol{E})\boldsymbol{X}=\boldsymbol{O}$，由

$$\boldsymbol{A}-2\boldsymbol{E}=\begin{pmatrix}-3&1&0\\-4&1&0\\1&0&0\end{pmatrix}\longrightarrow\begin{pmatrix}1&0&0\\0&1&0\\0&0&0\end{pmatrix}$$

得一个基础解系 $\boldsymbol{p}_1=(0,0,1)^{\mathrm{T}}$，从而矩阵 $\boldsymbol{A}$ 对应于 $\lambda_1=2$ 的全部特征向量为 $\boldsymbol{c}_1\boldsymbol{p}_1$($\boldsymbol{c}_1$ 取非零任意实数)。

当 $\lambda_2=\lambda_3=1$ 时，解齐次线性方程组 $(\boldsymbol{A}-\boldsymbol{E})\boldsymbol{X}=\boldsymbol{O}$，由

$$\boldsymbol{A}-\boldsymbol{E}=\begin{pmatrix}-2&1&0\\-4&2&0\\1&0&1\end{pmatrix}\longrightarrow\begin{pmatrix}1&0&1\\0&1&2\\0&0&0\end{pmatrix}$$

得一个基础解取为 $\boldsymbol{p}_2=(1,2,-1)^{\mathrm{T}}$，从而矩阵 $\boldsymbol{A}$ 对应于 $\lambda_2=\lambda_3=1$ 的全部特征向量为 $\boldsymbol{c}_2\boldsymbol{p}_2$($\boldsymbol{c}_2$ 取非零任意实数)。

【例 2】 求矩阵 $A=\begin{pmatrix}0&1&1\\1&0&1\\1&1&0\end{pmatrix}$ 的特征值和特征向量。

解 解特征方程

$$|A-\lambda E|=\begin{vmatrix}-\lambda&1&1\\1&-\lambda&1\\1&1&-\lambda\end{vmatrix}=-(\lambda-2)(\lambda+1)^2=0$$

得 A 的特征值为 $\lambda_1=2$，$\lambda_2=\lambda_3=-1$。

当 $\lambda_1=2$ 时，解齐次线性方程组 $(A-2E)X=O$，由

$$A-2E=\begin{vmatrix}-2&1&1\\1&-2&1\\1&1&-2\end{vmatrix}\longrightarrow\begin{vmatrix}1&0&-1\\0&1&-1\\0&0&0\end{vmatrix}$$

得一个基础解系 $p_1=(1,1,1)^T$，从而矩阵 A 对应于 $\lambda_1=2$ 的全部特征向量为 c_1p_1（c_1 取非零任意实数）。

当 $\lambda_2=\lambda_3=-1$ 时，解齐次线性方程组 $(A+E)X=O$，由

$$A+E=\begin{pmatrix}1&1&1\\1&1&1\\1&1&1\end{pmatrix}\longrightarrow\begin{pmatrix}1&1&1\\0&0&0\\0&0&0\end{pmatrix}$$

得一个基础解系 $p_2=(-1,1,0)^T$，$p_2=(-1,0,1)^T$，从而矩阵 A 对应于 $\lambda_2=\lambda_3=-1$ 的全部特征向量为 $c_2p_2+c_3p_3$（c_2，c_3 取不全为零的任意实数）。

【例 3】 求矩阵 $A=\begin{pmatrix}2&1&0\\2&3&0\\1&1&2\end{pmatrix}$ 的特征值和特征向量。

解 解特征方程

$$|A-\lambda E|=\begin{vmatrix}2-\lambda&1&0\\2&3-\lambda&0\\1&1&2-\lambda\end{vmatrix}=(2-\lambda)(\lambda-1)(\lambda-4)=0$$

得 A 的特征值为 $\lambda_1=1$，$\lambda_2=2$，$\lambda_3=4$。

当 $\lambda_1=1$ 时，解齐次线性方程组 $(A-E)X=O$，得一个基础解系

$\boldsymbol{p}_1=(-1,1,0)^{\mathrm{T}}$，从而矩阵 $\boldsymbol{A}$ 对应于 $\lambda_1=1$ 的全部特征向量为 $c_1\boldsymbol{p}_1$（c_1 取非零任意实数）。

当 $\lambda_2=2$ 时，解齐次线性方程组 $(\boldsymbol{A}-2\boldsymbol{E})\boldsymbol{X}=\boldsymbol{O}$，得一个基础解系 $\boldsymbol{p}_2=(0,0,1)^{\mathrm{T}}$，从而矩阵 $\boldsymbol{A}$ 对应于 $\lambda_2=2$ 的全部特征向量为 $c_2\boldsymbol{p}_2$（c_2 取非零任意实数）。

当 $\lambda_3=4$ 时，解方程组 $(\boldsymbol{A}-4\boldsymbol{E})\boldsymbol{X}=\boldsymbol{O}$，得一个基础解系 $\boldsymbol{p}_3=(-1,2,1)^{\mathrm{T}}$，从而矩阵 $\boldsymbol{A}$ 对应于 $\lambda_3=4$ 的全部特征向量为 $c_3\boldsymbol{p}_3$（c_3 取非零任意实数）。

【例 4】 设 λ_0 是方阵 $\boldsymbol{A}$ 的一个特征值，证明：

(1) λ_0^2 是方阵 $\boldsymbol{A}^2$ 的一个特征值。

(2) 对任意实数 k，λ_0-k 是方阵 $\boldsymbol{A}-k\boldsymbol{E}$ 的一个特征值。

证明 据题意，设 $\boldsymbol{p}$ 为方阵 $\boldsymbol{A}$ 对应于特征值 λ_0 的特征向量，从而

$$\boldsymbol{A}\boldsymbol{p}=\lambda_0\boldsymbol{p}$$

(1) 上式两边左乘方阵 $\boldsymbol{A}$，得

$$\boldsymbol{A}^2\boldsymbol{p}=\boldsymbol{A}(\lambda_0\boldsymbol{p})$$

而 $\boldsymbol{A}(\lambda_0\boldsymbol{p})=\lambda_0\boldsymbol{A}\boldsymbol{p}=\lambda_0^2\boldsymbol{p}$，得 $\boldsymbol{A}^2\boldsymbol{p}=\lambda_0^2\boldsymbol{p}$

即 λ_0^2 是方阵 $\boldsymbol{A}^2$ 的一个特征值，且 $\boldsymbol{p}$ 是矩阵 $\boldsymbol{A}^2$ 对应于 λ^2。的一个特征向量。

(2) 由 $\boldsymbol{A}\boldsymbol{p}=\lambda_0\boldsymbol{p}$，得

$$\boldsymbol{A}\boldsymbol{p}-k\boldsymbol{p}=\lambda_0\boldsymbol{p}-k\boldsymbol{p}$$

即

$$(\boldsymbol{A}-k\boldsymbol{E})\boldsymbol{p}=(\lambda_0-k)\boldsymbol{p}$$

所以 λ_0-k 是方阵 $\boldsymbol{A}-k\boldsymbol{E}$ 的一个特征值。

二、特征值与特征向量的基本性质

性质 1 方阵 $\boldsymbol{A}$ 与它的转置矩阵 $\boldsymbol{A}^{\mathrm{T}}$ 有相同的特征值。

证明 因为 $(\boldsymbol{A}-\lambda\boldsymbol{E})^{\mathrm{T}}=\boldsymbol{A}^{\mathrm{T}}-\lambda\boldsymbol{E}$，得

$$|\boldsymbol{A}^{\mathrm{T}}-\lambda\boldsymbol{E}|=|(\boldsymbol{A}-\lambda\boldsymbol{E})^{\mathrm{T}}|=|\boldsymbol{A}-\lambda\boldsymbol{E}|$$

所以方阵 $\boldsymbol{A}$ 与 $\boldsymbol{A}^{\mathrm{T}}$ 有相同的特征方程式，从而 $\boldsymbol{A}$ 与 $\boldsymbol{A}^{\mathrm{T}}$ 有相同的特征值。

性质 2 设 $\lambda_1,\lambda_2,\cdots,\lambda_m$ 是 n 阶方阵 $\boldsymbol{A}$ 的互不相等的特征值，$\boldsymbol{p}_i$ 是 $\boldsymbol{A}$ 对应于 λ_i 的特征向量，$i=1,2,\cdots,m$，则向量组 $\boldsymbol{p}_1,\boldsymbol{p}_2,\cdots,\boldsymbol{p}_m$ 线性无关。

证明 用数学归纳法证明。

当 $m=1$ 时，由于特征向量不为零，因此性质 2 成立。

设$\boldsymbol{A}$的$m-1$个互不相同的特征值λ_1，λ_2，…，λ_{m-1}，其对应的特征向量$\boldsymbol{p}_1$，$\boldsymbol{p}_2$，…，$\boldsymbol{p}_{m-1}$线性无关。现证明对m个互不相同的特征值λ_1，…，λ_{m-1}，λ_m，其对应的特征向量$\boldsymbol{p}_1$，…，p_{m-1}，$\boldsymbol{p}_m$线性无关。

设有一组数是k_1,k_2，…，k_m使得

$$k_1\boldsymbol{p}_1+\cdots+k_{m-1}\boldsymbol{p}_{m-1}+k_m\boldsymbol{p}_m=\boldsymbol{O} \tag{5-5}$$

以矩阵$\boldsymbol{A}$左乘(5-5)式两端，由$\boldsymbol{A}\boldsymbol{p}_i=\lambda\boldsymbol{p}_i$，整理后得

$$k_1\lambda_1\boldsymbol{p}_1+\cdots+k_{m-1}\lambda_{m-1}\boldsymbol{p}_{m-1}+k_m\lambda_m\boldsymbol{p}_m=\boldsymbol{O} \tag{5-6}$$

由(5-5)，(5-6)式消去$\boldsymbol{p}_m$，得

$$k_1(\lambda_1-\lambda_m)\boldsymbol{p}_1+\cdots+k_{m-1}(\lambda_{m-1}-\lambda_m)\boldsymbol{p}_{m-1}=\boldsymbol{O}$$

由归纳法所设，$\boldsymbol{p}_1$，$\boldsymbol{p}_2$，…，$\boldsymbol{p}_{m-1}$线性无关，于是

$$k_i(\lambda_i-\lambda_m)=0(i=1,2,\cdots,m-1)$$

因$\lambda_i-\lambda_m\neq0(i=1,2,\cdots,m-1)$，因此$k_1=k_2=\cdots=k_{m-1}=0$，于是(5-5)式化为$k_m\boldsymbol{p}_m=\boldsymbol{0}$，又因$\boldsymbol{p}_m\neq\boldsymbol{0}$，应有$k_m=0$，因而$\boldsymbol{p}_1$，$\boldsymbol{p}_2$，…，$\boldsymbol{p}_{m-1}$，$\boldsymbol{p}_m$线性无关。

性质3 设n阶方阵$\boldsymbol{A}=(a_{ij})_{n\times n}$，$\boldsymbol{A}$的全部特征值为$\lambda_1$，$\lambda_2$，…，$\lambda_n$(其中可能有重根或复根)，则

$$\lambda_1+\lambda_2+\cdots+\lambda_n=a_{11}+a_{22}+\cdots+a_{nn}$$
$$\lambda_1\lambda_2\cdots\lambda_n=|\boldsymbol{A}|$$

$\sum\limits_{i=1}^{n}a_{ii}$ 称为方阵$\boldsymbol{A}=(a_{ij})_{n\times n}$的**迹**，记为$\mathrm{tr}(\boldsymbol{A})$。

习 题 5-1

1. 求下列矩阵的特征值和特征向量。

(1) $\begin{pmatrix}1&2\\2&1\end{pmatrix}$　　(2) $\begin{pmatrix}3&0&4\\0&6&0\\4&0&3\end{pmatrix}$

(3) $\begin{pmatrix}6&2&4\\2&3&2\\4&2&6\end{pmatrix}$　　(4) $\begin{pmatrix}3&4&0&0\\5&2&0&0\\0&0&5&2\\0&0&1&4\end{pmatrix}$

2. 已知三阶可逆方阵 $\boldsymbol{A}$ 的特征值为 1，−2，3，求 $\boldsymbol{A}^{-1}$ 的特征值。

3. 已知 0 是方阵 $\boldsymbol{A}=\begin{pmatrix}1&0&1\\0&2&0\\1&0&a\end{pmatrix}$ 的特征值，求 $\boldsymbol{A}$ 的特征值和特征向量。

4. 设 λ_0 是 n 阶方阵 $\boldsymbol{A}$ 的一个特征值，证明：

(1) $k\lambda_0$ 是方阵 $k\boldsymbol{A}$ 的一个特征值(k 为任意实数)。

(2) 如果 $\boldsymbol{A}$ 是可逆矩阵，则 $\dfrac{1}{\lambda_0}$ 是 $\boldsymbol{A}^{-1}$ 的一个特征值。

5. 如果方阵 $\boldsymbol{A}$ 满足 $\boldsymbol{A}^2=\boldsymbol{A}$，证明：方阵 $\boldsymbol{A}$ 的特征值只能是 0 或 1。

6. 设 $\boldsymbol{A}$ 是 n 阶方阵，且 $\boldsymbol{A}^{\mathrm{T}}\boldsymbol{A}=\boldsymbol{E}$，$|\boldsymbol{A}|=-1$。证明：−1 是矩阵 $\boldsymbol{A}$ 的一个特征值。

第二节　相似矩阵与矩阵对角化

一、相似矩阵及其性质

定义 1　设 $\boldsymbol{A}$ 和 $\boldsymbol{B}$ 都是 n 阶方阵，若存在一个可逆的 n 阶方阵 $\boldsymbol{P}$，使得 $\boldsymbol{P}^{-1}\boldsymbol{AP}=\boldsymbol{B}$，则称 $\boldsymbol{A}$ 与 $\boldsymbol{B}$ 相似，记为 $\boldsymbol{A}\sim\boldsymbol{B}$。

对 $\boldsymbol{A}$ 进行运算 $\boldsymbol{P}^{-1}\boldsymbol{AP}$，称为对 $\boldsymbol{A}$ 进行**相似变换**。可逆矩阵 $\boldsymbol{P}$ 称为把 $\boldsymbol{A}$ 变成 $\boldsymbol{B}$ 的**相似变换矩阵**。

例如，对于矩阵 $\boldsymbol{A}=\begin{pmatrix}1&2\\3&4\end{pmatrix}$，$\boldsymbol{B}=\begin{pmatrix}-38&-102\\16&43\end{pmatrix}$，存在可逆矩阵 $\boldsymbol{P}=\begin{pmatrix}2&5\\1&3\end{pmatrix}$ 满足 $\boldsymbol{P}^{-1}\boldsymbol{AP}=\boldsymbol{B}$，因此 $\boldsymbol{A}\sim\boldsymbol{B}$，且 $\boldsymbol{P}$ 是将 $\boldsymbol{A}$ 变为 $\boldsymbol{B}$ 的相似变换矩阵。

定理 1　若 n 阶方阵 $\boldsymbol{A}$ 与 $\boldsymbol{B}$ 相似，则 $\boldsymbol{A}$ 与 $\boldsymbol{B}$ 有相同的特征值。

证明　设 $\boldsymbol{A}\sim\boldsymbol{B}$，则有可逆矩阵 $\boldsymbol{P}$，使 $\boldsymbol{P}^{-1}\boldsymbol{AP}=\boldsymbol{B}$，于是

$$\begin{aligned}|\boldsymbol{B}-\lambda\boldsymbol{E}|&=|\boldsymbol{P}^{-1}\boldsymbol{AP}-\lambda\boldsymbol{E}|=|\boldsymbol{P}^{-1}\boldsymbol{AP}-\boldsymbol{P}^{-1}(\lambda\boldsymbol{E})\boldsymbol{P}|=|\boldsymbol{P}^{-1}(\boldsymbol{A}-\lambda\boldsymbol{E})\boldsymbol{P}|\\&=|\boldsymbol{P}^{-1}||\boldsymbol{A}-\lambda\boldsymbol{E}||\boldsymbol{P}|=|\boldsymbol{P}^{-1}||\boldsymbol{P}||\boldsymbol{A}-\lambda\boldsymbol{E}|=|\boldsymbol{P}^{-1}\boldsymbol{P}||\boldsymbol{A}-\lambda\boldsymbol{E}|\\&=|\boldsymbol{E}|\cdot|\boldsymbol{A}-\lambda\boldsymbol{E}|=|\boldsymbol{A}-\lambda\boldsymbol{E}|\end{aligned}$$

因此 $\boldsymbol{A}$，$\boldsymbol{B}$ 有相同的特征多项式，从而 $\boldsymbol{A}$，$\boldsymbol{B}$ 的特征值相同。

推论 1　若 n 阶方阵 $\boldsymbol{A}$ 与对角形矩阵

$$B=\begin{pmatrix}\lambda_1 & & & \\ & \lambda_2 & & \\ & & \ddots & \\ & & & \lambda_n\end{pmatrix}$$

相似，则 $\lambda_1,\lambda_2,\cdots,\lambda_n$ 就是 A 的 n 个特征值。

证明 因为 $|B-\lambda E|=(\lambda_1-\lambda)(\lambda_2-\lambda)\cdots(\lambda_n-\lambda)$，所以 $\lambda_1,\lambda_2,\cdots,\lambda_n$ 是 B 的 n 个特征值，由定量 1 知 $\lambda_1,\lambda_2,\cdots,\lambda_n$ 也是 A 的 n 个特征值。

【例 1】 设方阵 A 与 B 相似，证明 $|A|=|B|$。

证明 同为 $A\sim B$，由定义存在可逆矩阵 P，使

$$P^{-1}AP=B$$

得
$$|P^{-1}AP|=|B|$$

于是
$$|P^{-1}||A||P|=|B|$$

得 $|A|=|B|$

【例 2】 设方阵 A 与 B 相似，且 A 是可逆矩阵，证明 $A^{-1}\sim B^{-1}$。

证明 因为 $A\sim B$，所以 $|A|=|B|$。于是 B 也是可逆矩阵，且存在可逆矩阵 P，使 $P^{-1}AP=B$。从而

$$B^{-1}=(P^{-1}AP)^{-1}=P^{-1}A^{-1}(P^{-1})^{-1}=P^{-1}A^{-1}P$$

得 $A^{-1}\sim B^{-1}$。

二、方阵与对角阵相似的条件

定义 2 如果 n 阶方阵 A 可与一个对角阵相似，则称方阵 A 可对角化。

对于 n 阶方阵 A 能否对角化，关键在于能否找到相似变换矩阵 P，使

$$P^{-1}AP=\begin{pmatrix}\lambda_1 & & & \\ & \lambda_2 & & \\ & & \ddots & \\ & & & \lambda_n\end{pmatrix}$$

假设已经找到相似变换矩阵 P，使上式成立，令

$$P=\begin{pmatrix}p_{11} & p_{12} & \cdots & p_{1n}\\ p_{21} & p_{22} & \cdots & p_{2n}\\ \cdots & \cdots & \cdots & \cdots\\ p_{n1} & p_{n2} & \cdots & p_{nn}\end{pmatrix},\ A=\begin{pmatrix}a_{11} & a_{12} & \cdots & a_{1n}\\ a_{21} & a_{22} & \cdots & a_{2n}\\ \cdots & \cdots & \cdots & \cdots\\ a_{n1} & a_{n2} & \cdots & a_{nn}\end{pmatrix}$$

则仍由上式，得

$$\boldsymbol{AP}=\boldsymbol{P}\begin{pmatrix}\lambda_1 & & & \\ & \lambda_2 & & \\ & & \ddots & \\ & & & \lambda_n\end{pmatrix}$$

令 $\boldsymbol{p}_i=(p_{1i},\ p_{2i},\ \cdots,\ p_{ni})^{\mathrm{T}}$，则 $\boldsymbol{P}=(\boldsymbol{p}_1,\ \boldsymbol{p}_2,\ \cdots,\ \boldsymbol{p}_n)$，从而

$$\boldsymbol{A}(\boldsymbol{p}_1,\ \boldsymbol{p}_2,\ \cdots,\ \boldsymbol{p}_n)=(\boldsymbol{p}_1,\ \boldsymbol{p}_2,\ \cdots,\ \boldsymbol{p}_n)\begin{pmatrix}\lambda_1 & & & \\ & \lambda_2 & & \\ & & \ddots & \\ & & & \lambda_n\end{pmatrix}$$

由此得

$$\boldsymbol{Ap}_i=\lambda_i\boldsymbol{p}_i,\ i=1,\ 2,\ \cdots,\ n$$

因为 $\boldsymbol{P}$ 是可逆矩阵，有 $|\boldsymbol{P}|\neq 0$，所以 $\boldsymbol{p}_1,\ \boldsymbol{p}_2,\ \cdots,\ \boldsymbol{p}_n$ 都是非零向量，因此 $\boldsymbol{p}_1,\ \boldsymbol{p}_2,\ \cdots,\ \boldsymbol{p}_n$ 都是 $\boldsymbol{A}$ 的特征向量，且是 n 个线性无关的向量。

反之，如果求得矩阵 $\boldsymbol{A}$ 的 n 个特征值 $\lambda_1,\ \lambda_2,\ \cdots,\ \lambda_n$，及 $\boldsymbol{A}$ 对应于特征值 λ_i 的特征向量为 $\boldsymbol{p}_i(i=1,\ 2,\ \cdots,\ n)$，以 $\boldsymbol{p}_1,\ \boldsymbol{p}_2,\ \cdots,\ \boldsymbol{p}_n$ 为矩阵列向量组构作矩阵 $\boldsymbol{P}$，则满足

$$\boldsymbol{AP}=\boldsymbol{P}\begin{pmatrix}\lambda_1 & & & \\ & \lambda_2 & & \\ & & \ddots & \\ & & & \lambda_n\end{pmatrix}$$

若 $\boldsymbol{p}_1,\ \boldsymbol{p}_2,\ \cdots,\ \boldsymbol{p}_n$ 性线无关，于是 $R(\boldsymbol{P})=n$，故 $\boldsymbol{P}$ 是可逆矩阵，因此

$$\boldsymbol{P}^{-1}\boldsymbol{AP}=\begin{pmatrix}\lambda_1 & & & \\ & \lambda_2 & & \\ & & \ddots & \\ & & & \lambda_n\end{pmatrix}$$

矩阵 $\boldsymbol{P}$ 就是把矩阵 $\boldsymbol{A}$ 变成对角阵的相似变换矩阵。

综上所述，得下面的定理。

定理2 设$\boldsymbol{A}$是n阶方阵，λ_1，λ_2，…，λ_n为$\boldsymbol{A}$的特征值，$\boldsymbol{p}_i$是$\boldsymbol{A}$对应于特征值λ_i的特征向量，$i=1$，2，…，n，则$\boldsymbol{A}$相似于一个对角阵(也称为$\boldsymbol{A}$可化为对角阵)的充分必要条件是$\boldsymbol{p}_1$，$\boldsymbol{p}_2$，…，$\boldsymbol{p}_n$线性无关。

注:n阶方阵$\boldsymbol{A}$的特征多项式$|\boldsymbol{A}-\lambda\boldsymbol{E}|$是关于$\lambda$的$n$次多项式，所以在复数范围内有$n$个根。重根按重数计算，即若$\lambda_0$为特征方程的$k$重根，则认为$\boldsymbol{A}$有$k$个特征值$\lambda_0$。

推论 设n阶方阵$\boldsymbol{A}$有n个不同的特征值λ_1，λ_2，…，λ_n，则存在可逆矩阵$\boldsymbol{P}$，使

$$\boldsymbol{P}^{-1}\boldsymbol{A}\boldsymbol{P}=\begin{pmatrix}\lambda_1 & & & \\ & \lambda_2 & & \\ & & \ddots & \\ & & & \lambda_n\end{pmatrix}$$

其中,$\boldsymbol{P}$是$\boldsymbol{A}$的相似变换矩阵，它是由$\boldsymbol{A}$的n个不同特征值所对应的特征向量作为列向量所构成。

根据定理2的证明过程得到矩阵对角化的方法和步骤如下:

(1) 求出n阶方阵$\boldsymbol{A}$的特征值λ_1，λ_2，…，λ_n(可能有重根)。

(2) 求出矩阵$\boldsymbol{A}$的所有线性无关的特征向量，如果$\boldsymbol{A}$有n个线性无关的特征向量$\boldsymbol{p}_1$，$\boldsymbol{p}_2$，…，$\boldsymbol{p}_n$，则矩阵$\boldsymbol{A}$可对角化。

(3) 构作相似变换矩阵$\boldsymbol{P}=(\boldsymbol{p}_1, \boldsymbol{p}_2, \cdots, \boldsymbol{p}_n)$，则

$$\boldsymbol{P}^{-1}\boldsymbol{A}\boldsymbol{P}=\begin{pmatrix}\lambda_1 & & & \\ & \lambda_2 & & \\ & & \ddots & \\ & & & \lambda_n\end{pmatrix}$$

例如，在第一节[例1]中，矩阵$\boldsymbol{A}=\begin{pmatrix}-1 & 1 & 0\\ -4 & 3 & 0\\ 1 & 0 & 2\end{pmatrix}$的特征值为$\lambda_1=2$，$\lambda_2=\lambda_3=1$；$\boldsymbol{A}$对应于$\lambda_1$的特征向量为$\boldsymbol{p}_1=(0, 0, 1)^{\mathrm{T}}$,$\boldsymbol{A}$对应于$\lambda_2=1$的特征向量为$\boldsymbol{p}_2=(1, 2, -1)^{\mathrm{T}}$,对应于$\lambda_3=1$的特征向量为$\boldsymbol{p}_3=2(1, 2, -1)^{\mathrm{T}}$。所以,$\boldsymbol{A}$的特征向量$\boldsymbol{p}_1$，$\boldsymbol{p}_2$，$\boldsymbol{p}_3$线性相关，于是由定理可知，矩阵$\boldsymbol{A}$不能对角化。

又如，第一节[例 2] 中，矩阵 $A=\begin{pmatrix}0&1&1\\1&0&1\\1&1&0\end{pmatrix}$ 虽然只有两个不相同的特征值 $\lambda_1=2$，$\lambda_2=\lambda_3=-1$，但是它有三个线性无关的特征向量：A 对应于 $\lambda_1=2$ 的特征向量为 $p_2=(1,1,1)^T$；A 对应于 $\lambda_2=\lambda_3=-1$ 的特征向量为 $p_2=(-1,1,0)^T$，$p_3=(-1,0,1)^T$。于是由定理 2 可知，方阵 A 可以对角化，其相似变换矩阵 P 为

$$P=(p_1,p_2,p_3)=\begin{pmatrix}1&-1&-1\\1&1&0\\1&0&1\end{pmatrix},\ P^{-1}AP=\begin{pmatrix}2&&\\&-1&\\&&-1\end{pmatrix}$$

再如，第一节[例 3] 中，矩阵 $A=\begin{pmatrix}2&1&0\\2&3&0\\1&1&2\end{pmatrix}$ 有三个不相同的特征值 $\lambda_1=1$，$\lambda_2=2$，$\lambda_3=4$，由推论可知，矩阵 A 可对角化，其相似变换矩阵为

$$P=(p_1,p_2,p_3)=\begin{pmatrix}-1&0&-1\\1&0&2\\0&1&1\end{pmatrix}，且\ P^{-1}AP=\begin{pmatrix}1&&\\&2&\\&&4\end{pmatrix}$$

其中，p_1，p_2，p_3 分别为矩阵 A 对应于特征值 λ_1，λ_2，λ_3 的特征向量。

下面给出当方阵 A 的特征方程有重根时，方阵 A 对角化的一个充分必要条件。

定理 3 n 阶方阵 A 可对角化的充分必要条件是：对应于方阵 A 的每一个特征值的线性无关的特征向量的个数等于该特征值的重数。即设 λ 为方阵 A 的任一特征值，λ 的重数为 s，则 A 与对角化的充分必要条件是

$$R(A-\lambda E)=n-s$$

例如，第一节[例 2] 中，矩阵 $A=\begin{pmatrix}0&1&1\\1&0&1\\1&1&1\end{pmatrix}$ 有特征值 $\lambda_1=2$，$\lambda_2=\lambda_3=-1$，对于特征值 $\lambda_2=\lambda_3=-1$，由于

$$A+E=\begin{pmatrix}1&1&1\\1&1&1\\1&1&1\end{pmatrix}\longrightarrow\begin{pmatrix}1&1&1\\0&0&0\\0&0&0\end{pmatrix}$$

所以，$R(\boldsymbol{A}+\boldsymbol{E})=1=3-2$。据定理 3，再次证明矩阵 $\boldsymbol{A}$ 可对角化。

【例 3】 判断下列矩阵 $\boldsymbol{A}$ 能否对角化。如果可以对角化，求出将 $\boldsymbol{A}$ 对角化的相似变换矩阵。

(1) $\boldsymbol{A}=\begin{pmatrix}2&1&0\\0&3&0\\1&0&2\end{pmatrix}$，(2) $\boldsymbol{A}=\begin{pmatrix}3&-1&-2\\2&0&-2\\2&-1&-1\end{pmatrix}$。

解 (1) 解特征方程

$$|\boldsymbol{A}-\lambda\boldsymbol{E}|=\begin{vmatrix}2-\lambda&1&0\\0&3-\lambda&0\\1&0&2-\lambda\end{vmatrix}=(2-\lambda)^2(3-\lambda)=0$$

得特征值 $\lambda_1=\lambda_2=2$，$\lambda_3=3$。

对于特征值 $\lambda_1=\lambda_2=2$，为二重根 $s=2$，$n=3$，由于

$$\boldsymbol{A}-2\boldsymbol{E}=\begin{pmatrix}0&1&0\\0&1&0\\1&0&0\end{pmatrix}\longrightarrow\begin{pmatrix}1&0&0\\0&1&0\\0&0&0\end{pmatrix}$$

得 $R(\boldsymbol{A}-2\boldsymbol{E})=2\neq n-s=1$。据定理可知，矩阵 $\boldsymbol{A}$ 不可对角化。

(2) 解特征方程

$$|\boldsymbol{A}-\lambda\boldsymbol{E}|=\begin{vmatrix}3-\lambda&-1&-2\\2&-\lambda&-2\\2&-1&-1-\lambda\end{vmatrix}=-\lambda(\lambda-1)^2=0$$

得特征值 $\lambda_1=\lambda_2=1$，$\lambda_3=0$。

对于特征值 $\lambda_1=\lambda_2=1$，为二重根 $s=2$，$n=3$，由于

$$\boldsymbol{A}-\boldsymbol{E}=\begin{pmatrix}2&-1&-2\\2&-1&-2\\2&-1&-2\end{pmatrix}\longrightarrow\begin{pmatrix}1&-\frac{1}{2}&-1\\0&0&0\\0&0&0\end{pmatrix}$$

得 $R(\boldsymbol{A}-\boldsymbol{E})=1=n-s$，据定理 3 知，矩阵 $\boldsymbol{A}$ 可对角化。

对于特征值 $\lambda_1=\lambda_2=1$，得齐次线性方程组 $(\boldsymbol{A}-\boldsymbol{E})\boldsymbol{X}=\boldsymbol{O}$ 的一个基础解系 $\boldsymbol{p}=\left(\frac{1}{2},1,0\right)^{\mathrm{T}}$，$\boldsymbol{p}_2=(1,0,1)^{\mathrm{T}}$，即为 $\boldsymbol{A}$ 对应于 $\lambda_1=\lambda_2=1$ 的两个线性无关特征向量。

对于特征值 $\lambda_3=0$，由于

$$A-OE=\begin{pmatrix}3&-1&-2\\2&0&-2\\2&-1&-1\end{pmatrix}\longrightarrow\begin{pmatrix}1&0&-1\\0&1&-1\\0&0&0\end{pmatrix}$$

得齐次线性方程组 $(A-OE)X=O$ 的一个基础解系 $p_3=(1,1,1)^{\mathrm{T}}$，即为 A 对应于 $\lambda_3=0$ 的特征向量。从而相似变换矩阵 $P=(p_1,p_2,p_3)$，即

$$P=\begin{pmatrix}\frac{1}{2}&1&1\\1&0&1\\0&1&1\end{pmatrix}，且\ P^{-1}AP=\begin{pmatrix}1&&\\&1&\\&&0\end{pmatrix}$$

【例 4】 设矩阵 $A=\begin{pmatrix}0&1&2\\2&1&a\\0&0&-1\end{pmatrix}$ 能对角化，求 a 的值。

解 解特征方程

$$|A-\lambda E|=\begin{vmatrix}-\lambda&1&2\\2&1-\lambda&a\\0&0&-1-\lambda\end{vmatrix}=-(\lambda-2)(\lambda+1)^2=0$$

得特征值 $\lambda_1=2$，$\lambda_2=\lambda_3=-1$。

因为矩阵 A 能对角化，当 $\lambda_2=\lambda_3=-1$ 时，据定理 3 知，矩阵 A 应该有两个线性无关的特征向量，即齐次线性方程组 $(A+E)X=0$ 的基础解系含两个向量，也即 $R(A+E)=n-s=3-2=1$。

由于

$$A+E=\begin{pmatrix}1&1&2\\2&2&a\\0&0&0\end{pmatrix}\longrightarrow\begin{pmatrix}1&1&2\\0&0&a-4\\0&0&0\end{pmatrix}$$

得 $a-4=0$，即得 $a=4$。

【例 5】 试问方阵 $A=\begin{pmatrix}0&0&1\\1&1&-1\\1&0&0\end{pmatrix}$ 能否对角化?若能对角化，求出可逆矩阵

$\boldsymbol{P}$，使得 $\boldsymbol{P}^{-1}\boldsymbol{AP}$ 为对角阵，并求 $\boldsymbol{A}^n$。

解 解 $\boldsymbol{A}$ 的特征方程

$$|\boldsymbol{A}-\lambda\boldsymbol{E}|=\begin{vmatrix}-\lambda & 0 & 1\\ 1 & 1-\lambda & -1\\ 1 & 0 & -\lambda\end{vmatrix}=(1-\lambda)(\lambda^2-1)=0$$

得 $\boldsymbol{A}$ 的特征值为 $\lambda_1=-1$，$\lambda_2=\lambda_3=1$。

对应于单根特征值 $\lambda_1=-1$，$R(\boldsymbol{A}+\boldsymbol{E})=2=3-1$，对应于重根特征值 $\lambda_2=\lambda_3=1$，$R(\boldsymbol{A}-\boldsymbol{E})=1=3-2$。所以方阵 $\boldsymbol{A}$ 可以对角化。

对于特征值 $\lambda_1=-1$，解线性方程组 $(\boldsymbol{A}+\boldsymbol{E})\boldsymbol{X}=\boldsymbol{O}$，可得一个基础解系 $\boldsymbol{p}_1=(-1,\ 1,\ 1)^{\mathrm{T}}$。

对于特征值 $\lambda_2=\lambda_3=1$，解线性方程组 $(\boldsymbol{A}-\boldsymbol{E})\boldsymbol{X}=\boldsymbol{O}$，可得一个基础解系 $\boldsymbol{p}_2=(0,\ 1,\ 0)^{\mathrm{T}}$，$\boldsymbol{p}_3=(1,\ 0,\ 1)^{\mathrm{T}}$。

令

$$\boldsymbol{P}=(\boldsymbol{p}_1,\ \boldsymbol{p}_2,\ \boldsymbol{p}_3)=\begin{pmatrix}-1 & 0 & 1\\ 1 & 1 & 0\\ 1 & 0 & 1\end{pmatrix}$$

则

$$\boldsymbol{P}^{-1}\boldsymbol{AP}=\begin{pmatrix}-1 & 0 & 0\\ 0 & 1 & 0\\ 0 & 0 & 1\end{pmatrix}=\boldsymbol{B}$$

因为 $\boldsymbol{A}=\boldsymbol{PBP}^{-1}$，有 $\boldsymbol{A}^n=\boldsymbol{PB}^n\boldsymbol{P}^{-1}$，又

$$\boldsymbol{P}^{-1}=\begin{pmatrix}-\frac{1}{2} & 0 & \frac{1}{2}\\ \frac{1}{2} & 1 & -\frac{1}{2}\\ \frac{1}{2} & 0 & \frac{1}{2}\end{pmatrix},\ \boldsymbol{B}^n=\begin{cases}\boldsymbol{E} & n\text{ 为偶数}\\ \boldsymbol{B} & n\text{ 为奇数}\end{cases}$$

则

$$\boldsymbol{A}^n=\boldsymbol{PB}^n\boldsymbol{P}^{-1}=\begin{cases}\boldsymbol{E},\ n\text{ 为偶数}\\ \boldsymbol{A},\ n\text{ 为奇数}\end{cases}$$

习 题 5-2

1. 设 $\boldsymbol{A},\boldsymbol{B}$ 都是 n 阶方阵，且 $|\boldsymbol{A}|\neq 0$，证明 $\boldsymbol{AB}$ 与 $\boldsymbol{BA}$ 相似。

2. 问下列矩阵是否可以对角化?如果可以对角化，求出可逆矩阵 $\boldsymbol{P}$，使得 $\boldsymbol{P}^{-1}\boldsymbol{AP}$ 为对角阵。

(1) $\begin{pmatrix}2&1\\1&2\end{pmatrix}$　　(2) $\begin{pmatrix}1&1&-1\\0&1&1\\0&0&3\end{pmatrix}$　　(3) $\begin{pmatrix}-1&1&0\\-4&3&0\\1&0&2\end{pmatrix}$

(4) $\begin{pmatrix}3&2&-1\\-2&-2&2\\3&6&-1\end{pmatrix}$　　(5) $\begin{pmatrix}0&0&1\\0&1&0\\1&0&0\end{pmatrix}$　　(6) $\begin{pmatrix}5&6&-3\\-1&0&1\\1&2&1\end{pmatrix}$

3. 设 $\boldsymbol{P}=\begin{pmatrix}0&2\\-1&0\end{pmatrix}$，$\boldsymbol{B}=\begin{pmatrix}a&0\\0&b\end{pmatrix}$，$\boldsymbol{P}^{-1}\boldsymbol{AP}=\boldsymbol{B}$，求 $\boldsymbol{A}^{10}$。

4. 设 3 阶方阵 $\boldsymbol{A}$ 的特征值为 $\lambda_1=2$，$\lambda_2=-2$，$\lambda_3=1$，对应的特征向量依次为

$$\boldsymbol{p}_1=\begin{pmatrix}0\\1\\1\end{pmatrix},\ \boldsymbol{p}_2=\begin{pmatrix}1\\1\\1\end{pmatrix},\ \boldsymbol{p}_3=\begin{pmatrix}1\\1\\0\end{pmatrix}$$

求 $\boldsymbol{A}$。

5. 设矩阵 $\boldsymbol{A}=\begin{pmatrix}-2&0&0\\2&a&2\\3&1&1\end{pmatrix}$，矩阵 $\boldsymbol{B}=\begin{pmatrix}-1&0&0\\0&2&0\\0&0&b\end{pmatrix}$，且 $\boldsymbol{A}\sim\boldsymbol{B}$，求 a，b 的值，及相似变换矩阵 $\boldsymbol{P}$，使得 $\boldsymbol{P}^{-1}\boldsymbol{AP}=\boldsymbol{B}$。

第三节　实对称矩阵的对角化

一般的方阵对角化问题是比较复杂的。现在我们讨论一类元素均为实数的对称矩阵对角化问题，称这类矩阵为**实对称矩阵**。

实对称矩阵的特征值、特征向量具有许多特殊的性质，我们通过引入内积、正交矩阵的概念及其性质，讨论实对称矩阵的对角化。

一、向量的内积与标准正交向量组

定义 1 设 n 维向量 $\boldsymbol{\alpha}=(a_1, a_2, \cdots, a_n)^{\mathrm{T}}$，$\boldsymbol{\beta}=(b_1, b_2, \cdots, b_n)^{\mathrm{T}}$，实数 $a_1b_1+a_2b_2+\cdots+a_nb_n$，称为向量 $\boldsymbol{\alpha}$ 与 $\boldsymbol{\beta}$ 的**内积**，记为$(\boldsymbol{\alpha}, \boldsymbol{\beta})$，即

$$(\boldsymbol{\alpha}, \boldsymbol{\beta})=a_1b_1+a_2b_2+\cdots+a_nb_n=\boldsymbol{\alpha}^{\mathrm{T}}\boldsymbol{\beta}$$

可见，内积概念是数量积概念的推广。

由内积的定义，容易验证内积具有以下性质($\boldsymbol{\alpha}$，$\boldsymbol{\beta}$，$\boldsymbol{\gamma}$ 为 n 维向量，k 为实数)：

(1) $(\boldsymbol{\alpha}, \boldsymbol{\beta})=(\boldsymbol{\beta}, \boldsymbol{\alpha})$。

(2) $(k\boldsymbol{\alpha}, \boldsymbol{\beta})=k(\boldsymbol{\alpha}, \boldsymbol{\beta})$。

(3) $(\boldsymbol{\alpha}+\boldsymbol{\beta}, \boldsymbol{\gamma})=(\boldsymbol{\alpha}, \boldsymbol{\gamma})+(\boldsymbol{\beta}, \boldsymbol{\gamma})$。

由性质(2) 和(3) 可得

$$(c_1\boldsymbol{\alpha}_1+c_2\boldsymbol{\alpha}_2+\cdots+c_m\boldsymbol{\alpha}_m, \boldsymbol{\beta})=c_1(\boldsymbol{\alpha}_1, \boldsymbol{\beta})+c_2(\boldsymbol{\alpha}_2, \boldsymbol{\beta})+\cdots+c_m(\boldsymbol{\alpha}_m, \boldsymbol{\beta})$$

其中 $\boldsymbol{\alpha}_1, \boldsymbol{\alpha}_2, \cdots, \boldsymbol{\alpha}_m, \boldsymbol{\beta}$ 均为 n 维列向量，$c_1, c_2, \cdots, c_m$ 为任意实数。

定义 2 对于向量 $\boldsymbol{\alpha}$，称$\sqrt{(\boldsymbol{\alpha}, \boldsymbol{\alpha})}$ 为向量 $\boldsymbol{\alpha}$ 的**长度或模**，记为 $\|\boldsymbol{\alpha}\|$，即

$$\|\boldsymbol{\alpha}\|=\sqrt{(\boldsymbol{\alpha}, \boldsymbol{\alpha})}$$

模为 1 的向量称为**单位向量**。

当 $\boldsymbol{\alpha}\neq 0$ 时，$\dfrac{\boldsymbol{\alpha}}{\|\boldsymbol{\alpha}\|}$ 显然是单位向量，这种将向量 $\boldsymbol{\alpha}$ 化成单位向量的过程，称为向量 $\boldsymbol{\alpha}$ 的单位化。

定义 3 如果两向量 $\boldsymbol{\alpha}$ 与 $\boldsymbol{\beta}$ 的内积 $(\boldsymbol{\alpha}, \boldsymbol{\beta})=0$，则称向量 $\boldsymbol{\alpha}$ 与 $\boldsymbol{\beta}$ 相互正交。

显然，零向量与任意向量都正交。

定义 4 设 n 维向量 $\boldsymbol{\alpha}_1, \boldsymbol{\alpha}_2, \cdots, \boldsymbol{\alpha}_r$ 是一个非零向量组，如 $\boldsymbol{\alpha}_1, \boldsymbol{\alpha}_2, \cdots, \boldsymbol{\alpha}_r$ 中的向量两两正交，则称向量组 $\boldsymbol{\alpha}_1, \boldsymbol{\alpha}_2, \cdots, \boldsymbol{\alpha}_r$ 为**正交向量组**。

例如，向量组 $\boldsymbol{\alpha}_1=\begin{pmatrix}1\\1\\0\\0\end{pmatrix}$，$\boldsymbol{\alpha}_2=\begin{pmatrix}1\\-1\\0\\0\end{pmatrix}$，$\boldsymbol{\alpha}_3=\begin{pmatrix}0\\0\\1\\1\end{pmatrix}$，由于

$$(\boldsymbol{\alpha}_1, \boldsymbol{\alpha}_2)=0, (\boldsymbol{\alpha}_1, \boldsymbol{\alpha}_3)=0, (\boldsymbol{\alpha}_2, \boldsymbol{\alpha}_3)=0$$

所以向量组 $\boldsymbol{\alpha}_1, \boldsymbol{\alpha}_2, \boldsymbol{\alpha}_3$ 是一个正交向量组。

正交向量组有如下性质。

定理 1 设 n 维向量组 $\boldsymbol{\alpha}_1$，$\boldsymbol{\alpha}_2$，…，$\boldsymbol{\alpha}_r$ 是正交向量组，则向量组 $\boldsymbol{\alpha}_1$，$\boldsymbol{\alpha}_2$，…，$\boldsymbol{\alpha}_r$ 线性无关。

证明 设有一组数 k_1，k_2，…，k_r，使得

$$k_1\boldsymbol{\alpha}_1+k_2\boldsymbol{\alpha}_2+\cdots+k_r\boldsymbol{\alpha}_r=0$$

那么 $(0, \boldsymbol{\alpha}_i)=(k_1\boldsymbol{\alpha}_1+k_2\boldsymbol{\alpha}_2+\cdots+k_r\boldsymbol{\alpha}_r, \boldsymbol{\alpha}_i)=0$，$i=1, 2, \cdots, r$ 由内积的运算性质，得

$$(k_1\boldsymbol{\alpha}_1+k_2\boldsymbol{\alpha}_2+\cdots+k_r\boldsymbol{\alpha}_r, \boldsymbol{\alpha}_i)=k_1(\boldsymbol{\alpha}_1, \boldsymbol{\alpha}_i)+k_2(\boldsymbol{\alpha}_2, \boldsymbol{\alpha}_i)+\cdots+k_r(\boldsymbol{\alpha}_r, \boldsymbol{\alpha}_i)=k_i(\boldsymbol{\alpha}_i, \boldsymbol{\alpha}_i)$$

从而
$$k_i(\boldsymbol{\alpha}_i, \boldsymbol{\alpha}_i)=0, i=1, 2, \cdots, r$$

因为 $\boldsymbol{\alpha}_i\neq 0$，所以 $(\boldsymbol{\alpha}_i, \boldsymbol{\alpha}_i)\neq 0$. 由此，得

$$k_i=0(i=1, 2, \cdots, r)$$

于是向量组 $\boldsymbol{\alpha}_1$，$\boldsymbol{\alpha}_2$，…，$\boldsymbol{\alpha}_r$ 线性无关。

定义 5 如果 $\boldsymbol{\alpha}_1$，$\boldsymbol{\alpha}_2$，…，$\boldsymbol{\alpha}_r$ 是正交向量，且每一个向量都是单位向量，则称向量组 $\boldsymbol{\alpha}_1$，$\boldsymbol{\alpha}_2$，…，$\boldsymbol{\alpha}_r$ 是标准正交向量组。

下面我们讨论如何从已知线性无关向量组构作标准正交向量组。为此，先看一个具体例子。

【例 1】 由已知线性无关向量组

$$\boldsymbol{\alpha}_1=\begin{pmatrix}1\\1\\0\end{pmatrix}, \boldsymbol{\alpha}_2=\begin{pmatrix}1\\0\\1\end{pmatrix}, \boldsymbol{\alpha}_3=\begin{pmatrix}-1\\0\\0\end{pmatrix}$$

构建一个标准正交向量组。

解 首先由 $\boldsymbol{\alpha}_1$，$\boldsymbol{\alpha}_2$，$\boldsymbol{\alpha}_3$ 构作一个正交向量组 $\boldsymbol{\beta}_1$，$\boldsymbol{\beta}_2$，$\boldsymbol{\beta}_3$，取 $\boldsymbol{\beta}_i=\boldsymbol{\alpha}_1$，然后在 $\boldsymbol{\beta}_1$，$\boldsymbol{\alpha}_2$ 的线性组合中找一个向量 $\boldsymbol{\beta}_2$，使 $\boldsymbol{\beta}_1$ 与 $\boldsymbol{\beta}_2$ 正交。

设 $\boldsymbol{\beta}_2=\boldsymbol{\alpha}_2+k\boldsymbol{\beta}_1$，由 $(\boldsymbol{\beta}_1, \boldsymbol{\beta}_2)=(\boldsymbol{\alpha}_2, \boldsymbol{\beta}_1)+k(\boldsymbol{\beta}_1, \boldsymbol{\beta}_1)=0$，得

$$k=-\frac{(\boldsymbol{\alpha}_2, \boldsymbol{\beta}_1)}{(\boldsymbol{\beta}_1, \boldsymbol{\beta}_1)}=-\frac{1}{2}$$

于是，$\boldsymbol{\beta}_2=\boldsymbol{\alpha}_2-\dfrac{(\boldsymbol{\alpha}_2, \boldsymbol{\beta}_1)}{(\boldsymbol{\beta}_1, \boldsymbol{\beta}_1)}\boldsymbol{\beta}_1=\begin{pmatrix}\frac{1}{2}\\-\frac{1}{2}\\1\end{pmatrix}$

再在 $\boldsymbol{\alpha}_3$，$\boldsymbol{\beta}_1$，$\boldsymbol{\beta}_2$ 的线性组合中取与 $\boldsymbol{\beta}_1$，$\boldsymbol{\beta}_2$ 都正交的向量。

设 $\boldsymbol{\beta}_3=\boldsymbol{\alpha}_3+l_1\boldsymbol{\beta}_1+l_2\boldsymbol{\beta}_2$，由 $(\boldsymbol{\beta}_3,\boldsymbol{\beta}_1)=(\boldsymbol{\alpha}_3,\boldsymbol{\beta}_1)+l_1(\boldsymbol{\beta}_1,\boldsymbol{\beta}_1)=0$ 和 $(\boldsymbol{\beta}_3,\boldsymbol{\beta}_2)=(\boldsymbol{\alpha}_3,\boldsymbol{\beta}_2)+l_2(\boldsymbol{\beta}_2,\boldsymbol{\beta}_2)=0$，得

$$l_1=-\frac{(\boldsymbol{\alpha}_3,\boldsymbol{\beta}_1)}{(\boldsymbol{\beta}_1,\boldsymbol{\beta}_1)}=\frac{1}{2}$$

$$l_2=-\frac{(\boldsymbol{\alpha}_3,\boldsymbol{\beta}_2)}{(\boldsymbol{\beta}_2,\boldsymbol{\beta}_2)}=\frac{1}{3}$$

于是，$\boldsymbol{\beta}_3=\boldsymbol{\alpha}_3+\frac{1}{2}\boldsymbol{\beta}_1+\frac{1}{3}\boldsymbol{\beta}_2=\begin{pmatrix}-1\\0\\0\end{pmatrix}+\frac{1}{2}\begin{pmatrix}1\\1\\0\end{pmatrix}+\frac{1}{3}\begin{pmatrix}\frac{1}{2}\\-\frac{1}{2}\\1\end{pmatrix}=\begin{pmatrix}-\frac{1}{3}\\\frac{1}{3}\\\frac{1}{3}\end{pmatrix}$

用上述方法所得到的向量组 $\boldsymbol{\beta}_1$，$\boldsymbol{\beta}_2$，$\boldsymbol{\beta}_3$ 是正交向量组。

其次，由正交向量组构作标准正交向量组 $\boldsymbol{\varepsilon}_1$，$\boldsymbol{\varepsilon}_2$，$\boldsymbol{\varepsilon}_3$。

我们将向量 $\boldsymbol{\beta}_1$，$\boldsymbol{\beta}_2$，$\boldsymbol{\beta}_3$ 单位化，取

$$\boldsymbol{\varepsilon}_1=\frac{\boldsymbol{\beta}_1}{\|\boldsymbol{\beta}_1\|}=\begin{pmatrix}\frac{\sqrt{2}}{2}\\\frac{\sqrt{2}}{2}\\0\end{pmatrix},\ \boldsymbol{\varepsilon}_2=\frac{\boldsymbol{\beta}_2}{\|\boldsymbol{\beta}_2\|}=\begin{pmatrix}\frac{\sqrt{6}}{6}\\-\frac{\sqrt{6}}{6}\\\frac{\sqrt{6}}{3}\end{pmatrix},\ \boldsymbol{\varepsilon}_3=\frac{\boldsymbol{\beta}_3}{\|\boldsymbol{\beta}_3\|}=\begin{pmatrix}-\frac{\sqrt{3}}{3}\\\frac{\sqrt{3}}{3}\\\frac{\sqrt{3}}{3}\end{pmatrix}$$

这样得到的向量组 $\boldsymbol{\varepsilon}_1$，$\boldsymbol{\varepsilon}_2$，$\boldsymbol{\varepsilon}_3$ 是标准正交向量组。

据[例 1]所述方法，一般地，从 n 维线性无关向量组 $\boldsymbol{\alpha}_1$，$\boldsymbol{\alpha}_2$，…，$\boldsymbol{\alpha}_r$ 构作出标准正交向量组 $\boldsymbol{\varepsilon}_1$，$\boldsymbol{\varepsilon}_2$，…，$\boldsymbol{\varepsilon}_r$ 的方法及步骤如下：

第一步构作出正交向量组 $\boldsymbol{\beta}_1$，$\boldsymbol{\beta}_2$，…，$\boldsymbol{\beta}_r$，可取：

$$\left.\begin{aligned}&\boldsymbol{\beta}_1=\boldsymbol{\alpha}_1;\\&\boldsymbol{\beta}_2=\boldsymbol{\alpha}_2-\frac{(\boldsymbol{\alpha}_2,\boldsymbol{\beta}_1)}{(\boldsymbol{\beta}_1,\boldsymbol{\beta}_1)}\boldsymbol{\beta}_1;\\&\qquad\cdots\cdots\\&\boldsymbol{\beta}_r=\boldsymbol{\alpha}_r-\frac{(\boldsymbol{\alpha}_r,\boldsymbol{\beta}_1)}{(\boldsymbol{\beta}_1,\boldsymbol{\beta}_1)}\boldsymbol{\beta}_1-\frac{(\boldsymbol{\alpha}_r,\boldsymbol{\beta}_2)}{(\boldsymbol{\beta}_2,\boldsymbol{\beta}_2)}\boldsymbol{\beta}_2-\cdots-\frac{(\boldsymbol{\alpha}_r,\boldsymbol{\beta}_{r-1})}{(\boldsymbol{\beta}_{r-1},\boldsymbol{\beta}_{r-1})}\boldsymbol{\beta}_{r-1}\end{aligned}\right\}\quad(5-7)$$

那么，$\boldsymbol{\beta}_1$，$\boldsymbol{\beta}_2$，…，$\boldsymbol{\beta}_r$ 为正交向量组。

上述过程称为施密特正交化过程。

第二步，由正交向量组 $\boldsymbol{\beta}_1$，$\boldsymbol{\beta}_2$，…，$\boldsymbol{\beta}_r$ 构作出标准正交向量组 $\boldsymbol{\varepsilon}_1$，$\boldsymbol{\varepsilon}_2$，…，$\boldsymbol{\varepsilon}_r$。

将 $\boldsymbol{\beta}_1$，$\boldsymbol{\beta}_2$，…，$\boldsymbol{\beta}_r$ 单位化，取

$$\boldsymbol{\varepsilon}_1=\frac{\boldsymbol{\beta}_1}{\|\boldsymbol{\beta}_1\|},\ \boldsymbol{\varepsilon}_2=\frac{\boldsymbol{\beta}_2}{\|\boldsymbol{\beta}_2\|},\ \cdots,\ \boldsymbol{\varepsilon}_r=\frac{\boldsymbol{\beta}_r}{\|\boldsymbol{\beta}_r\|}$$

则 $\boldsymbol{\varepsilon}_1$，$\boldsymbol{\varepsilon}_2$，…，$\boldsymbol{\varepsilon}_r$ 为标准正交向量组。

二、正交矩阵

定义 6 如果 n 阶方阵 $\boldsymbol{A}$ 满足 $\boldsymbol{A}^{\mathrm{T}}\boldsymbol{A}=\boldsymbol{E}$，则称 $\boldsymbol{A}$ 为**正交矩阵**。

正交矩阵具有如下性质：

(1) 设 $\boldsymbol{A}$ 为正交矩阵，则 $\boldsymbol{A}$ 是可逆矩阵，且 $\boldsymbol{A}^{-1}=\boldsymbol{A}^{\mathrm{T}}$。

(2) 如果 $\boldsymbol{A}$ 是正交矩阵，则 $\boldsymbol{A}^{\mathrm{T}}$ 也是正交矩阵。

(3) 如果 $\boldsymbol{A}$ 是正交矩阵，则 $|\boldsymbol{A}|=\pm1$。

证明 因为 $\boldsymbol{A}$ 是正交矩阵，则 $\boldsymbol{A}^{\mathrm{T}}\boldsymbol{A}=\boldsymbol{E}$，从而 $|\boldsymbol{A}^{\mathrm{T}}\boldsymbol{A}|=1$。

由于 $|\boldsymbol{A}^{\mathrm{T}}|=|\boldsymbol{A}|$，得 $|\boldsymbol{A}|^2=1$，从而 $|\boldsymbol{A}|=\pm1$。

(4) 如果 n 阶方阵 $\boldsymbol{A}$、$\boldsymbol{B}$ 都是正交矩阵，则 $\boldsymbol{AB}$ 也是正交矩阵。

定理 2 方阵 $\boldsymbol{A}$ 为正交矩阵的充分必要条件是 $\boldsymbol{A}$ 的列向量组是标准正交向量组。

证明 设

$$\boldsymbol{A}=\begin{pmatrix} a_{11} & a_{12} & \cdots & a_{1n} \\ a_{21} & a_{22} & \cdots & a_{2n} \\ \cdots & \cdots & \cdots & \cdots \\ a_{n1} & a_{n2} & \cdots & a_{nn} \end{pmatrix}$$

且 $\boldsymbol{\alpha}_1$，$\boldsymbol{\alpha}_2$，…，$\boldsymbol{\alpha}_n$ 为方阵 $\boldsymbol{A}$ 的列向量，因为 $\boldsymbol{A}$ 是正交矩阵，即 $\boldsymbol{A}^{\mathrm{T}}\boldsymbol{A}=\boldsymbol{E}$，等价于

$$\boldsymbol{A}^{\mathrm{T}}\boldsymbol{A}=\begin{pmatrix} (\boldsymbol{\alpha}_1^{\mathrm{T}},\boldsymbol{\alpha}_1) & (\boldsymbol{\alpha}_1^{\mathrm{T}},\boldsymbol{\alpha}_2) & \cdots & (\boldsymbol{\alpha}_1^{\mathrm{T}},\boldsymbol{\alpha}_n) \\ (\boldsymbol{\alpha}_2^{\mathrm{T}},\boldsymbol{\alpha}_1) & (\boldsymbol{\alpha}_2^{\mathrm{T}},\boldsymbol{\alpha}_2) & \cdots & (\boldsymbol{\alpha}_2^{\mathrm{T}},\boldsymbol{\alpha}_n) \\ \cdots & \cdots & \cdots & \cdots \\ (\boldsymbol{\alpha}_n^{\mathrm{T}},\boldsymbol{\alpha}_1) & (\boldsymbol{\alpha}_n^{\mathrm{T}},\boldsymbol{\alpha}_2) & \cdots & (\boldsymbol{\alpha}_n^{\mathrm{T}},\boldsymbol{\alpha}_n) \end{pmatrix}=\begin{pmatrix} 1 & 0 & \cdots & 0 \\ 0 & 1 & \cdots & 0 \\ \cdots & \cdots & \cdots & \cdots \\ 0 & 0 & \cdots & 1 \end{pmatrix}$$

即

$$(\boldsymbol{\alpha}_i^{\mathrm{T}}, \boldsymbol{\alpha}_j)=\begin{cases}1, & i=j;\\ 0, & i\neq j。\end{cases}(i, j=1, 2, \cdots, n)$$

得 $\boldsymbol{A}$ 的列向量组是标准正交向量组。

【例 2】 判定下列矩阵是否为正交矩阵。

(1) $\boldsymbol{A}=\begin{pmatrix}1 & 0 & 0\\ 0 & \frac{1}{\sqrt{2}} & \frac{1}{\sqrt{2}}\\ 0 & -\frac{1}{\sqrt{2}} & \frac{1}{\sqrt{2}}\end{pmatrix}$。 (2) $\boldsymbol{A}=\begin{pmatrix}\frac{1}{3} & \frac{2}{3} & \frac{1}{3}\\ -\frac{1}{3} & \frac{1}{3} & \frac{2}{3}\\ \frac{1}{3} & -\frac{1}{3} & \frac{1}{3}\end{pmatrix}$。

解 设 $\boldsymbol{\alpha}_1, \boldsymbol{\alpha}_2, \boldsymbol{\alpha}_3$ 分别为矩阵 $\boldsymbol{A}$ 的第 1、第 2、第 3 列的列向量。

(1) 由于 $(\boldsymbol{\alpha}_1, \boldsymbol{\alpha}_2)=0$，$(\boldsymbol{\alpha}_1, \boldsymbol{\alpha}_3)=0$，$(\boldsymbol{\alpha}_2, \boldsymbol{\alpha}_3)=0$

$$\|\boldsymbol{\alpha}_1\|=1, \ \|\boldsymbol{\alpha}_2\|=1, \ \|\boldsymbol{\alpha}_3\|=1$$

从而矩阵 $\boldsymbol{A}$ 的列向量组 $\boldsymbol{\alpha}_1, \boldsymbol{\alpha}_2, \boldsymbol{\alpha}_3$ 是标准正交向量组，得矩阵 $\boldsymbol{A}$ 是正交矩阵。

(2) 由于 $\|\boldsymbol{\alpha}_1\|=\frac{1}{\sqrt{3}}\neq 1$，从而方阵 $\boldsymbol{A}$ 不是正交矩阵。

三、实对称矩阵的对角化

定义 7 如果 n 阶方阵 $\boldsymbol{A}$ 的所有元素都是实数，且 $\boldsymbol{A}^{\mathrm{T}}=\boldsymbol{A}$，则称方阵 $\boldsymbol{A}$ 为**实对称矩阵**。

1. 实对称矩阵的性质

我们已经知道任意的 n 阶矩阵不一定能与对角矩阵相似，然而，实对称矩阵却一定能与对角矩阵相似，其特征值、特征向量具有许多特殊的性质。

我们先看下面具体例子所反映的事实。

对于实对称矩阵 $\boldsymbol{A}=\begin{pmatrix}3 & 2 & 0\\ 2 & 3 & 0\\ 0 & 0 & 1\end{pmatrix}$，解特征方程 $|\boldsymbol{A}-\lambda\boldsymbol{E}|=\begin{vmatrix}3-\lambda & 2 & 0\\ 2 & 3-\lambda & 0\\ 0 & 0 & 1-\lambda\end{vmatrix}=-(\lambda-1)^2(\lambda-5)=0$ 得 $\boldsymbol{A}$ 的特征值 $\lambda_1=\lambda_2=1$，$\lambda_3=5$ 均为实数。

对于方阵 $\boldsymbol{B}=\begin{pmatrix}0 & -4 & 0\\ 1 & 0 & 0\\ 2 & 3 & 1\end{pmatrix}$，解特征方程 $|\boldsymbol{B}-\lambda\boldsymbol{E}|=\begin{vmatrix}-\lambda & -4 & 0\\ 1 & -\lambda & 0\\ 2 & 3 & 1-\lambda\end{vmatrix}=(1-\lambda)(\lambda^2+4)=0$ 得 $\boldsymbol{B}$ 的特征值 $\lambda_1=2i$，$\lambda_2=-2i$，$\lambda_3=1$ 不全是实数。

一般地，有如下定理。

定理 3 实对称矩阵的特征值都是实数。

对于实对称矩阵 $\boldsymbol{A}=\begin{pmatrix}3&2&0\\2&3&0\\0&0&1\end{pmatrix}$，$\lambda_1=\lambda_2=1$ 是特征方程的二重根。解齐次线性方程组 $(\boldsymbol{A}-\boldsymbol{E})\boldsymbol{X}=\boldsymbol{O}$，由于 $R(\boldsymbol{A}-\boldsymbol{E})=1$，得与重数一样多的两个线性无关的特征向量

$$\boldsymbol{p}_1=(-1,\ 1,\ 0)^{\mathrm{T}},\ \boldsymbol{p}_2=(0,\ 0,\ 1)^{\mathrm{T}}$$

对于第一节[例 1]，方阵 $\begin{pmatrix}-1&1&0\\-4&3&0\\1&0&2\end{pmatrix}$ 有特征值 $\lambda_1=2$，$\lambda_2=\lambda_3=1$。$\lambda_2=\lambda_3=1$ 也是特征方程的二重根。但是，由于 $R(\boldsymbol{A}-\boldsymbol{E})=2$，仅得一个线性无关的特征向量 $(1,\ 2,\ -1)^{\mathrm{T}}$。

一般地，有如下定理。

定理 4 如果 λ_0 是 n 阶实对称矩阵 $\boldsymbol{A}$ 的特征值，且为特征方程 $|\boldsymbol{A}-\lambda_0\boldsymbol{E}|=0$ 的 s 重根，则齐次线性方程组 $(\boldsymbol{A}-\lambda_0\boldsymbol{E})\boldsymbol{X}=\boldsymbol{O}$ 的系数矩阵的秩 $R(\boldsymbol{A}-\lambda_0\boldsymbol{E})=n-s$。即，对于特征值 λ_0，方阵 $\boldsymbol{A}$ 恰有 s 个线性无关的特征向量。

定理 5 设 λ_1、λ_2 分别是实对称矩阵 $\boldsymbol{A}$ 的两个特征值，$\lambda_1\neq\lambda_2$，$\boldsymbol{p}_1$，$\boldsymbol{p}_2$ 分别是 $\boldsymbol{A}$ 对应于 λ_1，λ_2 的特征向量，则 $\boldsymbol{p}_1$ 与 $\boldsymbol{p}_2$ 正交。

证明 因为 $\boldsymbol{A}$ 对应于特征值 λ_1，λ_2 的特征向量分别为 $\boldsymbol{p}_1$，$\boldsymbol{p}_2$。所以

$$\boldsymbol{A}\boldsymbol{p}_1=\lambda_1\boldsymbol{p}_1,\ \boldsymbol{A}\boldsymbol{p}_2=\lambda\boldsymbol{p}_2,\ \lambda_1\neq\lambda_2$$

因为 $\boldsymbol{A}$ 是对称矩阵，所以

$$(\boldsymbol{A}\boldsymbol{p}_1)^{\mathrm{T}}=\boldsymbol{p}_1^{\mathrm{T}}\boldsymbol{A}^{\mathrm{T}}=\boldsymbol{p}_1^{\mathrm{T}}\boldsymbol{A},\ (\lambda_1\boldsymbol{p}_1)^{\mathrm{T}}=\lambda_1\boldsymbol{p}_1^{\mathrm{T}}$$

得

$$\lambda_1\boldsymbol{p}_1^{\mathrm{T}}=\boldsymbol{p}_1^{\mathrm{T}}\boldsymbol{A}$$

上式右乘 $\boldsymbol{p}_2$，得

$$\lambda_1\boldsymbol{p}_1^{\mathrm{T}}\boldsymbol{p}_2=\boldsymbol{p}_1^{\mathrm{T}}\boldsymbol{A}\boldsymbol{p}_2=\boldsymbol{p}_1^{\mathrm{T}}(\lambda_2\boldsymbol{p}_2)=\lambda_2\boldsymbol{p}_1^{\mathrm{T}}\boldsymbol{p}_2$$

即

$$(\lambda_1-\lambda_2)\boldsymbol{p}_1^{\mathrm{T}}\boldsymbol{p}_2=0$$

由于$\lambda_1 \neq \lambda_2$，故$\boldsymbol{p}_1^{\mathrm{T}}\boldsymbol{p}_2=0$，即$\boldsymbol{p}_1$与$\boldsymbol{p}_2$正交。

2. 实对称矩阵的对角化

定理 6 设$\boldsymbol{A}$为n阶实对称矩阵，则必存在一个正交矩阵$\boldsymbol{P}$，使

$$\boldsymbol{P}^{-1}\boldsymbol{A}\boldsymbol{P}=\begin{pmatrix}\lambda_1 & & & \\ & \lambda_2 & & \\ & & \ddots & \\ & & & \lambda_n\end{pmatrix}$$

其中λ_1，λ_2，…，λ_n为$\boldsymbol{A}$的所有特征值。

证明 我们采用构造法来证明。

求出矩阵$\boldsymbol{A}$的所有特征值。由定理4知，$\boldsymbol{A}$有n个实数特征值，设为λ_1，λ_2，…，λ_n(k重根以k个根计算)。

对每一个特征值λ，解齐次方程组$(\boldsymbol{A}-\lambda\boldsymbol{E})\boldsymbol{X}=\boldsymbol{O}$，求出基础解系。若$\lambda$是$r$重根，按定理5，$(\boldsymbol{A}-\lambda\boldsymbol{E})\boldsymbol{X}=\boldsymbol{O}$的基础解系必有$r$个向量，将它们化为标准正交向量组。显然它们仍然是对应于λ的特征向量。由此求得的n个特征向量，是标准正交向量组。

以这n个特征向量作为矩阵的列向量构作n阶方阵$\boldsymbol{P}$。$\boldsymbol{P}$为正交矩阵，且

$$\boldsymbol{A}\boldsymbol{P}=\boldsymbol{P}\begin{pmatrix}\lambda_1 & & & \\ & \lambda_2 & & \\ & & \ddots & \\ & & & \lambda_n\end{pmatrix}$$

由于$\boldsymbol{P}$是正交矩阵，所以$\boldsymbol{P}$的逆阵存在。因此

$$\boldsymbol{P}^{-1}\boldsymbol{A}\boldsymbol{P}=\begin{pmatrix}\lambda_1 & & & \\ & \lambda_2 & & \\ & & \ddots & \\ & & & \lambda_n\end{pmatrix}$$

上面定理的证明过程，也给出了用正交的相似变换矩阵$\boldsymbol{P}$将实对称矩阵$\boldsymbol{A}$化为对角阵的方法。其方法和步骤如下：

(1) 求出矩阵$\boldsymbol{A}$的全部特征值。

(2) 对于每一个特征值λ_i，求齐次线性方程组$(\boldsymbol{A}-\lambda_i\boldsymbol{E})\boldsymbol{X}=\boldsymbol{O}$的一个基础解系(即为$\boldsymbol{A}$对应于$\lambda_i$的特征向量)。

(3) 用施密特正交化过程将基础解系正交化，然后再单位化。

(4) 以所得的标准正交向量组作为矩阵列向量，构作正交矩阵 $\boldsymbol{P}$，使 $\boldsymbol{P}^{-1}\boldsymbol{AP}$ 为对角阵。

注：正交矩阵 $\boldsymbol{P}$ 中列向量的次序与该对角阵主对角线上特征值的次序相对应。

【例 3】 已知 $\boldsymbol{A}=\begin{pmatrix} 2 & 2 & -2 \\ 2 & 5 & -4 \\ -2 & -4 & 5 \end{pmatrix}$，求一个正交矩阵 $\boldsymbol{P}$，使 $\boldsymbol{P}^{-1}\boldsymbol{AP}$ 为对角阵。

解 解特征方程

$$|\boldsymbol{A}-\lambda\boldsymbol{E}|=\begin{vmatrix} 2-\lambda & 2 & -2 \\ 2 & 5-\lambda & -4 \\ -2 & -4 & 5-\lambda \end{vmatrix}=(\lambda-1)^2(\lambda-10)=0$$

得 $\boldsymbol{A}$ 的特征值 $\lambda_1=\lambda_2=1$，$\lambda_3=10$。

当 $\lambda_1=\lambda_2=1$ 时，解齐次线性方程组 $(\boldsymbol{A}-\boldsymbol{E})\boldsymbol{X}=\boldsymbol{O}$，得一个基础解系

$$\boldsymbol{p}_1=\begin{pmatrix} 2 \\ 0 \\ 1 \end{pmatrix},\ \boldsymbol{p}_2=\begin{pmatrix} -2 \\ 1 \\ 0 \end{pmatrix}$$

把 $\boldsymbol{p}_1$、$\boldsymbol{p}_2$ 正交化，得

$$\boldsymbol{\beta}_1=\boldsymbol{p}_1=\begin{pmatrix} 2 \\ 0 \\ 1 \end{pmatrix},\ \boldsymbol{\beta}_2=\boldsymbol{p}_2-\frac{(\boldsymbol{p}_2,\boldsymbol{\beta}_1)}{(\boldsymbol{\beta}_1,\boldsymbol{\beta}_1)}\boldsymbol{\beta}_1=\begin{pmatrix} -\frac{2}{5} \\ 1 \\ \frac{4}{5} \end{pmatrix}$$

再把 $\boldsymbol{\beta}_1$，$\boldsymbol{\beta}_2$ 单位化，得

$$\boldsymbol{\varepsilon}_1=\begin{pmatrix} \frac{2}{\sqrt{5}} \\ 0 \\ \frac{1}{\sqrt{5}} \end{pmatrix},\ \boldsymbol{\varepsilon}_2=\begin{pmatrix} -\frac{2}{3\sqrt{5}} \\ \frac{\sqrt{5}}{3} \\ \frac{4}{3\sqrt{5}} \end{pmatrix}$$

当 $\lambda_3=10$ 时，解齐次方程组 $(\boldsymbol{A}-10\boldsymbol{E})\boldsymbol{X}=\boldsymbol{O}$，得一个基础解系

$$\boldsymbol{p}_3=\begin{pmatrix}\frac{1}{2}\\1\\-1\end{pmatrix}$$

把 $\boldsymbol{p}_3$ 单位化，得

$$\boldsymbol{\varepsilon}_3=\begin{pmatrix}\frac{1}{3}\\\frac{2}{3}\\-\frac{2}{3}\end{pmatrix}$$

于是得正交矩阵 $\boldsymbol{P}=(\boldsymbol{\varepsilon}_1,\boldsymbol{\varepsilon}_2,\boldsymbol{\varepsilon}_3)$，即

$$\boldsymbol{P}=\begin{pmatrix}\frac{2}{\sqrt{5}} & -\frac{2}{3\sqrt{5}} & \frac{1}{3}\\0 & \frac{\sqrt{5}}{3} & \frac{2}{3}\\\frac{1}{\sqrt{5}} & \frac{4}{3\sqrt{5}} & -\frac{2}{3}\end{pmatrix}$$

且使得

$$\boldsymbol{P}^{-1}\boldsymbol{AP}=\begin{pmatrix}1 & 0 & 0\\0 & 1 & 0\\0 & 0 & 10\end{pmatrix}$$

习 题 5-3

1. 计算向量 $\boldsymbol{\alpha}$ 与 $\boldsymbol{\beta}$ 的内积 $(\boldsymbol{\alpha},\boldsymbol{\beta})$。

(1) $\boldsymbol{\alpha}=(1,2,3,0,5)^{\mathrm{T}}$，$\boldsymbol{\beta}=(-1,2,0,3,5)^{\mathrm{T}}$。

(2) $\boldsymbol{\alpha}=(1,-2,2)^{\mathrm{T}}$，$\boldsymbol{\beta}=(2,2,-1)^{\mathrm{T}}$。

2. 将下列线性无关的向量组化为标准正交向量组。

(1) $\boldsymbol{\alpha}_1=(1,2,-1)^{\mathrm{T}}$，$\boldsymbol{\alpha}_2=(-1,3,1)^{\mathrm{T}}$，$\boldsymbol{\alpha}_3=(4,-1,0)^{\mathrm{T}}$。

(2) $\boldsymbol{\alpha}_1=(1,-2,2)^{\mathrm{T}}$，$\boldsymbol{\alpha}_2=(-1,0,-1)^{T}$，$\boldsymbol{\alpha}_3=(5,-3,-7)^{\mathrm{T}}$。

(3) $\boldsymbol{\alpha}_1=(1, 1, 1, 1)^{\mathrm{T}}$，$\boldsymbol{\alpha}=(3, 3, -1, -1)$，$\boldsymbol{\alpha}_3=(-2, 0, 6, 8)^{\mathrm{T}}$。

3. 判别下列矩阵 $\boldsymbol{A}$ 是否为正交矩阵。

(1) $\boldsymbol{A}=\begin{pmatrix} \frac{1}{2} & \frac{\sqrt{3}}{2} \\ \frac{\sqrt{3}}{2} & -\frac{1}{2} \end{pmatrix}$　　(2) $\boldsymbol{A}=\begin{pmatrix} 1 & \frac{-1}{2} & \frac{1}{3} \\ \frac{-1}{2} & 1 & \frac{1}{2} \\ \frac{1}{3} & \frac{1}{2} & -1 \end{pmatrix}$

4. 设 $\boldsymbol{A}$ 和 $\boldsymbol{B}$ 都是 n 阶正交矩阵，证明 $\boldsymbol{AB}$ 也是正交矩阵。

5. 若 $\boldsymbol{A}$ 为正交矩阵，问 $\boldsymbol{A}^n$ 是否为正交矩阵(n 为正整数)?

6. 设三阶方阵 $\boldsymbol{A}$ 的特征值为 $\lambda_1=1$，$\lambda_2=0$，$\lambda_3=-1$；对应的特征向量分别为 $\boldsymbol{p}_1=(1, 2, 3)^{\mathrm{T}}$，$\boldsymbol{p}_2=(2, -2, 1)^{\mathrm{T}}$，$\boldsymbol{p}_3=(-2, -1, 2)$，求方阵 $\boldsymbol{A}$。

7. 对下列实对称矩阵 $\boldsymbol{A}$，求正交矩阵 $\boldsymbol{P}$，使得 $\boldsymbol{P}^{-1}\boldsymbol{AP}$ 为对角阵。

(1) $\boldsymbol{A}=\begin{pmatrix} 0 & 0 & 1 \\ 0 & -1 & 0 \\ 1 & 0 & 0 \end{pmatrix}$　　(2) $\boldsymbol{A}=\begin{pmatrix} 2 & -2 & 0 \\ -2 & 1 & -2 \\ 0 & -2 & 0 \end{pmatrix}$

(3) $\boldsymbol{A}=\begin{pmatrix} 2 & -1 & -1 \\ -1 & 2 & -1 \\ -1 & -1 & 2 \end{pmatrix}$　　(4) $\boldsymbol{A}=\begin{pmatrix} 0 & 1 & 1 & -1 \\ 1 & 0 & -1 & 1 \\ 1 & -1 & 0 & 1 \\ -1 & 1 & 1 & 0 \end{pmatrix}$

第四节　二次型及其标准形

在平面解析几何中，为了研究二次曲线

$$ax^2+bxy+cy^2=1$$

的几何性质，选择适当的坐标旋转变换(也是线性变换)

$$\begin{cases} x=x'\cos\theta-y'\sin\theta \\ y=x'\sin\theta+y'\cos\theta \end{cases}$$

将其化为仅含有平方项的标准形式

$$mx'^2+ny'^2=1$$

$ax^2+bxy+cy^2$ 是一个两个变量的二次齐次多项式，称它为两个变量的二次型。从代数学的观点来说，化标准形的过程就是选择适当的线性变换，将其化简为一个仅含平方项的二次齐次多项式。这种问题在实际中经常遇到。下面我们把这类问题一般化，讨论 n 个变量的二次齐次多项式，选择适当的线性变换，将其化为仅含有平方项的问题。

一、二次型的概念

定义 1 含有 n 个变量 $x_1, x_2, \cdots, x_n$ 的二次齐次多项式

$$\begin{aligned} f(x_1, x_2, \cdots, x_n) = & a_{11}x_1^2 + 2a_{12}x_1x_2 + \cdots + 2a_{1n}x_1x_n \\ & + a_{22}x_2^2 + 2a_{23}x_2x_3 + \cdots + 2a_{2n}x_2x_n \\ & + \cdots + a_{nn}x_n^2 \end{aligned} \tag{5-8}$$

称为 **n 元二次型**，简称**二次型**。在不混淆的情况下，有时简记 $f(x_1, x_2, \cdots, x_n)$ 为 f。

如果 $a_{ij}(i, j=1, 2, \cdots, n)$ 都是实数，则称(5－8) 式为**实二次型**。本节仅讨论实二次型。

取 $a_{ij}=a_{ji}$，于是 $2a_{ij}x_ix_j=a_{ij}x_ix_j+a_{ji}x_jx_i$，则(5－8) 式可写成

$$\begin{aligned} f = & a_{11}x_1^2 + a_{12}x_1x_2 + \cdots + a_{1n}x_1x_2 + a_{21}x_2x_1 + a_{22}x_2^2 + \cdots + a_{2n}x_2x_n \\ & + \cdots + a_{n1}x_nx_1 + a_{n2}x_nx_2 + \cdots + a_{nn}x_n^2 = \sum_{i,j=1}^{n} a_{ij}x_ix_j。\end{aligned}$$

利用矩阵，二次型(5－9) 式可表示为

$$f=(x_1, x_2, \cdots, x_n)\begin{pmatrix} a_{11} & a_{12} & \cdots & a_{1n} \\ a_{21} & a_{22} & \cdots & a_{2n} \\ \cdots & \cdots & \cdots & \cdots \\ a_{n1} & a_{n2} & \cdots & a_{nn} \end{pmatrix}\begin{pmatrix} x_1 \\ x_2 \\ \vdots \\ x_n \end{pmatrix}$$

记
$$\boldsymbol{A}=\begin{pmatrix} a_{11} & a_{12} & \cdots & a_{1n} \\ a_{21} & a_{22} & \cdots & a_{2n} \\ \cdots & \cdots & \cdots & \cdots \\ a_{n1} & a_{n2} & \cdots & a_{nn} \end{pmatrix}, \boldsymbol{X}=\begin{pmatrix} x_1 \\ x_2 \\ \vdots \\ x_n \end{pmatrix}$$

则有

$$f=\boldsymbol{X}^{\mathrm{T}}\boldsymbol{A}\boldsymbol{X} \tag{5-10}$$

其中，$\boldsymbol{A}$ 是一个实对称矩阵，(5-10) 式称为**二次型 f 的矩阵表达式**。由此可见，二次

型与实对称矩阵之间存在一一对应的关系。对称矩阵**A**称为二次型f的**矩阵**，f称为对称矩阵**A**的**二次型**。**A**的秩称为二次型f的**秩**。如**A**是满秩的，则称二次型f是满秩的。否则便称f是**降秩的**。

【例 1】 写出下列二次型的矩阵表达式：

(1) $f(x_1, x_2, x_3)=x_1^2+x_1x_2+x_1x_3+2x_2^2-6x_2x_3+x_3^3$。

(2) $f(x_1, x_2, x_3)=x_1x_2+x_2x_3$。

解 (1) 因为 $a_{11}=a_{33}=1$，$a_{22}=2$，$a_{12}=a_{13}=a_{21}=a_{31}=\dfrac{1}{2}$，$a_{23}=a_{32}=-3$

得 $f(x_1, x_2, x_3)=(x_1, x_2, x_3)\begin{pmatrix} 1 & \frac{1}{2} & \frac{1}{2} \\ \frac{1}{2} & 2 & -3 \\ \frac{1}{2} & -3 & 1 \end{pmatrix}\begin{pmatrix} x_1 \\ x_2 \\ x_3 \end{pmatrix}$

(2) $f(x_1, x_2, x_3)=(x_1, x_2, x_3)\begin{pmatrix} 0 & \frac{1}{2} & 0 \\ \frac{1}{2} & 0 & \frac{1}{2} \\ 0 & \frac{1}{2} & 0 \end{pmatrix}\begin{pmatrix} x_1 \\ x_2 \\ x_3 \end{pmatrix}$

【例 2】 已知二次型 $f(x_1, x_2, x_3)$ 的矩阵为 $\begin{pmatrix} 1 & -1 & 1 \\ -1 & 0 & 0 \\ 1 & 0 & 2 \end{pmatrix}$，写出这个二次型。

解

$$f(x_1, x_2, x_3)=(x_1, x_2, x_3)\begin{pmatrix} 1 & -1 & 1 \\ -1 & 0 & 0 \\ 1 & 0 & 2 \end{pmatrix}\begin{pmatrix} x_1 \\ x_2 \\ x_3 \end{pmatrix}$$

$$=x_1^2-2x_1x_2+2x_1x_3+2x_3^2$$

对于实二次型(5-9)式，我们讨论的主要问题是寻求可逆的线性变换

$$\begin{cases} x_1=c_{11}y_1+c_{12}y_2+\cdots+c_{1n}y_n \\ x_2=c_{21}y_1+c_{22}y_2+\cdots+c_{2n}y_n \\ \cdots \quad \cdots \quad \cdots \quad \cdots \quad \cdots \\ x_n=c_{n1}y_1+c_{n2}y_2+\cdots+c_{nn}y_n \end{cases}$$

把二次型 f 变换成

$$f=\lambda_1 y_1^2+\lambda_2 y_2^2+\cdots+\lambda_n y_n^2$$

这种仅含平方项的二次型，称为二次型 f 的标准形。若把可逆变换(5－11) 式写成矩阵形式，其表现形式为

$$\boldsymbol{X}=\boldsymbol{CY}$$

其中

$$\boldsymbol{C}=\begin{pmatrix} c_{11} & c_{12} & \cdots & c_{1n} \\ c_{21} & c_{22} & \cdots & c_{2n} \\ \cdots & \cdots & \cdots & \cdots \\ c_{n1} & c_{n2} & \cdots & c_{nn} \end{pmatrix},\ |\boldsymbol{C}|\neq 0$$

称 $\boldsymbol{C}$ 为线性变换(5－11) 式的矩阵。于是二次型通过线性变换(5－11) 式化为标准型(5－12) 式，用矩阵表示即为

$$f=\boldsymbol{X}^{\mathrm{T}}\boldsymbol{AX}=(\boldsymbol{CY})^{\mathrm{T}}\boldsymbol{A}(\boldsymbol{CY})=\boldsymbol{Y}^{\mathrm{T}}(\boldsymbol{C}^{\mathrm{T}}\boldsymbol{AC})\boldsymbol{Y}$$

$$=(y_1,\ y_2,\ \cdots,\ y_n)\begin{pmatrix} \lambda_1 & & & \\ & \lambda_2 & & \\ & & \ddots & \\ & & & \lambda_n \end{pmatrix}\begin{pmatrix} y_1 \\ y_2 \\ \vdots \\ y_n \end{pmatrix}$$

根据实对称矩阵与二次型之间的一一对应关系，我们也可以将二次型所要讨论的主要问题用矩阵的语言来表达，就是对于 n 阶实对称矩阵 A，找一个可逆矩阵 $\boldsymbol{C}$，使

$$\boldsymbol{C}^{\mathrm{T}}\boldsymbol{AC}=\begin{pmatrix} \lambda_1 & & & \\ & \lambda_2 & & \\ & & \ddots & \\ & & & \lambda_n \end{pmatrix}$$

二、用配方法化实二次型为标准形

将实二次型化为标准型有多种方法，这里先介绍用配方法化二次型为标准形。下面举例说明。

【例 3】 化二次型 $f=x_1^2+2x_1x-2x_1x_3+x_2x_3$ 为标准形，并求出所用的可逆

线性变换的矩阵。

解 由于 f 中含有变量 x_1 的平方项，故把含有 x_1 的项归并起来，经配方，得

$$\begin{aligned} f &= x_1^2+2(x_2-x_3)x_1+x_2x_3 \\ &=(x_1+x_2-x_3)^2-(x_2-x_3)^2+x_2x_3 \\ &=(x_1+x_2-x_3)^2-x_2^2-x_3^2+3x_2x_3 \end{aligned}$$

上式右端除第一项外已不再含 x_1，继续配方，得

$$f=(x_1+x_2-x_3)^2-\left(x_2-\frac{3}{2}x_3\right)^2+\frac{5}{4}x_3^2$$

令

$$\begin{cases} y_1=x_1+x_2-x_3 \\ y_2=x_2-\frac{3}{2}x_3 \\ y_3=x_3 \end{cases}$$

它的逆变换为

$$\begin{cases} x_1=y_1-y_2-\frac{1}{2}y_3 \\ x_2=y_2+\frac{3}{2}y_3 \\ x_3=y_3 \end{cases} \tag{5-13}$$

这样，通过上述线性变换[见(5-13)式]，就把 f 化成标准形

$$f=y_1^2-y_2^2+\frac{5}{4}y^2$$

所用的线性变换矩阵为

$$\boldsymbol{C}=\begin{pmatrix} 1 & -1 & -\frac{1}{2} \\ 0 & 1 & \frac{3}{2} \\ 0 & 0 & 1 \end{pmatrix}$$

由于 $|\boldsymbol{C}|=1\neq 0$，所以这个线性变换是可逆的线性变换。

【例 4】 化二次型 $f=x_1x_2-4x_2x_3$ 为标准形，并求出所用的可逆线性变换。

解 因为二次型不含平方项，所以我们选一个乘积项，如 x_1x_2，考虑通过如下线性变换

$$\begin{cases} x_1=y_1+y_2 \\ x_2=y_1-y_2 \\ x_3=y_3 \end{cases}$$

从而使 $f=y_1^2-y_2^2-4y_1y_3+4y_2y_3$。由此进行配方，得

$$\begin{aligned} f&=(y_1-2y_3)^2-y_2^2-4y_3^2+4y_2y_3 \\ &=(y_1-2y_3)^2-(y_2-2y_3)^2 \end{aligned}$$

令

$$\begin{cases} z_1=y_1-2y_3 \\ z_2=y_2-2y_3 \\ z_3=y_3 \end{cases}$$

作线性变换

$$\begin{cases} y_1=z_1 \qquad +2z_3 \\ y_2=\qquad z_2 +2z_3 \\ y_3=\qquad\qquad z_3 \end{cases}$$

就把 f 化成标准形

$$f=z_1^2-z_2^2$$

所用的变换矩阵为

$$\boldsymbol{C}=\begin{pmatrix} 1 & 1 & 0 \\ 1 & -1 & 0 \\ 0 & 0 & 1 \end{pmatrix}\begin{pmatrix} 1 & 0 & 2 \\ 0 & 1 & 2 \\ 0 & 0 & 1 \end{pmatrix}=\begin{pmatrix} 1 & 1 & 4 \\ 1 & -1 & 0 \\ 0 & 0 & 1 \end{pmatrix},\ |\boldsymbol{C}|=-2\neq 0$$

于是所用的可逆线性变换为

$$\begin{cases} x_1=z_1+z_2+4z_3 \\ x_2=z_1-z_2 \\ x_3=\qquad\qquad z_3 \end{cases}$$

一般地，用配方法将二次型(5－8)式化为标准形时，如果二次型不含平方项，

如[例 4]那样，可先用一个可逆线性变换把 f 化为含有平方项的二次型。对于含有 x_i^2 的二次型，如[例 1]那样，可先集中含有 x_i 的所有项进行配方；对于剩下的 $n-1$ 元二次型，仍按上述过程进行。如此反复，就可化为标准形。最后写出可逆线性变换的表达式。由此，得如下定理。

定理 7　任意一个实 n 元二次型 f 总存在一个可逆的线性变换 $\boldsymbol{X}=\boldsymbol{CY}$，将二次型 f 化成标准形

$$f=\lambda_1 y_1^2+\lambda_2 y_2^2+\cdots+\lambda_n y_n^2$$

用矩阵的语言来叙述定理 7，即是

设 $\boldsymbol{A}$ 为实对称矩阵，则总存在可逆矩阵 $\boldsymbol{C}$，使 $\boldsymbol{C}^{\mathrm{T}}\boldsymbol{AC}$ 为对角形矩阵

三、用正交变换将实二次型化为标准形

由于实二次型 f 的矩阵 $\boldsymbol{A}$ 是实对称矩阵，根据第三节定理 6，存在正交矩阵 $\boldsymbol{P}$，使

$$\boldsymbol{P}^{-1}\boldsymbol{AP}=\begin{pmatrix}\lambda_1 & & & \\ & \lambda_2 & & \\ & & \ddots & \\ & & & \lambda_n\end{pmatrix}$$

其中，λ_1，λ_2，…，λ_n 是 $\boldsymbol{A}$ 的所有特征值。

因为 $\boldsymbol{P}$ 是正交矩阵，所以 $\boldsymbol{P}^{\mathrm{T}}=\boldsymbol{P}^{-1}$，上式可改写为

$$\boldsymbol{P}^{\mathrm{T}}\boldsymbol{AP}=\begin{pmatrix}\lambda_1 & & & \\ & \lambda_2 & & \\ & & \ddots & \\ & & & \lambda_n\end{pmatrix}$$

从而对二次型 $f=\boldsymbol{X}^{\mathrm{T}}\boldsymbol{AX}$，我们找到线性变换

$$\boldsymbol{X}=\boldsymbol{PY}$$

使

$$f=\lambda_1 y_1^2+\lambda_2 y_2^2+\cdots+\lambda_n y_n^2$$

因为 $\boldsymbol{P}$ 为正交矩阵，所以称 $\boldsymbol{X}=\boldsymbol{PY}$ 为正交变换。于是有下面定理。

定理 8　任意一个实 n 次二次型 f，总存在正交变换 $\boldsymbol{X}=\boldsymbol{PY}$，将 f 化为标准形

$$f=\lambda_1 y_1^2+\lambda_2 y_2^2+\cdots+\lambda_n y_n^2$$

其中，λ_1，λ_2，…，λ_n 是 f 的矩阵 $\boldsymbol{A}$ 的所有特征值。

【例 5】 用正交变换化二次型 $f=2x_1x_2+2x_1x_3-2x_1x_4-2x_2x_3+2x_2x_4+2x_3x_4$ 为标准形，并求出所用正交变换的矩阵。

解 二次型 f 的矩阵

$$\boldsymbol{A}=\begin{pmatrix} 0 & 1 & 1 & -1 \\ 1 & 0 & -1 & 1 \\ 1 & -1 & 0 & 1 \\ -1 & 1 & 1 & 0 \end{pmatrix}$$

解 $\boldsymbol{A}$ 的特征方程

$$|\boldsymbol{A}-\lambda\boldsymbol{E}|=\begin{vmatrix} -\lambda & 1 & 1 & -1 \\ 1 & -\lambda & -1 & 1 \\ 1 & -1 & -\lambda & 1 \\ -1 & 1 & 1 & -\lambda \end{vmatrix}=-(1-\lambda)^3(\lambda+3)=0$$

得 $\boldsymbol{A}$ 的特征值为 $\lambda_1=\lambda_2=\lambda_3=1$，$\lambda_4=-3$。

当 $\lambda_1=\lambda_2=\lambda_3=1$ 时，解齐次线性方程组 $(\boldsymbol{A}-\boldsymbol{E})\boldsymbol{X}=\boldsymbol{O}$，得一个基础解系

$$\boldsymbol{p}_1=\begin{pmatrix}1\\1\\0\\0\end{pmatrix},\ \boldsymbol{p}_2=\begin{pmatrix}1\\0\\1\\0\end{pmatrix},\ \boldsymbol{p}_3=\begin{pmatrix}-1\\0\\0\\1\end{pmatrix}$$

再把它们正交化、单位化，得

$$\boldsymbol{\varepsilon}_1=\begin{pmatrix}\frac{1}{\sqrt{2}}\\\frac{1}{\sqrt{2}}\\0\\0\end{pmatrix},\ \boldsymbol{\varepsilon}_2=\begin{pmatrix}\frac{1}{\sqrt{6}}\\-\frac{1}{\sqrt{6}}\\\frac{2}{\sqrt{6}}\\0\end{pmatrix},\ \boldsymbol{\varepsilon}_3=\begin{pmatrix}-\frac{1}{\sqrt{12}}\\\frac{1}{\sqrt{12}}\\\frac{1}{\sqrt{12}}\\\frac{3}{\sqrt{12}}\end{pmatrix}$$

当 $\lambda_4=-3$ 时，解齐次线性方程组 $(\boldsymbol{A}+3\boldsymbol{E})\boldsymbol{X}=\boldsymbol{O}$，得一个基础解系

$$\boldsymbol{p}_4=\begin{pmatrix}1\\-1\\-1\\1\end{pmatrix}$$

把 $\boldsymbol{p}_4$ 单位化，得

$$\boldsymbol{\varepsilon}_4=\begin{pmatrix}\frac{1}{2}\\-\frac{1}{2}\\-\frac{1}{2}\\\frac{1}{2}\end{pmatrix}$$

由标准正交向量组 $\boldsymbol{\varepsilon}_1$，$\boldsymbol{\varepsilon}_2$，$\boldsymbol{\varepsilon}_3$，$\boldsymbol{\varepsilon}_4$ 构作正交矩阵 $\boldsymbol{P}=(\boldsymbol{\varepsilon}_1, \boldsymbol{\varepsilon}_2, \boldsymbol{\varepsilon}_3, \boldsymbol{\varepsilon}_4)$。即

$$\boldsymbol{P}=\begin{pmatrix}\frac{1}{\sqrt{2}} & \frac{1}{\sqrt{6}} & -\frac{1}{\sqrt{12}} & \frac{1}{2}\\ \frac{1}{\sqrt{2}} & -\frac{1}{\sqrt{6}} & \frac{1}{\sqrt{12}} & -\frac{1}{2}\\ 0 & \frac{2}{\sqrt{6}} & \frac{1}{\sqrt{12}} & -\frac{1}{2}\\ 0 & 0 & \frac{3}{\sqrt{12}} & \frac{1}{2}\end{pmatrix}$$

二次型 f 通过正交变换 $\boldsymbol{X}=\boldsymbol{PY}$，化为标准形

$$f=y_1^2+y_2^2+y_3^2-3y_4^2$$

习 题 5-4

1. 写出下列二次型的矩阵表达式。

(1) $f(x_1, x_2, x_3)=x_1^2+2x_1x_2+x_1x_3+2x_2^2+x_2x_3+x_3^2$

(2) $f(x_1, x_2, x_3)=3x_1^2-x_2^2+2x_3^2-2x_1x_2+x_1x_3+x_2x_3$

(3) $f(x_1, x_2, x_3, x_4)=x_1x_3-x_2x_4$

2. 用配方法化下列二次型为标准形，并求所用的变换矩阵。

(1) $f=2x_1^2+2x_2^2+x_3^2+8x_1x_3-x_2x_3$

(2) $f=x_1^2-3x_2^2-2x_1x_2+2x_1x_3-6x_2x_3$

(3) $f=2x_1x_2-x_1x_3+x_1x_4-x_2x_3+x_2x_4-2x_3x_4$

(4) $f=x_1x_2+x_1x_3+x_2x_3$

3. 用正交变换化下列二次型为标准形。

(1) $f=2x_1^2+5x_2^2+5x_3^2+4x_1x_2-4x_1x_3-8x_2x_3$

(2) $f=2x_1^2+3x_2^2+3x_3^2+4x_2x_3$

(3) $f=2x_1^2+3x_2^2+x_3^2+2\sqrt{2}x_1x_2$

(4) $f=2x_1x_2-2x_3x_4$

第五节　正定二次型

一般来讲，实二次型的标准形不是唯一的，与所选用的线性变换有关。

例如，二次型 $f(x_1, x_2, x_3)=x_1^2+2x_1x_2+2x_2^2+x_2x_3$ 通过可逆线性变换

$$\begin{pmatrix}x_1\\x_2\\x_3\end{pmatrix}=\begin{pmatrix}1 & -1 & \frac{1}{2}\\0 & 1 & -\frac{1}{2}\\0 & 0 & 1\end{pmatrix}\begin{pmatrix}y_1\\y_2\\y_3\end{pmatrix}$$

化为

$$f(x_1, x_2, x_3)=y_1^2+y_2^2-\frac{1}{4}y_3^2$$

f 通过另外一个可逆线性变换

$$\begin{pmatrix}x_1\\x_2\\x_3\end{pmatrix}=\begin{pmatrix}0 & 1 & -1\\1 & -1 & \frac{1}{2}\\0 & 0 & 1\end{pmatrix}\begin{pmatrix}t_1\\t_2\\t_3\end{pmatrix}$$

化为

$$f(x_1, x_2, x_3)=2t_1^2-t_2^2+\frac{1}{2}t_3^2$$

由此可见，同一个实二次型通过两个不同的可逆线性变换可以化为两个不同形式的标准形。但是这两个标准形中所含的项数是相同的(就是二次型的秩)，记为 r。不仅如此，标准形中正系数的个数是不变的，从而负系数的个数也是不变的。

定理 9(惯性定理)　设有实二次型 $f=\boldsymbol{X}^{\mathrm{T}}\boldsymbol{AX}$，它的秩为 r，并有两个实的可逆变换

$$\boldsymbol{X}=\boldsymbol{CY} \text{ 及 } \boldsymbol{X}=\boldsymbol{PZ}$$

使得
$$f=k_1y_1^2+k_2y_2^2+\cdots+k_ry_r^2\ (k_i\neq0)$$
及
$$f=\lambda_1z_1^2+\lambda_2z_2^2+\cdots+\lambda_rz_r^2\ (\lambda_i\neq0)$$
则 $k_1, k_2, \cdots, k_r$ 中正数的个数与 $\lambda_1, \lambda_2, \cdots, \lambda_r$ 中正数的个数相等。

定义 1　设 $f(x_1, x_2, \cdots, x_n)$ 为 n 元实二次型，若对任何不全为零的实数 $d_1, d_2, \cdots, d_n$，有二次型 $f(x_1, x_2, \cdots, x_n)$ 的值 $f(d_1, d_2, \cdots, d_n)>0$，则称此二次型是**正定二次型**，对应的二次型矩阵称为**正定矩阵**；若对任何不全为零的实数 $d_1, d_2, \cdots, d_n$，有二次型 $f(x_1, x_2, \cdots, x_n)$ 的值 $f(d_1, d_2, \cdots, d_n)<0$，则称此二次型为**负定二次型**，对应的二次型矩阵称为**负定矩阵**。

例如，$f(x_1, x_2)=x_1^2+2x_2^2$ 是一个正定二次型，$f(x_1, x_2)=-x_1^2-2x_2^2$ 是一个负定二次型。

利用二次型的标准型来判别实二次型是否为正定、负定，我们有下面的定理。

定理 10　实二次型为正定(负定)的充分必要条件是：它的标准形的 n 个系数全为正(负)。

由于实二次型也可以通过正交变换化为标准形，于是由定理 10 得如下推论。

推论　实二次型 $f=\boldsymbol{X}^{\mathrm{T}}\boldsymbol{AX}$ 为正定(负定)的充分必要条件是：二次型矩阵 $\boldsymbol{A}$ 的所有特征值都大于(小于)零。

【例 1】　试判别二次型 $f(x_1, x_2)=2x_1^2+2x_1x_2+x_2^2$ 是否正定。

解　f 的矩阵是

$$\boldsymbol{A}=\begin{pmatrix}2 & 1\\1 & 1\end{pmatrix}$$

$\boldsymbol{A}$ 的特征方程是

$$|\boldsymbol{A}-\lambda\boldsymbol{E}|=\begin{vmatrix}2-\lambda & 1\\1 & 1-\lambda\end{vmatrix}=\lambda^2-3\lambda+1=0$$

于是，A 的特征值为$\lambda_1=\frac{3+\sqrt{5}}{2}>0$，$\lambda_2=\frac{3-\sqrt{5}}{2}>0$，故 f 是正定的。

上面给出的判断一个二次型是否正定或负定的两种办法是比较麻烦的。下面介绍一种直接由实二次型的矩阵 A 来判断它是否正定或负定的方法。为此，先引入顺序主子式的概念。

定义 2 设 A 是 n 阶方阵

$$A=\begin{pmatrix} a_{11} & a_{12} & \cdots & a_{1n} \\ a_{21} & a_{22} & \cdots & a_{2n} \\ \cdots & \cdots & \cdots & \cdots \\ a_{n1} & a_{n2} & \cdots & a_{nn} \end{pmatrix}$$

则 A 的左上角的各阶子式，即

$$|A_1|=a_{11},$$

$$|A_2|=\begin{vmatrix} a_{11} & a_{12} \\ a_{21} & a_{22} \end{vmatrix}$$

$$\cdots\cdots$$

$$|A_n|=\begin{vmatrix} a_{11} & a_{12} & \cdots & a_{1n} \\ a_{21} & a_{22} & \cdots & a_{2n} \\ \cdots & \cdots & \cdots & \cdots \\ a_{n1} & a_{n2} & \cdots & a_{nn} \end{vmatrix}$$

称为 A 的**顺序主子式**。

定理 11 实二次型 $f=X^{T}AX$ 为正定的充要条件是：二次型的矩阵 A 的各阶顺序主子式都大于零。

二次型 f 为负定的充要条件是：奇数阶主子式为负，而偶数阶主子式为正，即

$$(-1)^r\begin{vmatrix} a_{11} & a_{12} & \cdots & a_{1r} \\ a_{21} & a_{22} & \cdots & a_{2r} \\ \cdots & \cdots & \cdots & \cdots \\ a_{r1} & a_{r2} & \cdots & a_{rn} \end{vmatrix}>0(r=1, 2, \cdots, n)。$$

【例 2】 判断下列二次型是正定还是负定

(1) $f=-x_1^2-2x_2^2-2x_3^2+2x_1x_2+2x_2x_3$。

(2) $f=x_1^2+4x_2^2+2x_3^2+2x_1x_2+2x_1x_3$。

(3) $f=-x_1^2-2x_2^2+3x_3^2+2x_1x_2+2x_1x_3+4x_2x_3$。

解 (1) 二次型 f 的矩阵是

$$\boldsymbol{A}=\begin{pmatrix}-1 & 1 & 0\\ 1 & -2 & 1\\ 0 & 1 & -2\end{pmatrix}$$

因为 $|a_{11}|=-1<0$，$\begin{vmatrix}a_{11} & a_{12}\\ a_{21} & a_{22}\end{vmatrix}=\begin{vmatrix}-1 & 1\\ 1 & -2\end{vmatrix}=1>0$，$|\boldsymbol{A}|=-1<0$，所以 f 是负定的。

(2) 二次型 f 的矩阵是

$$\boldsymbol{A}=\begin{pmatrix}1 & 1 & 1\\ 1 & 4 & 0\\ 1 & 0 & 2\end{pmatrix}$$

因为 $|a_{11}|=1>0$，$\begin{vmatrix}a_{11} & a_{12}\\ a_{21} & a_{22}\end{vmatrix}=\begin{vmatrix}1 & 1\\ 1 & 4\end{vmatrix}=3>0$，$|\boldsymbol{A}|=2>0$，所以 f 是正定的。

(3) 二次型 f 的矩阵是

$$\boldsymbol{A}=\begin{pmatrix}-1 & 1 & 1\\ 1 & -2 & 2\\ 1 & 2 & 3\end{pmatrix}$$

因为 $|a_{11}|=-1<0$，$\begin{vmatrix}a_{11} & a_{12}\\ a_{21} & a_{22}\end{vmatrix}=\begin{vmatrix}-1 & 1\\ 1 & -2\end{vmatrix}=1>0$，$|\boldsymbol{A}|=13>0$，所以 f 既不正定又不负定。

习 题 5-5

1. 判定下列二次型是正定还是负定。

(1) $f=x_1^2+2x_1x_2+2x_2^2$

(2) $f=-x_1^2-x_2^2-3x_3^2-2x_1x_3-2x_2x_3$

(3) $f=5x_1^2+x_2^2+x_3^2+4x_1x_2-8x_1x_3-4x_2x_3$

(4) $f=2x_1^2+3x_2^2-x_3^2+2x_1x_2$

2. 设 $f(x_1, x_2, x_3)=x_1^2+x_2^2+5x_3^2-2\lambda x_1x_2-2x_1x_3+4x_2x_3$ 确定 λ 的值，使 f 成为正定二次型。

3. 设 U 为可逆矩阵，$\boldsymbol{A}=U^{\mathrm{T}}U$，证明 $f=\boldsymbol{X}^{\mathrm{T}}\boldsymbol{A}\boldsymbol{X}$ 为正定二次型。

4. 设实对称阵 $\boldsymbol{A}$ 为正定矩阵，证明存在可逆矩阵 U，使 $\boldsymbol{A}=U^{\mathrm{T}}U$。

复习题五

1. 选择题。

(1) 设方阵 $\boldsymbol{A}$ 的特征值为 1，−1，向量 $\boldsymbol{\alpha}$，$\boldsymbol{\beta}$ 是 $\boldsymbol{A}$ 分别对应于特征值 1，−1 的特征向量，则下列论断正确的是(　　)。

A. $\boldsymbol{\alpha}$ 与 $\boldsymbol{\beta}$ 线性无关　　B. $\boldsymbol{\alpha}+\boldsymbol{\beta}$ 也是方阵 $\boldsymbol{A}$ 的特征向量

C. $\boldsymbol{\alpha}$ 与 $\boldsymbol{\beta}$ 线性相关　　D. $\boldsymbol{\alpha}$ 与 $\boldsymbol{\beta}$ 必正交

(2) 三阶方阵 $\boldsymbol{A}$ 的特征值为 −2，1，3，则下列矩阵中(　　)是可逆矩阵。

A. $\boldsymbol{A}-2\boldsymbol{E}$　　B. $\boldsymbol{A}+2\boldsymbol{E}$　　C. $\boldsymbol{A}-\boldsymbol{E}$　　D. $\boldsymbol{A}-3\boldsymbol{E}$

(3) 下列二次型中，(　　)是正定二次型。

A. $f(x_1, x_2, x_3)=x_1^2+x_2^2$

B. $f(x_1, x_2, x_3)=x_1^2+x_2^2+2x_1x_2+x_3^2$

C. $f(x_1, x_2, x_3)=4x_1^2+3x_2^2+6x_3^2-x_1x_2-x_1x_3$

D. $f(x_1, x_2, x_3)=x_1^2+x_2^2+x_3^2+2x_1x_2+2x_1x_3+2x_2x_3$

2. 填空题。

(1) 设方阵 $\boldsymbol{A}$ 与 $\boldsymbol{B}$ 相似，且 $|\boldsymbol{A}|=10$，则 $|\boldsymbol{B}|=$ ________。

(2) 设 $\boldsymbol{A}$ 是正交矩阵，则 $|\boldsymbol{A}|=$ ________。

(3) 二次型 $f(x_1, x_2, x_3)=x_1x_2+x_2x_3+x_3^2$，通过线性变换 $\boldsymbol{X}=\boldsymbol{C}\boldsymbol{Y}$，所得的二次型的矩阵是________。

3. 求矩阵 $\boldsymbol{A}=\begin{pmatrix}4&6&0\\-3&-5&0\\-3&-6&1\end{pmatrix}$ 的特征值和特征向量。

4. 将线性无关向量组 $\boldsymbol{\alpha}_1=(1, 0, 1, 0)^{\mathrm{T}}$，$\boldsymbol{\alpha}_2=(0, 1, 2, 1)$，$\boldsymbol{\alpha}_3=(1, 1, 0, 1)$ 化为标准正交向量组。

5. 方阵 $\boldsymbol{A}=\begin{pmatrix}0&0&0\\0&0&0\\3&0&1\end{pmatrix}$ 能否对角化?若能对角化，求出可逆矩阵 $\boldsymbol{P}$，使 $\boldsymbol{P}^{-1}\boldsymbol{A}\boldsymbol{P}$

为对角阵。

6. 设 $\boldsymbol{A}=\begin{pmatrix}0&0&1\\1&1&a\\1&0&0\end{pmatrix}$ 能对角化，求 a 的值。

7. 设矩阵 $\boldsymbol{A}=\begin{pmatrix}3&1\\5&-1\end{pmatrix}$，求 $\boldsymbol{A}^n$。

8. 设 $\boldsymbol{A}=\begin{pmatrix}1&0&1\\0&1&1\\1&1&2\end{pmatrix}$，求正交矩阵 $\boldsymbol{P}$，使 $\boldsymbol{P}^{-1}\boldsymbol{AP}$ 为对角阵。

9. 用正交变换将二次型 $f(x_1, x_2, x_3)=x_1^2+4x_2^2+x_3^2-4x_1x_2-8x_1x_3-4x_2x_3$ 化为标准形。

10. 用配方法将二次型 $f(x_1, x_2, x_3)=2x_1x_2+2x_1x_3-6x_2x_3$ 化为标准形，并求所用的可逆线性变换。

第六章　MATLAB 软件的应用

第一节　MATLAB 软件在矩阵运算中的应用

一、用 MATLAB 软件构建矩阵

MATLAB 把矩阵作为基本运算对象。一个数可作 1×1 矩阵。在 MATLAB 中不需要对矩阵的维数作出说明，MATLAB 会根据用户的输入内容进行配置。

用 MATLAB 软件中构建矩阵的命令格式如表 6－1 所示。

表 6－1　构建矩阵的命令格式

命令格式	功能说明
$\gg \boldsymbol{A}=[a_{11}, a_{12}, \cdots, a_{1n}; a_{21}, a_{22}, \cdots, a_{2n}; \cdots; a_{m1}, a_{m2}, \cdots, a_{mn}]$	$\boldsymbol{A}=\begin{pmatrix} a_{11} & a_{12} & \cdots & a_{1n} \\ a_{21} & a_{22} & \cdots & a_{2n} \\ \cdots & \cdots & \cdots & \cdots \\ a_{m1} & a_{m2} & \cdots & a_{mn} \end{pmatrix}$

注：(1) $a_{i1}, a_{i2}, \cdots, a_{in}$ 为矩阵 $\boldsymbol{A}$ 的第 i 行，必须是实数，如果是字母的话，必须另行定义。

(2) 矩阵的行元素之间用分号“;”隔开，同一行的元素用逗号“,”或用空格隔开。

【例 1】　用 MATLAB 输入矩阵 $\boldsymbol{A}=\begin{pmatrix} 1 & 2 & 1 \\ 2 & 3 & 0 \\ -1 & 2 & 4 \end{pmatrix}$。

解　≫clear

≫$\boldsymbol{A}$＝[1　2　1; 2　3　0; －1　2　4]

$\boldsymbol{A}$＝

```
     1  2  1
     2  3  0   %
    -1  2  4
```

即构建了矩阵 $\boldsymbol{A}=\begin{pmatrix} 1 & 2 & 1 \\ 2 & 3 & 0 \\ -1 & 2 & 4 \end{pmatrix}$。

在 MATLAB 中，某些特殊矩阵可用其内部函数建立。特殊矩阵的建立方法如表 6－2 所示。

表 6－2　建立特殊矩阵的命令格式

命令格式	功能说明
eye(n)	n 阶单位矩阵
zeros(n)	n 阶零矩阵
zeros(m, n)	m 行 n 列零矩阵
ones(n)	元素全部是 1 的 n 阶方阵
ones(m, n)	元素全部是 1 的 m 行 n 列矩阵

【例 2】　建立 3 阶单位矩阵 $\boldsymbol{E}$。

解　≫ clear

≫ eye(3)

ans =

1　0　0

0　1　0

0　0　1

二、用 MATLAB 软件进行矩阵的运算

设矩阵 $\boldsymbol{A}$, $\boldsymbol{B}$, 则 $\boldsymbol{A}\pm\boldsymbol{B}$, $k*\boldsymbol{A}$, $\boldsymbol{A}'$, $\boldsymbol{A}*\boldsymbol{B}$, $\boldsymbol{A}\wedge n$ 在MATLAB中的命令格式如表 6－3 所示。

表 6－3　矩阵运算的命令格式

命令格式	功能说明
$A\pm B$	矩阵 $\boldsymbol{A}$ 与 $\boldsymbol{B}$ 的和(差), $\boldsymbol{A}\pm\boldsymbol{B}$
$k*A$	数 k 与矩阵 $\boldsymbol{A}$ 相乘, $k\boldsymbol{A}$
A'	矩阵 $\boldsymbol{A}$ 的转置, $\boldsymbol{A}^{\mathrm{T}}$
$A*B$	矩阵 $\boldsymbol{A}$ 与 $\boldsymbol{B}$ 相乘, $\boldsymbol{AB}$
$A\wedge n$	方阵 $\boldsymbol{A}$ 的 n 次幂 $\boldsymbol{A}^n$

【例 3】　设矩阵 $\boldsymbol{A}=\begin{pmatrix}2 & 1 & 4 & 0\\ 1 & -1 & 3 & 2\end{pmatrix}$, $\boldsymbol{B}=\begin{pmatrix}1 & -1 & 1 & 3\\ 3 & 0 & 2 & 1\end{pmatrix}$, 求 $\boldsymbol{A}-2\boldsymbol{B}$; $\boldsymbol{AB}^{\mathrm{T}}$。

解　≫ clear

≫ **A** = [2, 1, 4, 0; 1, −1, 3, 2];　　　　% 建立矩阵 **A**

```
>> B = [1, -1, 1, 3; 3, 0, 2, 1];          % 建立矩阵 B
>> A - 2 * B
ans =
     0    3    2   -6
    -5   -1   -1    0
>> A * B'
ans =
     5   14
    11   11
```

【例 4】 设方阵 $A=\begin{pmatrix}1 & 2 & 3\\ -1 & -2 & 4\\ 0 & 5 & 1\end{pmatrix}$，求 A^3。

解

```
>> clear
>> A = [1, 2, 3; -1, -2, 4; 0, 5, 1];
>> B = A ∧ 3
B =
   -14    42    63
   -21   -77    84
     0   105   -14
```


我们也可用 *MATLAB* 软件求方阵 **A** 的行列式、逆矩阵，其命令格式如表 6-4 所示。

表 6-4　求方阵 A 的行列式、逆矩阵的命令格式

命令格式	功能说明
det(**A**)	方阵 **A** 的行列式 $\|A\|$ 的值
inv(**A**)	方阵 **A** 的逆矩阵 A^{-1}

【例 5】 设矩阵 $A=\begin{pmatrix}1 & 3 & 5\\ 2 & 4 & 9\\ 2 & 7 & 4\end{pmatrix}$，求行列式 $|A|$，逆矩阵 A^{-1}。

解

```
>> clear
>> A = [1, 3, 5; 2, 4, 9; 2, 7, 4];
>> D = det(A)
D =
```

```
    13          %  即 |A| = 13.
>> B = inv(A)
B =
    -3.6154    1.7692    0.5385
     0.7692   -0.4615    0.0769
     0.4615   -0.0769   -0.1538
```

$$\% \text{ 即 } A^{-1} = \begin{pmatrix} -3.6154 & 1.7692 & 0.5385 \\ 0.7692 & -0.4615 & 0.0769 \\ 0.4615 & -0.0769 & -0.1538 \end{pmatrix}$$

【例 6】 计算行列式 $\begin{vmatrix} 2 & -6 & 4 & 4 \\ -3 & 4 & 0 & 9 \\ 2 & -2 & 6 & 2 \\ 3 & -3 & 8 & 3 \end{vmatrix}$ 的值。

解

```
>> clear;
>> A = [2, -6, 4, 4; -3, 4, 0, 9; 2, -2, 6; 2; 3, -3, 8, 3];
>> det(A)
   ans
      =-100
```

三、用 MATLAB 软件求矩阵的行最简阶梯形矩阵与矩阵的秩

用 MATLAB 软件求矩阵 A 的行最简阶梯形矩阵与矩阵 A 的秩的命令格式如表 6-5 所示。

表 6-5　求矩阵 A 的行最简阶梯形矩阵及秩 $R(A)$ 的命令格式

命令格式	功能说明
rref(A)	用矩阵的初等行变换将矩阵 A 化为行最简阶梯形矩阵
rank(A)	矩阵 A 的秩 $R(A)$

【例 7】 已知矩阵 $A=\begin{pmatrix} 2 & -1 & 3 & 1 \\ 4 & -2 & 5 & 4 \\ -4 & 2 & -6 & -2 \end{pmatrix}$，求 A 的秩及 A 的行最简阶梯形矩阵 B。

解

```
>> clear
>> A = [2, -1, 3, 1; 4, -2, 5, 4; -4, 2, -6, -2];
```

```
>> r = rank(A)
r =
     2          % R(A) = 2
>> B = rref(A)
B =
     1     -0.5     0     3.5
     0      0       1    -2
     0      0       0     0
```

第二节　MATLAB 软件在解线性方程组、线性规划问题及向量组线性相关性判断中的应用

一、用 MATLAB 软件解线性方程组

当线性方程组 $\boldsymbol{AX}=\boldsymbol{B}$ 的系数矩阵 $\boldsymbol{A}$ 为可逆方阵时，应用 MATLAB 软件求解线性方程组。其命令格式如表 6-6 所示。

表 6-6　求线性方程的解的命令格式

命令格式	含　义
X = A\B	方程 $\boldsymbol{AX}=\boldsymbol{B}$ 的解
X = A/B	方程 $\boldsymbol{XA}=\boldsymbol{B}$ 的解

【例 1】　求解线性方程组 $\begin{cases} x_1+4x_2+3x_3=6 \\ 2x_1+6x_2+4x_3=9 \\ 3x_1+8x_2+7x_3=14 \end{cases}$

解

```
>> clear
>> A = [1, 4, 3; 2, 6, 4; 3, 8, 7];
>> B = [6; 9; 14];
>> rank(A)
ans =
        3          % R(A) = 3, A 是可逆矩阵
>> x = A\B
x =
     1.000 0
```

0.5　　　　% 解为 $x_1=1$，$x_2=0.5$，$x_3=1$.

1.000 0

对于一般的线性方程组，我们应用 MATLAB 软件用消元法求解，下面举例说明。

【例 2】 求解线性方程组 $\begin{cases} x_1-x_2-x_3+x_4=0 \\ x_1-x_2+x_3-3x_4=2 \\ x_1-x_2-2x_3+3x_4=-1 \end{cases}$

解　≫clear

≫$\boldsymbol{C}$＝[1，－1，－1，1，0；1，－1，1，－3，2；1，－1，－2，3，－1]；

% 建立 增广矩阵 $\widetilde{\boldsymbol{A}}$

≫rref($\boldsymbol{C}$)

ans＝

```
1  -1  0  -1  1
0   0  1  -2  1
0   0  0   0  0
```

% 增广矩阵 $\widetilde{\boldsymbol{A}}$ 的行最简阶梯形矩阵

得线性方程的解为

$$\begin{cases} x_1=1+c_1+c_2 \\ x_2=c_1 \\ x_3=1+2c_2 \\ x_4=c_2 \end{cases}$$，c_1，c_2 取任意实数。

用 MATLAB 软件求齐次线性方程组 $\boldsymbol{AX}=\boldsymbol{O}$ 的一个基础解系的命令格式如表 6-7 所示。

表 6-7　求齐次线性方程组的一个基础解系的命令格式

命令格式	功能说明
B＝null(**A**，‘*r*’)	**B** 的列向量为 **AX**＝**O** 的一个基础解系

注：也可用此命令格式，求齐次线性方程组的通解。

【例 3】 求齐次线性方程组 $\begin{cases} x_1+2x_2-x_3-2x_4=0 \\ 2x_1-x_2-x_3+x_4=0 \\ 3x_1+x_2-2x_3-x_4=0 \end{cases}$ 的一个基础解系。

解　≫clear

$\gg \boldsymbol{A}$=[1 2 −1 −2; 2 −1 −1 1; 3 1 −2 −1];

$\gg$rank($\boldsymbol{A}$)

ans=

2 % $n-r=4-2=2$，有基础解系

$\gg$null(A，'r')

ans=

0.600 0 0.000 0

0.200 0 1.000 0

1.000 0 0.000 0

0.000 0 1.000 0

得一个基础解系为 $\boldsymbol{\xi}_1=\begin{pmatrix}0.6\\0.2\\1\\0\end{pmatrix}$，$\boldsymbol{\xi}_2=\begin{pmatrix}0\\1\\0\\1\end{pmatrix}$。

二、用 MATLAB 软件判断向量组的线性相关性及求极大无关组

设向量组 $\boldsymbol{\alpha}_1$，$\boldsymbol{\alpha}_2$，…，$\boldsymbol{\alpha}_m$，由此构建矩阵 $\boldsymbol{A}=(\boldsymbol{\alpha}_1, \boldsymbol{\alpha}_2, \cdots, \boldsymbol{\alpha}_m)$，那么，当 $R(\boldsymbol{A})=m$ 时，向量组 $\boldsymbol{\alpha}_1$，$\boldsymbol{\alpha}_2$，…，$\boldsymbol{\alpha}_m$ 线性无关；当 $R(\boldsymbol{A})<m$ 时，向量组 $\boldsymbol{\alpha}_1$，$\boldsymbol{\alpha}_2$，…，$\boldsymbol{\alpha}_m$ 线性相关。由此可见，我们可用 MATLAB 软件求矩阵 $\boldsymbol{A}$ 的秩的方法判断向量组的线性相关性；我们也可用 MATLAB 软件将矩阵 $\boldsymbol{A}$ 化为行最简阶梯形矩阵的办法，求向量组的秩及极大无关组。下面举例说明。

【例 4】 判断向量组 $\boldsymbol{\alpha}_1=(1, 1, 2, 3)^{\mathrm{T}}$，$\boldsymbol{\alpha}_2=(1, -1, 1, 1)^{\mathrm{T}}$，$\boldsymbol{\alpha}_3=(2, 0, 3, 3)^{\mathrm{T}}$，$\boldsymbol{\alpha}_4=(3, 1, 5, 4)^{\mathrm{T}}$ 是否线性相关。

解 $\gg$clear

$\gg \boldsymbol{A}$=[1, 1, 2, 3; 1, −1, 1, 1; −2, 0, 3, 3; 3, 1, 5, 4]

$\gg$rank($\boldsymbol{A}$)

ans=

3 % $R(\boldsymbol{A})=3$

$R(\boldsymbol{A})=3=3$，所以向量组线性相关。

【例 5】 设矩阵 $\boldsymbol{A}=\begin{pmatrix}2&-1&-1&1&2\\1&1&-2&1&4\\4&-6&2&-2&4\\3&6&-9&7&9\end{pmatrix}$，求矩阵 $\boldsymbol{A}$ 的列向量组的一个极

大无关组，并把不属于极大无关组的列向量组用极大无关组线性表示。

解 ≫clear

≫$\boldsymbol{A}$=[2，−1，−1，1，2；1，1，−2，1，4；4，−6，2，−2，4；3，6，−9，7，9]；

≫rref($\boldsymbol{A}$)

ans=

```
    1  0  -1  0   4
    0  1  -1  0   3
    0  0   0  1  -3        %  为A的行最简阶梯形矩阵
    0  0   0  0   0
```

由此得矩阵 $\boldsymbol{A}$ 的列向量组的秩为 3，$\boldsymbol{\alpha}_1$，$\boldsymbol{\alpha}_2$，$\boldsymbol{\alpha}_4$ 为列向量组的一个极大无关组，其余向量用极大无关组线性表示为

$$\boldsymbol{\alpha}_3=-\boldsymbol{\alpha}_1-\boldsymbol{\alpha}_2,\ \boldsymbol{\alpha}_5=4\boldsymbol{\alpha}_1+3\boldsymbol{\alpha}_2-3\boldsymbol{\alpha}_3$$

向量 $\boldsymbol{\beta}$ 能否用向量组 $\boldsymbol{\alpha}_1$，$\boldsymbol{\alpha}_2$，…，$\boldsymbol{\alpha}_m$ 线性表示的问题，相当于以 k_1，k_2，…，k_m 为未知量的线性方程组 $k_1\boldsymbol{\alpha}_1+k_2\boldsymbol{\alpha}_2+\cdots+k_m\boldsymbol{\alpha}_m=\boldsymbol{\beta}$ 是否有解，于是我们可用 MATLAB 软件解线性方程的方法来判断这个向量的线性表示问题。

下面举例说明。

【例 6】 设 $\boldsymbol{\alpha}_1=(2,-1,4)^{\mathrm{T}}$，$\boldsymbol{\alpha}_2=(-3,2,-5)^{\mathrm{T}}$，$\boldsymbol{\alpha}_3=(6,-5,8)^{\mathrm{T}}$，$\boldsymbol{\alpha}_4=(-5,3,-9)^{\mathrm{T}}$，$\boldsymbol{\beta}=(3,-1,7)^{T}$。试问向量 $\boldsymbol{\beta}$ 能否由向量组 $\boldsymbol{\alpha}_1$，$\boldsymbol{\alpha}_2$，$\boldsymbol{\alpha}_3$，$\boldsymbol{\alpha}_4$ 线性表示？如果能够，写出表示式。

解 ≫clear

≫$\boldsymbol{C}$=[2，−3，6，−5，3；−1，2，−5，3，−1；4，−5，8，−9，7]；

≫$\boldsymbol{A}$=[2，−3，6，−5；−1，2，−5，3；4，−5，8，−9]；

≫r_1=rank($\boldsymbol{C}$)

r_2=rank($\boldsymbol{A}$)；

r_1=2

r_2=2　　% 说明 $R(\widetilde{\boldsymbol{A}})=R(\boldsymbol{A})$，能线性表示

≫rref($\boldsymbol{C}$)

```
1  0  -3  -1  3
0  1  -4   1  1
0  0   0   0  0
```

$\boldsymbol{\beta} = k_1\boldsymbol{\alpha}_1 + k_2\boldsymbol{\alpha}_2 + k_3\boldsymbol{\alpha}_3 + k_4\boldsymbol{\alpha}_4$ 的解为

$$\begin{cases} k_1 = 3c_1 + c_2 + 3 \\ k_2 = 4c_1 - c_2 + 1 \\ k_3 = c_1 \\ k_4 = \qquad c_2 \end{cases}$$

取 $c_1 = c_2 = 1$，得 $k_1 = 7$，$k_2 = 4$，$k_3 = 1$，$k_4 = 1$，从而

$$\boldsymbol{\beta} = 7\boldsymbol{\alpha}_1 + 4\boldsymbol{\alpha}_2 + \boldsymbol{\alpha}_3 + \boldsymbol{\alpha}_4$$

三、用 MATLAB 软件求解线性规划问题

线性规划问题是一类最简单的有约束最优化问题。在线性规划中，目标函数和约束函数都是线性的，其问题的一般数学描述为

$$\min \boldsymbol{CX}$$
$$\text{s. t.} \begin{cases} \boldsymbol{AX} \leqslant \boldsymbol{B} \\ \boldsymbol{A}_{eq}\boldsymbol{X} = \boldsymbol{B}_{eq} \\ \boldsymbol{X}_{\min} \leqslant \boldsymbol{X} \leqslant \boldsymbol{X}_{\max} \end{cases}$$

其中，$\boldsymbol{C}^{\mathrm{T}}$，$\boldsymbol{X}$，$\boldsymbol{X}_{\min}$，$\boldsymbol{X}_{\max}$是同维列向量，$\boldsymbol{AX} \leqslant \boldsymbol{B}$ 为不等式约束，$\boldsymbol{A}_{eq}\boldsymbol{X} = \boldsymbol{B}_{eq}$ 为等式约束。

在 MATLAB 中求解线性规划问题的命令格式如下表 6－8 所示。

表 6－8　求解线性规划问题的命令格式

命令格式	功能说明
[X，value]=lingrop(**C**，**A**，**B**)	求解问题 $\begin{cases} \min \boldsymbol{CX} \\ \text{s. t.}\ \boldsymbol{AX} \leqslant \boldsymbol{B} \end{cases}$
[X，value]=lingrop(**C**，**A**，**B**，$\mathbf{A}_{eq}$，$\boldsymbol{B}_{eq}$)	求解问题 $\begin{cases} \min \boldsymbol{CX} \\ \text{s. t.}\ \boldsymbol{AX} \leqslant \boldsymbol{B} \\ \quad \mathbf{A}_{eq}\boldsymbol{X} = \boldsymbol{B}_{eq} \end{cases}$
[X，value]=lingrop(**C**，**A**，**B**，$\mathbf{A}_{eq}$，$\boldsymbol{B}_{eq}$，$\mathbf{X}_{\min}$，$\mathbf{X}_{\max}$)	求解问题 $\begin{cases} \min \boldsymbol{CX} \\ \text{s. t.}\ \boldsymbol{AX} \leqslant \boldsymbol{B} \\ \quad \mathbf{A}_{eq}\boldsymbol{X} = \boldsymbol{B}_{eq} \\ \quad \mathbf{X}_{\min} \leqslant \boldsymbol{X} \leqslant \mathbf{X}_{\max} \end{cases}$
[X，value]=lingrop(**C**，**A**，**B**，$\mathbf{A}_{eq}$，$\boldsymbol{B}_{eq}$，$\mathbf{X}_{\min}$，$\mathbf{X}_{\max}$，$\mathbf{X}_0$)	给定迭代初始点 X_0

注意：如果没有不等式约束，可用空矩阵“[ ]”替代 **A** 和 **B**；没有等式约束，可用

空矩阵“[ ]”替代 A_{eq}，B_{eq}；如果某个 $X(i)$ 下无界或上无界，可设定 $X_{\min}(i)=-\inf$ 或 $X_{\max}(i)=\inf$。

【例 7】 求解线性规划 $\min z=-5x_1-4x_2-6x_3$

$$\text{s. t.}\begin{cases}x_1-x_2+x_3\leqslant 20\\3x_1+2x_2+4x_3\leqslant 42\\3x_1+2x_2\leqslant 30\\x_i\geqslant 0,\ i=1,\ 2,\ 3\end{cases}$$

解 ≫clear

≫C=[−5;−4;−6];

≫A=[1, −1, 1; 3, 2, 4; 3, 2, 0];

≫B=[20;42;30];

≫x min=zeros(3, 1);

≫x max=(inf; inf; inf)

≫[x, value]=linprog(C, A, B, [ ], [ ], x min, x max)

x=

3.5378e−010

15　　　% 最优解为 $\begin{cases}x_1=3.5378\times10^{-10}=0\\x_2=15\\x_3=3\end{cases}$

3

value=

−78　　　% 最优值是 $z=-78$。

【例 8】 求解线性规划 $\min z=10x_{11}+5x_{12}+6x_{13}+4x_{21}+8x_{22}+12x_{23}$

$$\text{s. t.}\begin{cases}x_{11}+x_{12}+x_{13}=60\\x_{21}+x_{22}+x_{23}=100\\x_{11}+x_{21}=50\\x_{12}+x_{22}=70\\x_{13}+x_{23}=40\\x_{ij}\geqslant 0,\ i=1,\ 2;j=1,\ 2,\ 3\end{cases}$$

解 ≫clear

≫f=[10; 5; 6; 4; 8; 12];

≫Aeq=[1, 1, 1, 0, 0, 0; 0, 0, 0, 1, 1, 1; 1, 0, 0, 1, 0, 0; 0, 1, 0, 0, 1, 0; 0, 0, 1, 0, 0, 1];

```
≫Beq=[60; 100; 50; 70; 40];
≫X min=[0; 0; 0; 0; 0; 0];
≫X max=(inf; inf; inf; inf; inf; inf);
≫[x, value]=linprog(c, [ ], [ ], Aeq, Beq, X min, X max)
x=
     0.0000
    20.0000
    40.0000
    50.0000
    50.0000
     0.0000
```

% 最优解 $\begin{cases} x_{11}=0 \\ x_{12}=20 \\ x_{13}=40 \\ x_{21}=50 \\ x_{22}=50 \\ x_{23}=0 \end{cases}$

```
value=
     940.0000
```

% 最优值 $z=940$

第三节 MATLAB 软件在特征值、特征向量及二次型问题中的应用

一、用 MATLAB 软件求方阵的特征值和特征向量

用 MATLAB 求矩阵特征值与特征向量其命令格式如表 6-9 所示。

表 6-9 求方阵的特征值、特征向量的命令格式

命令格式	功能说明
d=eig(**A**)	由矩阵 **A** 的特征值组成的列向量。
[**V**, **D**]=eig(**A**)	***D*** 为对角阵，其主对角线上元素为 ***A*** 的特征值，***V*** 的列向量为对应特征值的特征向量(且为单位向量)

【例 1】 求矩阵 $\boldsymbol{A}=\begin{pmatrix}-1 & 1 & 0\\ -4 & 3 & 0\\ 1 & 0 & 2\end{pmatrix}$ 的特征值与特征向量。

解 ≫clear

≫**A**=[−1 1 0; −4 3 0; 1 0 2]

A=

```
  -1    1    0
  -4    3    0
   1    0    2
>>d=eig (A)
d=
  2
  1          %  特征值λ1=2，λ2=λ3=1
  1
>>[V, D]=eig(A)
V=
  0.0000       0.4082      0.4082
  0.0000       0.8165      0.8165
  1.0000     - 0.4082     -0.4082
D=
  2   0   0
  0   1   0
  0   0   1
```

说明：**A** 对应于 $\lambda_1=2$ 的特征向量为 $\boldsymbol{p}_1=(0,0,1)^T$；**A** 对应于 $\lambda_2=\lambda_3=1$ 的两个线性无关的特征向量为 $\boldsymbol{p}_2=(0.4082, 0.8165)^T$，$\boldsymbol{p}_3=(0.4082, 0.8165, -0.4082)^T$。

二、用 MATLAB 软件进行方阵对角化及二次型化为标准形

1. 用 MATLAB 软件求正交矩阵

由已知线性无关向量组 $\boldsymbol{\alpha}_1, \boldsymbol{\alpha}_2, \cdots, \boldsymbol{\alpha}_m$ 构作标准正交向量组 $\boldsymbol{\varepsilon}_1, \boldsymbol{\varepsilon}_2, \cdots, \boldsymbol{\varepsilon}_m$ 问题，在 MATLAB 软件下，我们首先构作矩阵 $\boldsymbol{A}=(\boldsymbol{\alpha}_1, \boldsymbol{\alpha}_2, \cdots, \boldsymbol{\alpha}_m)$，然后应用 MATLAB 软件求 A 的正交矩阵，即得$(\boldsymbol{\varepsilon}_1, \boldsymbol{\varepsilon}_2, \cdots, \boldsymbol{\varepsilon}_m)$。求 **A** 的正交矩阵的命令格式，如表 6-10 所示。

表 6-10　求正交矩阵的命令格式

命令格式	功能说明
orth (**A**)	求矩阵 **A** 的正交矩阵。

【例 2】 求矩阵 $\boldsymbol{A}=\begin{pmatrix}4&0&0\\0&3&1\\0&1&3\end{pmatrix}$ 的正交矩阵。

解 ≫clear

≫A=[4 0 0;0 3 1;0 1 3];

≫P=orth (A)

≫P=

0.000 0	1.000 0	0.000 0
−0.707 1	0	−0.707 1
−0.707 1	0	0.707 1

≫Q=P′ ∗ P

≫Q=

1.000 0	0.000 0	0.000 0	
0.000 0	1.000 0	0.000 0	% 说明 $\boldsymbol{P}$ 是正交矩阵
0.000 0	0.000 0	1.000 0	

2. 用 MATLAB 软件实现实对称矩阵的对角化

实对称矩阵都是可以对角化的，且存在正交矩阵 $\boldsymbol{P}$，使得 $\boldsymbol{P}^{-1}\boldsymbol{AP}$ 为对角阵，对角阵的主对角线上的元素为矩阵 $\boldsymbol{A}$ 的特征值，对于实对称矩阵，eig(**A**)返回的特征向量矩阵就是正交矩阵。

【例 3】 求一个正交的相似变换矩阵，将矩阵 $\boldsymbol{A}=\begin{pmatrix} 0 & 1 & 1 & -1 \\ 1 & 0 & -1 & 1 \\ 1 & -1 & 0 & 1 \\ -1 & 1 & 1 & 0 \end{pmatrix}$ 化为对角阵。

解 ≫clear

≫A=[0, 1, 1, −1; 1, 0, −1, 1; 1, −1, 0, 1; −1, 1, 1, 0];

≫[d, v]=eig(**A**)

≫d′ ∗ d %验证 d 为正交矩阵，d 由 **A** 的特征向量构成的矩阵

≫d′ ∗ **A** ∗ d %验证矩阵可对角化

d=	−0.500 0	0.288 7	0.788 7	0.211 3
	0.500 0	−0.288 7	0.211 3	0.788 7
	0.500 0	−0.288 7	0.577 4	−0.577 4
	−0.500 0	−0.866 0	0.000 0	0.000 0

```
v=    -3.0000    0.0000    0.0000    0.0000
       0.0000    1.0000    0.0000    0.0000
       0.0000    0.0000    1.0000    0.0000
       0.0000    0.0000    0.0000    1.0000
ans=
       1.0000    0.0000    0.0000    0.0000
       0.0000    1.0000   -0.0000    0.0000
       0        -0.0000    1.0000    0
       0         0.0000    0         1.0000
ans=
      -3.0000    0.0000    0.0000    0.0000
       0.0000    1.0000    0.0000    0.0000
       0.0000    0.0000    1.0000    0.0000
       0.0000    0.0000    0.0000    1.0000
```

说明:第一个结论说明 d 为正交矩阵，第二个结论说明 $d^{-1}Ad$ 为对角阵，主对角线上元素为特征值−3，1，1，1。

要求的正交相似变换矩阵为 d，对角阵为 v。

3. 用 MATLAB 软件实现化二次型为标准形

【例 4】 求一个正交变换化二次型 $f=x_1^2+x_2^2+x_3^2+4x_1x_2+4x_1x_3+4x_2x_3$ 为标准形。

解 ≫clear

```
≫A=[1, 2, 2; 2, 1, 2; 2, 2, 1];
≫[P, D]=eig (A)
P=      0.6015     0.5522    0.5774
        0.1775    -0.7970    0.5774
       -0.7789     0.2448    0.5774
D=     -1.0000     0.0000    0.0000
        0.0000    -1.0000    0.0000
        0.0000     0.0000    5.0000
```

P 就是所求的正交矩阵，使得 $\boldsymbol{P'AP}=\boldsymbol{D}$，所以令 $\boldsymbol{X}=\boldsymbol{PY}$，化简后的二次型为 $f=-y_1^2-y_2^2+5y_3^2$。

4. 用 MATLAB 软件实现二次型正定性的判别

用MATLAB判别二次型 $f = X^{T}AX$ 是正定二次型的命令格式如表6-11所示。

表6-11　差别二次型 $f=X^{T}AX$ 是正定二次型的命令格式

命令格式	功能说明
$y = \mathrm{zhd}(A)$	A 是二次型矩阵，$y=1$ 说明 f 是正定二次型，$y=-1$ 说明 f 是负次二次型，$y=0$ 为其他

【例5】 判别二次型 $f = -5x_1^2 - 6x_2^2 - 4x_3^2 + 4x_1x_2 + 4x_1x_3$ 的正定性。

解　二次型 f 的矩阵为 $\boldsymbol{A} = \begin{pmatrix} -5 & 2 & 2 \\ 2 & -6 & 0 \\ 2 & 0 & -4 \end{pmatrix}$

```
≫clear
≫A=[-5, 2, 2; 2, -6, 0; 2, 0, -4]
≫zhd(A)
ans=
    -1              %  二次型是负定
```

附　录

习题参考答案

第一章　行　列　式

习题 1－1

1. (1) 6　(2) 24　(3) 46　(4) -9

2. (1) -3，6　(2) -10，-1

3. (1) -120　(2) 5　(3) -75　(4) -30　(5) 1　(6) 20　(7) -1　(8) -12

4. $\frac{1}{6}$

习题 1－2

1. (1) 30　(2) -187

2. (1) 0　(2) 22　(3) $-2(x^2+y^2)$　(4) -68　(5) 160　(6) 0　(7) 0　(8) $abcd$

3. 55

4. (1) $(-1)^{n+1}n!$　(2) $x^n+(-1)^{n+1}y^n$　(3) $(-1)^n(n+1)a_1a_2\cdots a_n$

5. 略

6. $x=2$ 或 $x=3$ 或 $x=4$

习题 1－3

1. (1) $x_1=1$，$x_2=2$，$x_3=3$　(2) $x_1=-5$，$x_2=9$，$x_3=-1$

(3) $x_1=3$，$x_2=-4$，$x_3=-1$，$x_4=1$ (4) $x_1=1$，$x_2=2$，$x_3=-1$，$x_4=1$

(5) $x_1=1$，$x_2=-1$，$x_3=0$，$x_4=2$ (6) $x_1=\frac{1}{12}$，$x_2=-\frac{1}{8}$，$x_3=-\frac{7}{12}$，$x_4=-\frac{1}{4}$

2. (1) $\lambda\neq1$ 且 $\lambda\neq-2$　(2) $\lambda\neq1$ 且 $\lambda\neq2$

3. $f(x)=2x^2-3x+1$

复习题一

1. (1) C　(2) D　(3) C

2. (1) 5　(2) $\pm\sqrt{2}$　(3) 0

3. $A_{13}=3$，$A_{32}=-20$

4. (1) -36　(2) 0　(3) 1　(4) 40　(5) $(-1)^{n+1}n!$　(6) $[a+(n-1)b](a-b)^{n-1}$

5. (1) $x_1=3$，$x_2=4$，$x_3=5$　(2) $x_1=1$，$x_2=2$，$x_3=3$，$x_4=-1$

6. $\lambda\neq 1$时只有零解

第二章　矩　　阵

习题 2-1

1. $\begin{pmatrix} 1.5 & 2 & 2.1 & 1.8 & 1.7 & 1.9 & 2.2 \\ 1.6 & 1.7 & 1.4 & 1.8 & 1.3 & 1.9 & 2.1 \\ 0.8 & 0.8 & 0.7 & 0.6 & 0.7 & 0.9 & 1 \\ 1 & 0.9 & 1.1 & 1.1 & 0.8 & 1.2 & 1.3 \end{pmatrix}$

2. $\begin{array}{c|cccccc} \text{选手} & 1 & 2 & 3 & 4 & 5 & 6 \\ \hline 1 & * & 1 & 0 & 1 & 1 & 1 \\ 2 & 0 & * & 0 & 1 & 1 & 1 \\ 3 & 1 & 1 & * & 1 & 0 & 0 \\ 4 & 0 & 0 & 0 & * & 1 & 1 \\ 5 & 0 & 0 & 1 & 0 & * & 1 \\ 6 & 0 & 0 & 1 & 0 & 0 & * \end{array}$，∗处表示没元素

3. $x=3$，$y=1$，$z=2$

4. $x=0$，$y=0$，$z=2$，$\omega=2$或$x=1$，$y=\frac{1}{2}$，$z=3$，$\omega=2$

习题 2-2

1. (1) $\begin{pmatrix} -1 & 3 & 1 & 5 \\ 8 & 2 & 8 & 2 \\ 3 & 7 & 9 & 13 \end{pmatrix}$　(2) $\begin{pmatrix} 14 & 13 & 8 & 7 \\ -2 & 5 & -2 & 5 \\ 2 & 1 & 6 & 5 \end{pmatrix}$

2. $\begin{pmatrix} 1 & -1 & -3 \\ 5 & 7 & -11 \\ 3 & -13 & 1 \end{pmatrix}$

3. (1) $\begin{pmatrix} 3 & 2 & 1 \\ 2 & -1 & 9 \end{pmatrix}$　(2) $\begin{pmatrix} -\frac{2}{3} & -\frac{2}{3} & 0 \\ -\frac{1}{6} & \frac{1}{2} & -\frac{7}{3} \end{pmatrix}$

4. (1) 32　(2) $\begin{pmatrix} 4 & 8 & 12 \\ 5 & 10 & 15 \\ 6 & 12 & 18 \end{pmatrix}$

(3) $\begin{pmatrix} 10 & 4 & -1 \\ 4 & -3 & -1 \end{pmatrix}$　(4) $\begin{pmatrix} 2 & 5 & 4 \\ 4 & 2 & 6 \end{pmatrix}$

(5) $\begin{pmatrix} 6 & -7 & 8 \\ 20 & -5 & 10 \end{pmatrix}$　　(6) $\begin{pmatrix} 5 & 7 \\ 6 & 4 \\ 7 & 2 \end{pmatrix}$

5. (1) $\begin{pmatrix} 1 & 0 \\ n\lambda & 1 \end{pmatrix}$　　(2) $\begin{pmatrix} a^n & 0 & 0 \\ 0 & b^n & 0 \\ 0 & 0 & c^n \end{pmatrix}$

6. $\begin{pmatrix} -11 & 5 & -3 \\ -2 & 2 & -2 \end{pmatrix}$, $\begin{pmatrix} 5 & 14 \\ 18 & 28 \end{pmatrix}$

7. $|\boldsymbol{AB}^{\mathrm{T}}|=-1$, $|\boldsymbol{B}^{\mathrm{T}}\boldsymbol{A}|=0$

8. $|-k\boldsymbol{A}|=-k^4$

9. 略

习题 2－3

1. (1) $\begin{pmatrix} 3 & -5 \\ -1 & 2 \end{pmatrix}$　(2) $\begin{pmatrix} 1 & -4 & -3 \\ 1 & -5 & -3 \\ -1 & 6 & 4 \end{pmatrix}$　(3) $\begin{pmatrix} -1 & -2 & 3 \\ -1 & -1 & 2 \\ 5 & 6 & -10 \end{pmatrix}$

(4) $\begin{pmatrix} -\frac{3}{4} & -\frac{11}{8} & \frac{3}{8} \\ \frac{1}{4} & \frac{5}{8} & \frac{3}{8} \\ -\frac{1}{4} & -\frac{1}{8} & \frac{1}{8} \end{pmatrix}$　(5) $\begin{pmatrix} 1 & \frac{4}{5} & -\frac{1}{5} \\ 2 & \frac{12}{5} & -\frac{3}{5} \\ 0 & \frac{1}{5} & \frac{1}{5} \end{pmatrix}$　(6) $\begin{pmatrix} 4 & -2 & 1 \\ 1 & -1 & 0 \\ -\frac{1}{3} & \frac{2}{3} & \frac{1}{3} \end{pmatrix}$

2. (1) $\begin{pmatrix} 1 \\ 3 \\ 2 \end{pmatrix}$　(2) $\begin{pmatrix} -5 & 4 & -2 \\ -4 & 5 & -2 \\ -9 & 7 & -4 \end{pmatrix}$　(3) $\begin{pmatrix} -\frac{3}{7} & \frac{5}{14} \\ \frac{2}{7} & -\frac{1}{14} \end{pmatrix}$　(4) $\begin{pmatrix} -2 & 1 \\ 10 & -4 \\ -10 & 4 \end{pmatrix}$

3. (1) $x_1=\frac{1}{7}$, $x_2=\frac{2}{21}$,　(2) $x_1=1$, $x_2=2$

(3) $x_1=1$, $x_2=2$, $x_3=-2$, (4) $x_1=0$, $x_2=-9$, $x_3=6$

4. $\begin{cases} y_1=-7x_1-4x_2+9x_3 \\ y_2=\ \ 6x_1+3x_2-7x_3 \\ y_3=\ \ 3x_1+2x_2-4x_3 \end{cases}$

5. 略

6. 4

习题 2－4

1. $\left(\begin{array}{ccc:cc} a_{11} & a_{12} & a_{13} & a_{14} & a_{15} \\ a_{21} & a_{22} & a_{23} & a_{24} & a_{25} \\ \hdashline a_{31} & a_{32} & a_{33} & a_{34} & a_{35} \\ a_{41} & a_{42} & a_{43} & a_{44} & a_{45} \end{array}\right)$ 或 $\left(\begin{array}{cc:ccc} a_{11} & a_{12} & a_{13} & a_{14} & a_{15} \\ \hdashline a_{21} & a_{22} & a_{23} & a_{24} & a_{25} \\ \hdashline a_{31} & a_{32} & a_{33} & a_{34} & a_{35} \\ \hdashline a_{41} & a_{42} & a_{43} & a_{44} & a_{45} \end{array}\right)$

2. (1) $\begin{pmatrix} 0 & -1 \\ 7 & 2 \\ 4 & 3 \end{pmatrix}$　(2) $\left(\begin{array}{cc:cc} a & 0 & ac & 0 \\ 0 & a & 0 & ac \\ \hdashline 1+b & 0 & c+bd & 0 \\ 0 & 1+b & 0 & c+bd \end{array}\right)$

3. $\begin{pmatrix} 12 & -15 & 21 & 0 & 0 \\ -3 & 6 & 18 & 0 & 0 \\ 9 & 3 & 24 & 0 & 0 \\ 0 & 0 & 0 & -5 & 15 \\ 0 & 0 & 0 & 45 & 20 \end{pmatrix}$

4. 略

5. (1) $\begin{pmatrix} 1 & -2 & 0 & 0 \\ -2 & 5 & 0 & 0 \\ 0 & 0 & 2 & -3 \\ 0 & 0 & -5 & 8 \end{pmatrix}$，(2) $\begin{pmatrix} 3 & -2 & 0 & 0 \\ -1 & 1 & 0 & 0 \\ 0 & 0 & \frac{4}{9} & -\frac{1}{9} \\ 0 & 0 & \frac{1}{9} & \frac{2}{9} \end{pmatrix}$

6. (1) $\begin{pmatrix} 1 & 0 & 0 \\ 0 & 1 & 0 \\ 0 & -4 & 1 \end{pmatrix}$　$\begin{pmatrix} 1 & 0 & 0 \\ 0 & 1 & 0 \\ 0 & 2 & 1 \end{pmatrix}$

(2) $\begin{pmatrix} 4 & 2 & 0 & 0 \\ 0 & 4 & 0 & 0 \\ 0 & 0 & 9 & 2 \\ 0 & 0 & 0 & 9 \end{pmatrix}$　$\begin{pmatrix} \frac{1}{2} & -\frac{1}{4} & 0 & 0 \\ 0 & \frac{1}{2} & 0 & 0 \\ 0 & 0 & \frac{1}{3} & -\frac{1}{9} \\ 0 & 0 & 0 & \frac{1}{3} \end{pmatrix}$

7. 略

习题 2－5

1. (1) $\begin{pmatrix} -1 & 7 & 4 & 5 \\ 0 & -4 & -6 & -7 \\ 0 & 0 & 0 & 0 \\ 0 & 0 & 0 & 0 \end{pmatrix}$　(2) $\begin{pmatrix} 2 & 0 & 1 & 3 \\ 0 & -1 & -5 & 5 \\ 0 & 0 & 2 & 5 \\ 0 & 0 & 0 & -5 \end{pmatrix}$

(3) $\begin{pmatrix} 1 & 5 & 3 & 7 \\ 0 & 1 & 1 & -1 \\ 0 & 0 & 0 & 6 \\ 0 & 0 & 0 & 0 \end{pmatrix}$　(4) $\begin{pmatrix} 1 & 1 & 7 & 5 \\ 0 & 1 & 0 & 8 \\ 0 & 0 & 4 & 7 \\ 0 & 0 & 0 & 0 \end{pmatrix}$

2. (1) $\begin{pmatrix} 1 & 0 & \frac{1}{2} & 1 \\ 0 & 1 & 1 & 1 \\ 0 & 0 & 0 & 0 \end{pmatrix}$ (2) $\begin{pmatrix} 1 & 0 & 0 & \frac{14}{9} \\ 0 & 1 & 0 & -\frac{5}{9} \\ 0 & 0 & 1 & \frac{4}{9} \end{pmatrix}$

3. (1) $\begin{pmatrix} 1 & 0 & 0 \\ 0 & 1 & 0 \\ 0 & 0 & 0 \end{pmatrix}$ (2) $\begin{pmatrix} 1 & 0 & 0 & 0 \\ 0 & 1 & 0 & 0 \\ 0 & 0 & 1 & 0 \end{pmatrix}$

4. (1) $\begin{pmatrix} 1 & -4 & -3 \\ 1 & -5 & -3 \\ -1 & 6 & 4 \end{pmatrix}$ (2) $\begin{pmatrix} -11 & 2 & 2 \\ -4 & 0 & 1 \\ 6 & -1 & -1 \end{pmatrix}$

5. (1) $\begin{pmatrix} -18 \\ 6 \\ 5 \end{pmatrix}$ (2) $\begin{pmatrix} 3 & -8 & -6 \\ 2 & -9 & -6 \\ -2 & 12 & 9 \end{pmatrix}$

习题 2－6

1. (1) 2 (2) 2 (3) 4 (4) 3

2. (1) $R(A)=2$，$\begin{vmatrix} 3 & -14 \\ 1 & 4 \end{vmatrix}$ (2) $R(A)=3$，$\begin{vmatrix} 2 & -3 & -4 \\ 1 & -1 & 2 \\ 1 & -2 & 1 \end{vmatrix}$

3. $\lambda=3$ 时，$R(A)=2$；$\lambda\neq 3$ 时，$R(A)=3$

复习题二

1. (1) D (2) D (3) A (4) D

2. (1) 3 (2) BC (3) 0 或 1

(4) $\begin{vmatrix} 1 & -5 & 6 \\ 2 & -1 & 3 \\ -1 & -4 & 3 \end{vmatrix}$ $\begin{vmatrix} 1 & -5 & -2 \\ 2 & -1 & -2 \\ -1 & -4 & 0 \end{vmatrix}$ $\begin{vmatrix} 1 & 6 & -2 \\ 2 & 3 & -2 \\ -1 & 3 & 0 \end{vmatrix}$ $\begin{vmatrix} -5 & 6 & -2 \\ -1 & 3 & -2 \\ -4 & 3 & 0 \end{vmatrix}$

3. (1) $\begin{pmatrix} -2 & 6 & -\frac{5}{2} \\ \frac{1}{2} & -3 & -\frac{7}{2} \\ 0 & -3 & 6 \end{pmatrix}$ (2) $\begin{pmatrix} 199 & 293 & 302 \\ 25 & 33 & 38 \\ 8 & 10 & 12 \end{pmatrix}$

4. $\begin{pmatrix} 1 & 3 & -2 \\ -\frac{3}{2} & -3 & \frac{5}{2} \\ 1 & 1 & -1 \end{pmatrix}$

5. $\begin{pmatrix} -2 & 2 & 1 \\ -\frac{8}{3} & 5 & -\frac{2}{3} \end{pmatrix}$

6. $x_1 = 1$，$x_2 = 2$，$x_3 = 3$

7. $\begin{pmatrix} -2 & 2 & 1 \\ -1 & -1 & 2 \\ 0 & 4 & 3 \end{pmatrix}$

8. $\begin{pmatrix} -1 & 2 & 0 & 0 \\ 1 & -1 & 0 & 0 \\ 0 & 0 & 2 & -1 \\ 0 & 0 & -5 & 3 \end{pmatrix}$

9. $\begin{pmatrix} 1 & 0 & 0 & 0 \\ 0 & 1 & 0 & 0 \\ 0 & 0 & 1 & 0 \\ 0 & 0 & 0 & 1 \end{pmatrix}$

10. 3

11. $a = -1$，$b = -2$

第三章　线性方程组

习题 3－1

1. (1) $\begin{cases} x_1 = -4c_1 - 7c_2 + 2 \\ x_2 = c_1 \\ x_3 = 6c_2 + 3 \\ x_4 = c_2 \\ x_5 = -3 \end{cases}$ （c_1，c_2 取任意实数）

(2) $\begin{cases} x_1 = -2c_1 - 3c_2 - 4c_3 + 5 \\ x_2 = c_1 \\ x_3 = c_2 \\ x_4 = c_3 \end{cases}$ （c_1，c_2，c_3 取任意实数）

2. (1) $\begin{cases} x_1 = -2c_1 - c_2 \\ x_2 = -4c_1 \\ x_3 = c_1 \\ x_4 = c_2 \end{cases}$ （c_1，c_2 取任意实数）　(2) $\begin{cases} x_1 = -6c \\ x_2 = 8c \\ x_3 = c \\ x_4 = 0 \end{cases}$ （c 取任意实数）

3. (1) $x_1 = 5$，$x_2 = -2$，$x_3 = 1$　(2) $x_1 = -1$，$x_2 = -1$，$x_3 = 0$，$x_4 = 1$

(3) $\begin{cases} x_1 = -\frac{1}{2}c_1 + \frac{1}{2}c_2 + \frac{1}{2} \\ x_2 = c_1 \\ x_3 = c_2 \\ x_4 = 0 \end{cases}$ (c_1，c_2 取任意实数)　(4) $\begin{cases} x_1 = 23c + 20 \\ x_2 = -2c + 4 \\ x_3 = c \end{cases}$ (c 取任意实数)

(5) $\begin{cases} x_1 = c \\ x_2 = -2c \\ x_3 = c \\ x_4 = c \end{cases}$ (c 取任意实数)　(4) 只有零解

4. (1) 有无穷多解　(2) 有无穷多解　(3) 无解　(4) 有唯一解

5. (1) 无　(2) $\lambda = -2$，或 $\lambda = 1$　(3) $\lambda \neq -2$，且 $\lambda \neq 1$

6. (1) $\lambda \neq 3$　(2) 无　(3) $\lambda = 3$

7. (1) $R(A) = 3$，有非零解　(2) $R(A) = 4$，只有零解

8. (1) $\lambda \neq -3$ 且 $\lambda \neq 1$　(2) $\lambda = -3$，或 $\lambda = 1$

习题 3-2

1. (1) $(0, 9, 9)^T$　(2) $(11, -13, -12)^T$

2. $(-3, -3, 0, -6)^T$

3. (1) $\beta = 2\alpha_1 - \alpha_2 + 3\alpha_2$　(2) β 不可用 α_1，α_2，α_3 线性表示　(3) $\beta = \alpha_1 + \alpha_3$

4. $\beta = 3\alpha_1 - \alpha_2$，$m = -8$

5. (1) $\lambda \neq 0$，且 $\lambda \neq -3$ 时，β 可用 α_1，α_2，α_3 唯一地线性表示

(2) $\lambda = 0$ 时，β 可由 α_1，α_2，α_3 线性表示，但表达式不唯一

(3) $\lambda = -3$ 时，β 不能由 α_1，α_2，α_3 线性表示

6. 略

习题 3-3

1. (1) 线性无关　(2) 线性相关　(3) 线性无关　(4) 线性相关

2. (1) $a = -4$ 或 $a = \frac{3}{2}$ 时，α_1，α_2，α_3 线性相关　(2) 任意的 a，α_1，α_2，α_3，α_4 均线性相关

3. $k \neq 3$ 且 $k \neq -2$ 时，α_1，α_2，α_3 线性无关

4. 略

5. 略

6. (1) 秩 3，α_1，α_2，α_3，$\alpha_4 = \alpha_1 - \alpha_2 + 2\alpha_3$

(2) 秩 3，α_1，α_2，α_3，$\alpha_4 = -3\alpha_1 + 5\alpha_2 - \alpha_3$

(3) 秩 2，α_1，α_2，$\alpha_3 = \frac{4}{3}\alpha_1 - \frac{1}{3}\alpha_2$，$\alpha_4 = \frac{13}{3}\alpha_1 + \frac{2}{3}\alpha_2$

(4) 秩 2，α_1，α_2，$\alpha_3 = \frac{3}{2}\alpha_1 - \frac{7}{2}\alpha_2$，$\alpha_4 = \alpha_1 + 2\alpha_2$

7. $a=2$, $d=5$

习题 3-4

1. (1) $\begin{cases}x_1= c_1-c_2\\x_2=-2c_1-c_2\\x_3= c_1\\x_4= c_2\end{cases}$ (2) $\begin{cases}x_1=c_1-2c_2\\x_2=c_1\\x_3= c_2\\x_4=0\end{cases}$ (c_1, c_2 取任意实数)

2. (1) $\begin{cases}x_1=3\\x_2=2-c\\x_3= c\end{cases}$ (c 取任意实数) (2) $\begin{cases}x_1=-2c_1-c_2+2\\x_2= c_1\\x_3= c_2+3\\x_4= c_2\end{cases}$ (c_1, c_2 取任意实数)

3. (1) $\xi=(-19, 7, 1)^{\mathrm{T}}$, $X=c\xi$ (c 取任意实数)

(2) $\xi_1=(-23, 10, 7, 0)^{\mathrm{T}}$, $\xi_2=(-23, 3, 0, 7)^{\mathrm{T}}$, $X=c_1\xi_1+c_2\xi_2$ (c_1, c_2 取任意实数)

(3) $\xi_1=(8, -6, 1, 0)^{\mathrm{T}}$, $\xi_2=(-7, 5, 0, 1)^{\mathrm{T}}$, $X=c_1\xi_1+c_2\xi_2$ (c_1, c_2 取任意实数)

(4) $\xi_1=(2, 1, 0, 0, 0)^{\mathrm{T}}$, $\xi_2=(-3, 0, 1, 0, 0)^{\mathrm{T}}$, $\xi_3=(-1, 0, 0, 1, 0)^{\mathrm{T}}$,

$X=c_1\xi_1+c_2\xi_2+c_3\xi_3$ (c_1, c_2, c_3 取任意实数)

4. (1) $c_1\begin{pmatrix}1\\1\\0\\0\end{pmatrix}+c_2\begin{pmatrix}1\\0\\2\\1\end{pmatrix}+\begin{pmatrix}\frac{1}{2}\\0\\\frac{1}{2}\\0\end{pmatrix}$ (c_1, c_2 取任意实数)

(2) $c_1\begin{pmatrix}-7\\5\\1\\0\end{pmatrix}+c_2\begin{pmatrix}-5\\4\\0\\1\end{pmatrix}+\begin{pmatrix}13\\-8\\0\\0\end{pmatrix}$ (c_1, c_2 取任意实数)

(3) $c_1\begin{pmatrix}-2\\1\\0\\0\end{pmatrix}+c_2\begin{pmatrix}-1\\0\\1\\1\end{pmatrix}+\begin{pmatrix}2\\0\\1\\0\end{pmatrix}$ (c_1, c_2 取任意实数)

(4) $c_1\begin{pmatrix}\frac{3}{2}\\1\\0\\0\end{pmatrix}+c_2\begin{pmatrix}-\frac{1}{16}\\0\\-\frac{11}{8}\\1\end{pmatrix}+\begin{pmatrix}\frac{1}{2}\\0\\0\\0\end{pmatrix}$ (c_1, c_2 取任意实数)

5. (1) 当 $\lambda=-2$ 时，方程组无解，(2) 当 $\lambda\neq-2$，且 $\lambda\neq1$ 时，方程组有唯一解，(3) 当 $\lambda=$

1 时，方程组有无穷多解，$X=c_1\begin{pmatrix}-1\\1\\0\end{pmatrix}+c_2\begin{pmatrix}-1\\0\\1\end{pmatrix}+\begin{pmatrix}-2\\0\\0\end{pmatrix}$（$c_1$，$c_2$ 取任意实数）

6. 略

7. 略

复习题三

1. (1) A　(2) C

2. (1) $R(A)<n$　(2) 线性相关

3. (1) $\begin{cases}x_1=\frac{1}{2}+c_1\\x_2=\quad c_1\\x_3=\frac{1}{2}+\quad c_2\\x_4=\quad c_2\end{cases}$　(2) $\begin{cases}x_1=-c_1+\frac{7}{6}c_2\\x_2=\quad c_1+\frac{5}{6}c_2\\x_3=\quad c_1\\x_4=\quad \frac{1}{3}c_2\\x_5=\quad c_2\end{cases}$　（c_1，c_2 为任意常数）

4. $\xi_1=(1,5,7,0)^{\mathrm{T}}$，$\xi_2=(1,-9,0,7)^{\mathrm{T}}$

5. (1) $\lambda\neq2$ 且 $\lambda\neq1$，方程组有唯一解；(2) $\lambda=2$，方程组无解；(3) $\lambda=1$，方程组有无穷多解，$c\begin{pmatrix}-1\\0\\1\end{pmatrix}+\begin{pmatrix}1\\0\\0\end{pmatrix}$（$c$ 取任意实数）

6. 线性相关

7. 2；α_1，α_2，$\alpha_3=4\alpha_1-\alpha_2$，$\alpha_4=\alpha_1+2\alpha_2$

8. $X=c\begin{pmatrix}3\\4\\5\\6\end{pmatrix}+\begin{pmatrix}2\\3\\4\\5\end{pmatrix}$（$c$ 取任意实数）

9. 略

第四章　线性规划

习题 4-1

1. 设三种规格产品的产量分别为 x_1，x_2，x_3，则有

$$\max f=30x_1+10x_2+15x_3$$

$$\begin{cases}45x_1+10x_2+30x_3\leqslant 1\,200\\8x_1+4x_2+4x_3\leqslant 600\\x_1\leqslant 50\\x_2\leqslant 80\\x_3\leqslant 150\\x_i\geqslant 0,\ i=1,2,3\end{cases}$$

2. 设甲、乙帽子各生产 x_1，x_2 项，则有

$$\max f=8x_1+5x_2$$

$$\begin{cases}2x_1+x_2\leqslant 500\\x_1\leqslant 150\\x_2\leqslant 250\\x_1\geqslant 0,\ x_2\geqslant 0\end{cases}$$

3. 设 x_1，x_2，x_3 分别表示用于项目 A，B，C 的投资百分比，则有

$$\max f=0.18x_1+0.15x_2+0.1x_3$$

$$\begin{cases}x_1-x_2-x_3\leqslant 0\\x_2-x_3\geqslant 0\\x_1+x_2+x_3=1\\x_i\geqslant 0,\ i=1,2,3\end{cases}$$

4. 设 x_1，x_2，x_3，x_4 分别为使用方案 a、b、c、d 加工的根数，则有

$$\min L=20x_1+10x_2+60x_4$$

$$\text{s.t.}\begin{cases}x_1+x_2+x_3+x_4=500\\8x_1+3x_2-2x_3-9x_4=0\\x_1\geqslant 0,\ x_2\geqslant 0,\ x_3\geqslant 0,\ x_4\geqslant 0\end{cases}$$

习题 4－2

1. 最优解 $x_1=0$，$x_2=8$；最优值 $f=40$

2. 最优解 $x_1=0$，$x_2=2$；最优值 $f=4$

3. 最优解 $x_1=6$，$x_2=2$；最优值 $f=32$

4. 无可行解

5. 有无穷多最优解；最优值 $f=\dfrac{9}{2}$

6. 可行域无界，无最优解

复习题四

1. $\min L=6x_{11}+5x_{12}+7x_{13}+4x_{21}+5x_{22}+6x_{23}$

$$\text{s. t.}\begin{cases}x_{11}+x_{12}+x_{13}=600\\x_{21}+x_{22}+x_{23}=500\\x_{11}+x_{21}=550\\x_{12}+x_{22}=350\\x_{13}+x_{23}=200\\x_{ij}\geqslant 0,\ i=1,\ 2;\ j=1,\ 2,\ 3\end{cases}$$

2. (1) 最优解 $x_1=2$，$x_2=2$，最优值 $L=4$

(2) 最优解 $x_1=\frac{3}{5}$，$x_2=\frac{4}{5}$，最优值 $L=2$

第五章　特征值、特征向量及二次型

习题 5－1

1. (1) 特征值为 $\lambda_1=-1$，$\lambda_2=3$；A 对应 λ_1 的特征向量为 $c_1(-1,\ 1)^{\mathrm{T}}$；A 对应 λ_2 的特征向量为 $c_2(1,\ 1)^{\mathrm{T}}$，c_1，c_2 取非零任意实数。

(2) 特征值为 $\lambda_1=-1$，$\lambda_2=6$，$\lambda_3=7$；A 对应 λ_1 的特征向量为 $c_1(-1,\ 0,\ 1)^{\mathrm{T}}$；$A$ 对应 λ_2 的特征向量为 $c_2(0,\ 1,\ 0)^{\mathrm{T}}$；$A$ 对应 λ_3 的特征向量为 $c_3(1,\ 0,\ 1)^{\mathrm{T}}$，$c_1$，$c_2$，$c_3$ 取非零任意实数。

(3) 特征值为 $\lambda_1=\lambda_2=2$，$\lambda_3=11$；A 对应于 $\lambda_1=\lambda_2=2$ 的特征向量为 $c_1\left(-\frac{1}{2},\ 1,\ 0\right)^{\mathrm{T}}+c_2(-1,\ 0,\ 1)^{\mathrm{T}}$，$c_1$，$c_2$ 取不全为零的任意实数；A 对应于 λ_3 的特征向量为 $c_3(2,\ 1,\ 2)^{\mathrm{T}}$，$c_3$ 取非零任意实数。

(4) 特征值为 $\lambda_1=-2$，$\lambda_2=3$，$\lambda_3=6$，$\lambda_4=7$；A 对应于 λ_1 的特征向量为 $c_1(-4,\ 5,\ 0,\ 0)^{\mathrm{T}}$；$A$ 对应于 λ_2 的特征向量为 $c_2(0,\ 0,\ -1,\ 1)^{\mathrm{T}}$；$A$ 对应于 λ_3 的特征向量为 $c_3(0,\ 0,\ 2,\ 1)^{\mathrm{T}}$；$A$ 对应于 λ_4 的特征向量为 $c_4(1,\ 1,\ 0,\ 0)^{T}$，c_1，c_2，c_3，c_4 取非零任意实数。

2. 特征值为 $\lambda_1=1$，$\lambda_2=-\frac{1}{2}$，$\lambda_3=\frac{1}{3}$

3. 特征值为 $\lambda_1=\lambda_2=2$，$\lambda_3=0$；A 对应于 $\lambda_1=\lambda_2=2$ 的特征向量为 $c_1(1,\ 0,\ 1)^{\mathrm{T}}+c_2(0,\ 1,\ 0)^{\mathrm{T}}$，$c_1$，$c_2$ 取不全为零任意实数；A 对应于 $\lambda_3=0$ 的特征向量为 $c_3(-1,\ 0,\ 1)^{\mathrm{T}}$，$c_3$ 取非零任意实数。

4. 略

5. 略

6. 略

习题 5－2

1. 略

2. (1) $\begin{pmatrix}3&0\\0&1\end{pmatrix}$，$P=\begin{pmatrix}1&1\\1&-1\end{pmatrix}$　(2) 不能

(3) 不能 (4) $\begin{pmatrix} 2 & 0 & 0 \\ 0 & 2 & 0 \\ 0 & 0 & -4 \end{pmatrix}$, $P = \begin{pmatrix} -2 & 1 & 1 \\ 1 & 0 & -2 \\ 0 & 1 & 3 \end{pmatrix}$

(5) $\begin{pmatrix} -1 & 0 & 0 \\ 0 & 1 & 0 \\ 0 & 0 & 1 \end{pmatrix}$, $P = \begin{pmatrix} 1 & 1 & 0 \\ 0 & 0 & 1 \\ -1 & 1 & 0 \end{pmatrix}$ (6) 不能

3. $\begin{pmatrix} b^{10} & 0 \\ 0 & a^{10} \end{pmatrix}$

4. $a = 0$, $b = -2$, $P = \begin{pmatrix} 0 & 0 & -1 \\ -2 & 1 & 0 \\ 1 & 1 & 1 \end{pmatrix}$。

5. 略

习题 5-3

1. (1) 28 (2) -4

2. (1) $\varepsilon_1 = \left(\frac{1}{\sqrt{6}}, \frac{2}{\sqrt{6}}, -\frac{1}{\sqrt{6}}\right)^T$, $\varepsilon_2 = \left(-\frac{1}{\sqrt{3}}, \frac{1}{\sqrt{3}}, \frac{1}{\sqrt{3}}\right)^T$, $\varepsilon_3 = \left(\frac{1}{\sqrt{2}}, 0, \frac{1}{\sqrt{2}}\right)$

(2) $\varepsilon_1 = \left(\frac{1}{3}, -\frac{2}{3}, \frac{2}{3}\right)^T$, $\varepsilon_2 = \left(-\frac{1}{3}, -\frac{2}{3}, \frac{2}{3}\right)$, $\varepsilon_3 = \left(\frac{2}{3}, -\frac{1}{3}, -\frac{2}{3}\right)$

(3) $\varepsilon_1 = \left(\frac{1}{2}, \frac{1}{2}, \frac{1}{2}, \frac{1}{2}\right)^T$, $\varepsilon_2 = \left(\frac{1}{2}, \frac{1}{2}, -\frac{1}{2}, -\frac{1}{2}\right)$,

$\varepsilon_3 = \left(-\frac{1}{2}, \frac{1}{2}, -\frac{1}{2}, \frac{1}{2}\right)^T$

3. (1) 是 (2) 不是

4. 略

5. 是

6. $A = \begin{pmatrix} -\frac{1}{3} & 0 & \frac{2}{3} \\ 0 & \frac{1}{3} & \frac{2}{3} \\ \frac{2}{3} & \frac{2}{3} & 0 \end{pmatrix}$

7. (1) $\begin{pmatrix} \frac{2}{3} & \frac{1}{\sqrt{2}} & \frac{1}{3\sqrt{2}} \\ \frac{1}{3} & 0 & -\frac{4}{3\sqrt{2}} \\ -\frac{2}{3} & \frac{1}{\sqrt{2}} & -\frac{1}{3\sqrt{2}} \end{pmatrix}$ (2) $\begin{pmatrix} \frac{1}{3} & \frac{2}{3} & \frac{2}{3} \\ \frac{2}{3} & \frac{1}{3} & -\frac{2}{3} \\ \frac{2}{3} & -\frac{2}{3} & \frac{1}{3} \end{pmatrix}$

(3) $\begin{pmatrix} \frac{1}{\sqrt{3}} & -\frac{1}{\sqrt{2}} & -\frac{1}{\sqrt{6}} \\ \frac{1}{\sqrt{3}} & \frac{1}{\sqrt{2}} & -\frac{1}{\sqrt{6}} \\ \frac{1}{\sqrt{3}} & 0 & \frac{2}{\sqrt{6}} \end{pmatrix}$　　(4) $\begin{pmatrix} \frac{1}{\sqrt{2}} & \frac{1}{\sqrt{6}} & -\frac{1}{2\sqrt{3}} & \frac{1}{2} \\ \frac{1}{\sqrt{2}} & -\frac{1}{\sqrt{6}} & \frac{1}{2\sqrt{3}} & -\frac{1}{2} \\ 0 & \frac{2}{\sqrt{6}} & \frac{1}{2\sqrt{3}} & -\frac{1}{2} \\ 0 & 0 & \frac{3}{2\sqrt{3}} & \frac{1}{2} \end{pmatrix}$

习题 5 - 4

1. (1) $(x_1, x_2, x_3)\begin{pmatrix} 1 & 1 & \frac{1}{2} \\ 1 & 2 & \frac{1}{2} \\ \frac{1}{2} & \frac{1}{2} & 1 \end{pmatrix}\begin{pmatrix} x_1 \\ x_2 \\ x_3 \end{pmatrix}$

(2) $(x_1, x_2, x_3)\begin{pmatrix} 3 & -1 & \frac{1}{2} \\ -1 & -1 & \frac{1}{2} \\ \frac{1}{2} & \frac{1}{2} & 2 \end{pmatrix}\begin{pmatrix} x_1 \\ x_2 \\ x_3 \end{pmatrix}$;

(3) $(x_1, x_2, x_3, x_4)\begin{pmatrix} 0 & 0 & \frac{1}{2} & 0 \\ 0 & 0 & 0 & -\frac{1}{2} \\ \frac{1}{2} & 0 & 0 & 0 \\ 0 & -\frac{1}{2} & 0 & 0 \end{pmatrix}\begin{pmatrix} x_1 \\ x_2 \\ x_3 \\ x_4 \end{pmatrix}$

2. (1) $2y_1^2+2y_2^2-\frac{57}{8}y_2^2$, $\begin{pmatrix} 1 & 0 & -2 \\ 0 & 1 & \frac{1}{4} \\ 0 & 0 & 1 \end{pmatrix}$

(2) $y_1^2-y_2^2$, $\begin{pmatrix} 1 & \frac{1}{2} & -\frac{3}{2} \\ 0 & \frac{1}{2} & -\frac{1}{2} \\ 0 & 0 & 1 \end{pmatrix}$

(3) $2y_1^2-2y_2^2-\frac{1}{2}y_3^2$，$\begin{pmatrix}1 & 1 & \frac{1}{2} & -1\\ 1 & -1 & \frac{1}{2} & -1\\ 0 & 0 & 1 & -1\\ 0 & 0 & 0 & 1\end{pmatrix}$

(4) $z_1^2-z_2^2-z_3^2$，$\begin{pmatrix}1 & 1 & -1\\ 1 & -1 & -1\\ 0 & 0 & 1\end{pmatrix}$

3. (1) $y_1^2+y_2^2+10y_3^2$，$\begin{pmatrix}\frac{2}{\sqrt{5}} & -\frac{2}{3\sqrt{5}} & \frac{1}{3}\\ 0 & \frac{5}{3\sqrt{5}} & \frac{2}{3}\\ \frac{1}{\sqrt{5}} & \frac{4}{3\sqrt{5}} & -\frac{2}{3}\end{pmatrix}$

(2) $2y_1^2+y_2^2+5y_3^2$，$\begin{pmatrix}1 & 0 & 0\\ 0 & \frac{1}{\sqrt{2}} & \frac{1}{\sqrt{2}}\\ 0 & -\frac{1}{\sqrt{2}} & \frac{1}{\sqrt{2}}\end{pmatrix}$

(3) $y_1^2+y_2^2+4y_3^2$，$\begin{pmatrix}\frac{1}{\sqrt{2}} & -\frac{1}{\sqrt{6}} & \frac{1}{\sqrt{3}}\\ -\frac{1}{2} & \frac{1}{2\sqrt{3}} & \frac{2}{\sqrt{6}}\\ -\frac{1}{2} & -\frac{3}{2\sqrt{3}} & 0\end{pmatrix}$

(4) $y_1^2+y_2^2-y_3^2-y_4^2$ $\begin{pmatrix}\frac{1}{\sqrt{2}} & 0 & 0 & \frac{1}{\sqrt{2}}\\ \frac{1}{\sqrt{2}} & 0 & 0 & -\frac{1}{\sqrt{2}}\\ 0 & \frac{1}{\sqrt{2}} & \frac{1}{\sqrt{2}} & 0\\ 0 & -\frac{1}{\sqrt{2}} & \frac{1}{\sqrt{2}} & 0\end{pmatrix}$

习题 5 - 5

1. (1) 正定 (2) 负定 (3) 正定 (4) 既不是正定也不是负定

2. $0<\lambda<\frac{4}{5}$

3. 略

4. 略

复习题五

1. (1) A　(2) A　(3) C

2. (1) 10　(2) ± 1　(3) $C^{-1}\begin{pmatrix} 0 & \frac{1}{2} & 0 \\ \frac{1}{2} & 0 & \frac{1}{2} \\ 0 & \frac{1}{2} & 1 \end{pmatrix}C$

3. $\lambda_1=-2$，$c_1(-1,1,1)^{\mathrm{T}}$，c_1 为非零任意常数；$\lambda_2=\lambda_3=1$，$c_2(-2,1,0)^{\mathrm{T}}+c_3(0,0,1)^{\mathrm{T}}$，$c_1$，$c_2$ 为不全为零任意常数。

4. $\varepsilon_1=\left(\frac{1}{\sqrt{2}},0,\frac{1}{\sqrt{2}},0\right)^{\mathrm{T}}$，$\varepsilon_2=\left(-\frac{1}{2},\frac{1}{2},\frac{1}{2},\frac{1}{2}\right)^{\mathrm{T}}$，$\varepsilon_3=\left(\frac{1}{2},\frac{1}{2},-\frac{1}{2},\frac{1}{2}\right)^{\mathrm{T}}$

5. 能对角化，$P=\begin{pmatrix} 0 & 1 & 0 \\ 1 & 0 & 0 \\ 0 & -3 & 1 \end{pmatrix}$

6. $a=-1$

7. $\begin{pmatrix} \frac{5}{6}\times 4^n+\frac{1}{6}\times(-2)^n & \frac{1}{6}\times 4^n-\frac{1}{6}\times(-2)^n \\ \frac{5}{6}\times 4^n-\frac{5}{6}\times(-2)^n & \frac{1}{6}\times 4^n+\frac{5}{6}\times(-2)^n \end{pmatrix}$

8. $\begin{pmatrix} -\frac{1}{\sqrt{3}} & -\frac{1}{\sqrt{2}} & \frac{1}{\sqrt{6}} \\ -\frac{1}{\sqrt{3}} & \frac{1}{\sqrt{2}} & \frac{1}{\sqrt{6}} \\ \frac{1}{\sqrt{3}} & 0 & \frac{2}{\sqrt{6}} \end{pmatrix}$

9. $\begin{pmatrix} x_1 \\ x_2 \\ x_3 \end{pmatrix}=\begin{pmatrix} \frac{1}{\sqrt{5}} & \frac{4}{3\sqrt{5}} & \frac{2}{3} \\ -\frac{2}{\sqrt{5}} & \frac{2}{3\sqrt{5}} & \frac{1}{3} \\ & -\frac{5}{3\sqrt{5}} & \frac{2}{3} \end{pmatrix}\begin{pmatrix} y_1 \\ y_2 \\ y_3 \end{pmatrix}$，$f=5y_1^2+5y_2^2-4y_2^2$

10. $\begin{pmatrix} x_1 \\ x_2 \\ x_3 \end{pmatrix}=\begin{pmatrix} 1 & 1 & 3 \\ 1 & -1 & -1 \\ 0 & 0 & 1 \end{pmatrix}\begin{pmatrix} z_1 \\ z_2 \\ z_3 \end{pmatrix}$，$f=2z_1^2-2z_2^2+6z_3^2$